住房和城乡建设部"十四五"规划教材

高等职业教育房地产类专业"十四五"数字化新形态教材

WUYE GUANLI SHIWU

物业管理实务

黄　亮　崔玉美　主　编

孙　玮　柳婷婷　副主编

翁国强　鲁　捷　主　审

中国建筑工业出版社

图书在版编目（CIP）数据

物业管理实务 / 黄亮，崔玉美主编；孙玮，柳婷婷
副主编 .—北京：中国建筑工业出版社，2023.9
住房和城乡建设部"十四五"规划教材 高等职业教
育房地产类专业"十四五"数字化新形态教材
ISBN 978-7-112-29122-9

Ⅰ.①物… Ⅱ.①黄…②崔…③孙…④柳… Ⅲ.
①物业管理—高等职业教育—教材 Ⅳ.① F293.347

中国国家版本馆 CIP 数据核字（2023）第 172206 号

本书是住房和城乡建设部"十四五"规划教材，也是校企合作共同开发编写的教材。全书共分8章，分别是：物业
管理服务，物业管理中的客户服务，物业设施设备管理服务，物业空间管理服务，物业管理的服务费与财务管理，物业
管理服务的风险管理及规避，物业管理项目招标投标，物业管理服务的业主、合同与管理规约。本书力求反映物业管理
行业近年来所形成的新理念、新要求、新技术和新方法，紧扣实际工作的技能和知识要求，注重教材的实用性和可操作性。

本书可作为高等职业院校现代物业管理、房地产经营与管理、建筑智能化工程技术、社区管理与服务以及其他相关
专业的教材，也可作为物业服务企业员工的培训教材。

为更好地支持相应课程的教学，我们向采用本书作为教材的教师提供教学课件，有需要者可与出版社联系，邮箱：
jckj@cabp.com.cn，电话：（010）58337285，建工书院 https：//edu.cabplink.com（PC 端）。

责任编辑：牟琳琳　张　晶
责任校对：张　颖
校对整理：赵　菲

住房和城乡建设部"十四五"规划教材
高等职业教育房地产类专业"十四五"数字化新形态教材
物业管理实务
黄　亮　崔玉美　主　编
孙　玮　柳婷婷　副主编
翁国强　鲁　捷　主　审
*
中国建筑工业出版社出版、发行（北京海淀三里河路9号）
各地新华书店、建筑书店经销
北京雅盈中佳图文设计公司制版
北京圣夫亚美印刷有限公司印刷
*
开本：787 毫米 ×1092 毫米　1/16　印张：15　字数：310 千字
2023 年 12 月第一版　　2023 年 12 月第一次印刷
定价：**39.00** 元（赠教师课件）
ISBN 978-7-112-29122-9
　　　（41855）

出版说明

党和国家高度重视教材建设。2016年，中办国办印发了《关于加强和改进新形势下大中小学教材建设的意见》，提出要健全国家教材制度。2019年12月，教育部牵头制定了《普通高等学校教材管理办法》和《职业院校教材管理办法》，旨在全面加强党的领导，切实提高教材建设的科学化水平，打造精品教材。住房和城乡建设部历来重视土建类学科专业教材建设，从"九五"开始组织部级规划教材立项工作，经过近30年的不断建设，规划教材提升了住房和城乡建设行业教材质量和认可度，出版了一系列精品教材，有效促进了行业部门引导专业教育，推动了行业高质量发展。

为进一步加强高等教育、职业教育住房和城乡建设领域学科专业教材建设工作，提高住房和城乡建设行业人才培养质量，2020年12月，住房和城乡建设部办公厅印发《关于申报高等教育职业教育住房和城乡建设领域学科专业"十四五"规划教材的通知》（建办人函〔2020〕656号），开展了住房和城乡建设部"十四五"规划教材选题的申报工作。经过专家评审和部人事司审核，512项选题列入住房和城乡建设领域学科专业"十四五"规划教材（简称规划教材）。2021年9月，住房和城乡建设部印发了《高等教育职业教育住房和城乡建设领域学科专业"十四五"规划教材选题的通知》（建人函〔2021〕36号）。为做好"十四五"规划教材的编写、审核、出版等工作，《通知》要求：（1）规划教材的编著者应依据《住房和城乡建设领域学科专业"十四五"规划教材申请书》（简称《申请书》）中的立项目标、申报依据、工作安排及进度，按时编写出高质量的教材；（2）规划教材编著者所在单位应履行《申请书》中的学校保证计划实施的主要条件，支持编著者按计划完成书稿编写工作；（3）高等学校土建类专业课程教材与教学资源专家委员会、全国住房和城乡建设职业教育教学指导委员会、住房和城乡建设部中等职业教育专业指导委员会应做好规划教材的指导、协调和审稿等工作，保证编写质量；（4）规划教材出版单位应积极配合，做好编辑、出版、发行等工作；（5）规划教材封面和书脊应标注"住房和城乡建设部'十四五'规划教材"字样和统一标识；（6）规划教材应在"十四五"期间完成出版，逾期不能完成的，不再作为《住房和城乡建设领域学科专业"十四五"规划教材》。

住房和城乡建设领域学科专业"十四五"规划教材的特点，一是重点以修订教育部、住房和城乡建设部"十二五""十三五"规划教材为主；二是严格按照专业标准规范要求编写，体现新发展理念；三是系列教材具有明显特点，满足不同层次和类型的学校专业教学要求；四是配备了数字资源，适应现代化教学的要求。规划教材的出版凝聚了作者、主审及编辑的心血，得到了有关院校、出版单位的大力支持，教材建设管理过程有严格保障。希望广大院校及各专业师生在选用、使用过程中，对规划教材的编写、出版质量进行反馈，以促进规划教材建设质量不断提高。

住房和城乡建设部"十四五"规划教材办公室

2021年11月

前　言

现代物业管理是具有"数字技术＋物业管理＋人的多样化需求服务"特征的现代服务业。数字化技术的应用，使物业管理行业的管理服务模式、岗位技术结构发生深刻变化，物业服务领域由传统的保洁、保绿、秩序维护、客户服务向设施管理、资产管理、空间管理、数字化管理领域快速发展，正在向城市区域空间管理、城市公共资源管理、城市社区治理与服务领域积极拓展。现代物业管理对人才的知识和能力提出了更高的要求，人才的培养从单一技能型人才转向适应现代物业服务要求的复合型、创新型人才。与行业内先进企业联手共同开发能够反映行业发展新理念、新要求、新技术、新方法的教材，是培养行业新型人才的重要举措。

本书是校企合作的结晶，全书从认识物业管理服务开始，围绕着如何开展物业管理的客户服务、设施设备管理、物业空间管理、物业服务费与财务管理、物业服务的风险管理、物业项目的招标投标，最后到对业主与业主委员会、物业服务合同及管理规约的了解，逐一展开，力求反映行业企业的新发展，使读者能够比较全面地了解现代物业管理的主要工作内容、知识和技能要求。

本书由上海城建职业学院黄亮、崔玉美担任主编，上海邦德职业技术学院孙玮、上海城建职业学院柳婷婷担任副主编。其中第1章、第2章由上海城建职业学院黄亮、柳婷婷、上海邦德职业技术学院孙玮编写，第3章由上海东湖物业管理有限公司诸建华、王志康、陈宇编写，第4章由上海城建职业学院黄亮、上海邦德职业技术学院孙玮编写，第5章由上海东湖物业管理有限公司赵宗杰编写，第6章由上海东湖物业管理有限公司贺原、夏玉娟编写，第7章、第8章由上海城建职业学院崔玉美编写，由黄亮、崔玉美对全书进行统稿，由中国物业管理协会高级顾问翁国强、沈阳师范大学鲁捷教授审稿。

本书在编写过程中得到了上海东湖物业管理有限公司的大力支持，参考和吸收了行业企业及院校诸多专家的研究成果，在此谨向有关专家们表示真诚的感谢。

由于编者的认识和水平有限，同时，物业管理行业还正处在快速发展过程中，书中内容难免有遗漏或不足之处，敬请读者们予以批评指正并及时反馈，以使本书日臻完善。

目　录

1 物业管理服务

【知识拓扑图】

```
                        ┌─ 物业和物业管理 ──┬─ 物业
                        │                  └─ 物业管理
                        │         ↓
                        │                  ┌─ 服务
                        ├─ 服务与物业管理服务 ─┼─ 物业服务
                        │                  └─ 物业管理服务在社会经济发展中的作用
  知识框架结构 ──────────┤         ↓
                        │                  ┌─ 物业管理服务的运营特征
                        ├─ 物业管理服务的性质 ─┼─ 物业管理服务的基本程序
                        │                  └─ 物业管理服务的内容
                        │         ↓
                        │                  ┌─ 物业管理服务的接触技术
                        └─ 物业管理服务的技术 ─┼─ 物业管理服务的互联网技术
                                           └─ 物业管理服务中的创新
```

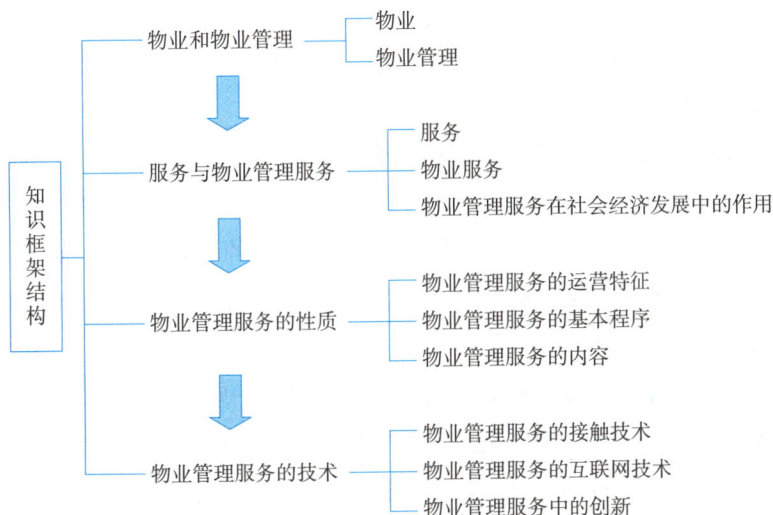

【本章要点和学习目标】

　　本章对物业管理服务、物业管理服务的性质、物业管理服务的技术作了系统的解读阐述，主要介绍了物业管理服务过程中涉及的基本概念、特征、内容、程序、关系以及互联网信息技术在物业管理服务中的应用和创新。

　　通过本章的学习，了解现代物业管理服务的整体概况，熟悉物业管理服务的基础知识，掌握物业管理服务中的职业素养技能基础，认识物业管理服务的重要意义，并能理论结合实践地学以致用；有助于规范地开展物业管理服务活动，促进物业管理服务市场规范健康并与国家、国际发展趋势相适应；同时也为本课程后续章节的学习夯实了基本理论基础。

1.1 物业和物业管理

1.1.1 物业

1. 物业的含义

"物业"一词是从中国香港地区引入中国内地的，其含义是指以土地及土地上的建筑物形式存在的不动产。香港的"物业"一词是由英语"property"一词翻译和借鉴而来的，"property"这个词所指的原意是"所有物、财产、财物、不动产、房地产、房屋及院落、庄园"等，既包含物业的实物形态的意义，又包含了物业的权益和财产的意义。这是一个广义的"物业"范畴，它可以是单元性的房产，也可以是单元性的地产；既可以是一栋房屋或楼宇，也可以是一套住宅，涉及的范围比较广泛，是房产和地产的统一。

20 世纪 80 年代初，"物业"一词开始从我国香港传入内地，并逐渐被我国内地业界及人们所接受和使用。中华人民共和国住房和城乡建设部发布的《房地产业基本术语标准》JGJ/T 30—2015 中对"物业"的概念是这样定义的："物业（property），已经竣工和正在使用中的各类建筑物、构筑物及附属设备、配套设施、相关场地等组成的房地产实体以及依托于该实体上的权益"。

"物业"可大可小，可以是一个单元住宅，可以是一座大厦，可以是桥梁、道路，同一建筑物还可按照权属的不同分割为若干物业。从物业的定义可以看出，一宗完整的物业应该包括建筑物、构筑物、附属设备设施、相关场地及权益。物业是物业管理过程中的物质载体，也是物业管理活动相关法律主体之间关系的介质，没有物业就没有物业管理的存在。

2. 物业的实物形态

从物业（或房地产）的实物形态而言，它是由土地和建筑物以及附属在土地和建筑物上的其他相关定着物构成的。土地和建筑物合在一起，统称为房地产，单纯的土地、单纯的建筑物也都属于房地产，土地、建筑物、房地是房地产的三种基本存在形态。

单纯的土地指的是一块无建筑物的空地，其范围由地上空间、地表和地下空间构成。一宗土地的地表边界由建筑规划红线所封闭围合的曲线来界定，地上空间是从这宗土地的地表边界向上扩展的部分，但是其扩展的高度要受到城市规划管理要求的限制。地下空间是从该土地的地表边界向下呈锥形延伸到地心的空间，但是实际上地下空间的延伸范围也要受到有关法律和城市管理规定的限制。

单纯的建筑物仅指建筑物部分，而不考虑土地。建筑物有广义和狭义两种含义。广义的建筑物既包括房屋，也包括构筑物。狭义的建筑物主要指房屋，不包括构筑物。房屋是指能够供人们在其内部进行生活和生产活动的建筑空间，如住宅、商店、办公楼、宾馆、厂房、仓库等。构筑物一般是指人们不直接在其内部进行生活和生产活动的工程实体或附属设施，如水塔、水池、围墙等。在物业管理上，一般将建筑物作广义理解。

房地指的是由建筑物和土地共同构成的综合体，包括由建筑红线所界定的土地和该土地范围内的所有建筑物。

其他相关定着物是指附属在土地和建筑物上的各类设施设备、附属场地，如附着在建筑物上的给水排水系统、供配电系统、智能化系统、电梯系统、空调系统、通风系统等设备设施；附着在土地上的地下管线、设施，地上建造的庭院、道路、假山、水池、亭台、廊架，种植在土地上的花草、树木绿化带、停车场等附属场地；这些相关定着物共同为充分发挥房地产的使用功能提供服务。

3. 物业的权益

物业的权益即物业的物权。物权的概念起源于罗马法，罗马法曾确认了所有权、役权、永佃权、地上权、抵押权、质权等物权形式。现代各国均将物权视为民法的一项核心制度，内容由各国民法规定，物权是其他各项民事权利的基础。《中华人民共和国民法典》（简称《民法典》）第二编物权，从通则（物权的设立、变更、转让和消灭）、所有权（如：国家所有权、集体所有权、私人所有权、业主的建筑物区分所有权、相邻关系、共有等）、用益物权（居住权、地役权等）、担保物权（抵押权、质权、留置权）、占有五个方面对物权进行了规定。

《民法典》第二百四十条规定："所有权人对自己的不动产或者动产，依法享有占有、使用、收益和处分的权利"。《民法典》第二百四十一条规定："所有权人在自己的不动产或者动产上设立用益物权和担保物权。用益物权人、担保物权人行使权利，不得损害所有权人的权益"。《民法典》所称的物，包括不动产和动产，从物业的实物形态可以看出"物业"是不动产，即土地及建筑物等土地附着物。

物业权属，是指物业权利在主体上的归属状态。主要包括物业所有权、使用权、抵押权和典权。物业权属是法律创设的物业权利在实践活动中主体上的归属，确认权属实质上的归属：归属国家所有、集体所有还是个人所有。

物业权属的类型主要有土地的所有权、土地的使用权和房的所有权、房屋的使用权以及物业相邻权，它们具有二元性、确定性、复杂性和国家干预性。物业行政主管部门应当对物业权属进行连续记录，反映物业所有权、使用权以及其他物业权利的状况，依法确认物业权属关系，并向物业产权人颁发权利证书。

此外，物业是业主、物业使用人用于居住或其他使用目的的"物"，物业的功能或者使用价值不取决于房屋的面积、结构和质量，而是取决于配套设备设施和附属场地的完备程度以及物权。

　　一宗物业是由房地（土地、建筑物）、配套设备设施和相关场地（附属场地）以及物业的权益四个方面组成的有机整体，几者之间相辅相成、相互联系、缺一不可。其中，房地（土地、建筑物）是物业最基本、最关键、最核心的因素，是其他三方面赖以存在的基础和条件；配套设备设施和相关场地（附属场地）为房地功能的进一步延伸提供有效保障，随着配套设备设施和相关场地（附属场地）日益先进和进一步完善，其在物业资产价值总额中所占比重也越来越高。

4. 物业的基本性质

　　正因为物业有着这样的实物形态以及权属，决定了物业特有的基本属性：自然属性和社会属性。

　　（1）物业的自然属性

　　物业的自然属性也称物理属性，是和物业的实体形态相联系的属性，是物业社会属性的物质基础和内容。

　　物业的自然属性通常体现在如下几方面：

　　1）物质形态的二元性

　　物业形态的二元性是指建筑物、构筑物和它们所依附的土地。无论哪种建筑都离不开土地，都是土地的定着物，而物业大多是土地与建筑的统一体，兼有土地与建筑两方面的物质内容和性质。不同的物业，其二元的组成比例有所不同。

　　2）物业数量的有限性

　　既然物业是土地的定着物，那么土地资源的不可再生性就决定了用来开发物业的土地就非常有限了。我们又只能在有限的土地上进行建筑，进而物业的数量必定是受到一定限制的。此外，建筑所大量需求的材料、技术、资金等相关资源的不可再生性也会导致物业数量的有限性。

　　3）空间位置的固定性

　　由于土地空间方位、位置是不可移动的，那么定着于土地上的各类建筑，也必然是不能随便移动的。同时各类建筑关联的配套设施，如管道、线缆、道路、沟渠等也是相对固定的。从物业这个属性可以看出，物业被称为不动产的原因了。

　　4）使用时间的耐久性

　　世界上任何一种产品都是有使用寿命的，都有一个损耗和消亡的过程。物业和其他产品不同，具有相对的耐久性。因为土地的使用可以说是无限期的，建筑一经建造完成即可供人们长期使用，其物质寿命可达数十年乃至成百上千年。

　　5）物业形式的多样性

　　物业的多样性也可以理解为差异性。首先，物业所处地理位置不同；其次，物业建筑的设计风格、类型、功能、规模、施工人员等不尽相同，使得物业建筑在结构、外观等方面都存在着区别。

6）物业配套的系统性

一宗完整物业的各个组成部分之间密切联系、相辅相成、系统化地组成一个整体，才能满足业主和物业使用人的各种需求。物业本体建筑、设备设施配套越齐全完善，物业整体功能就会发挥得越充分。

（2）物业的社会属性

物业的社会属性是指物业在生产、流通以及使用维护等环节与所有权和市场经济相联系的性质。一般包括经济属性和法律属性。

1）经济属性

物业的商品属性。物业的开发、生产、交易过程即开发商从拿地、建筑施工、设备设施配套安装到竣工验收、交付使用以及后续的经营管理都要凝聚大量的脑力劳动和体力劳动，才能满足物业使用人的各方面需求。这就决定了物业从生产到使用都是有偿的，并通过市场交易来完成的，它和其他商品一样具有价值和使用价值。

供应上的短缺性。物业的这一社会经济属性，是由物业自然属性中的数量有限性决定的。

政策上的调控性。物业是关系国计民生、社会稳定的大计，国家政策的宏观调控就显得尤为重要。物业从生产到使用的产业关联度高、产业链长、影响范围大、涉及面广，政府必须综合考虑国内外政治经济、社会发展等多方面因素，通过经济、法律及其他必要政策手段进行调控，确保物业投资健康和谐发展。

2）法律属性

物业的法律属性集中反映在物权关系上，具有多重性、可分性、相邻性。购置物业与买受其他商品不同，当买受人购入物业，就意味着购入一宗不动产的所有权即物权。

《民法典》中规定，所有权人对自己的不动产，依法享有占有、使用、收益和处分的权利。物业所有权不是一项单一的权利，而是一个权利束，拥有转让、租售、抵押等多项权利。这些权利可以通过特定的法律行为进行不同方式的组合。

此外，《民法典》中的物权编对不动产的相邻关系都进行了系列的规定，物业相邻权实质上，是在谋求实现不动产相邻各方发生冲突时的利害关系的平衡调整。

（3）物业的基本分类

从不同的角度出发，可以把物业划分为不同的类型。物业可以按照其使用性质、权属关系、营业性质、占有方式、权属人数量等标准作出不同的类型划分。

按物业的使用性质，可以将物业分为居住类物业（如住宅、公寓、别墅等）、商业类物业（如写字楼、购物中心、商业综合体、酒店、商铺等）、生产（工业）类物业（如厂房、实验室、仓库等）、混合类物业（居住型和非居住型物业混合设计建造的，如商住混合建筑等）、公众类物业（如体育馆、学校、医院、博物馆、图书馆等）、行政类物业（如政府机关、团体组织办公场所等）、公共类物业（如道路、桥梁、隧道、车站、机场等）、特殊用途类物业（如军事设施、监狱等）。

按物业的权属关系，可将物业分为：公产物业即产权归国家所有，包括党政机关、部队、国有事业单位和国企的物业等；单位（集体）物业即产权归单位（集体）所有；私产物业即产权归个人所有。物业是不动产，是重要的资产形式，任何一宗物业都有明确、特定的权属归属。2015 年 3 月 1 日起实施的《不动产登记暂行条例》第二条规定："本条例所称不动产登记，是指不动产登记机构依法将不动产权利归属和其他法定事项记载于不动产登记簿的行为。"《民法典》第二百零九条规定："不动产物权的设立、变更、转让和消灭，经依法登记，发生效力；未经登记，不发生效力，但是法律另有规定的除外。"

按照物业的经营性质，可将其分为收益性物业和非收益性物业。收益性物业即指其原始设计功能为经营性的能够直接产生租赁收益或其他经济效益的物业，如住宅、商场、写字楼、酒店、餐馆、停车场、工业厂房等。非收益性物业指的是能为社会公众提供公共性服务或用于社会公益性活动的物业，其不能直接产生经济收益，如行政办公楼、学校、医院、图书馆、寺庙等。

按照物业占有方式分类，可以分为自用物业和出租物业两种类型。

按照所有权人数量划分，物业可以分为单一产权物业和多元产权物业。单一产权物业，即一宗物业的所有权人只有单个个人或单个单位；多元产权物业，即一宗物业的所有权人有多个个人或多个单位。

1.1.2　物业管理

物业管理是伴随着我国住房制度改革和市场经济发展而产生的一种新兴的现代服务业态，它既是房地产经营管理的重要组成部分，又是现代化城市管理不可缺少的一环。

物业管理在营造美好生活空间，创造美好生活体验，构建和谐社区，拓展创新发展空间等各个方面正在发挥日益重要的作用。作为一种新兴的现代服务业态，物业管理越来越得到人们的认可。人们在生活和工作过程中越来越离不开物业管理，物业管理自身地位迅速提升，社会也越来越关注物业管理这一行业的发展。

物业管理是与社会主义市场经济体制相适应的社会化、专业化和市场化的房地产管理，许多有识之士已经认识到物业管理作为房地产行业发展的一个新的经济增长点的重要意义。

关于物业管理这个概念，我们可以从广义和狭义的方面理解，也可以从传统和现代的意义来理解。

1. 广义的物业管理

广义的物业管理是指一切有关房地产的经营管理活动，包括房地产项目策划、可行性研究、房地产项目建设管理、房地产营销、房地产的后期使用与维护等。因为"物业"这个名词本身就是房地产的另一名称，从这个意义上来说，物业管理既涵盖了有关房地产的开发、建设和使用的管理，又涵盖了对房地产资产的管理。

2. 狭义的物业管理

狭义的物业管理就是《物业管理条例》所说的："是指业主通过选聘物业服务企业，由业主和物业服务企业按照物业服务合同约定，对房屋及配套的设施设备和相关场地进行维修、养护、管理，维护物业管理区域内的环境卫生和相关秩序的活动。"我们通常所说的"物业管理"指的就是这种管理活动。

狭义的物业管理主要是针对物业建成后的使用阶段的管理，这是一个长期而复杂的过程，在这个过程中存在着两类基本主体和两类基本关系。

两类基本主体指的是物业服务企业和业主，两类基本关系指的是委托与被委托之间的关系，服务提供者与服务消费者之间的关系，这两类基本关系通过物业服务合同联系起来。业主通过物业服务合同，将自己的物业委托给物业服务企业进行管理，物业服务企业通过物业服务合同为业主提供管理服务。

按照《物业管理条例》对物业管理的定义，物业服务企业为业主提供管理的主要内容有三个方面：

（1）对房屋及配套的设施设备和相关场地进行维修、养护、管理；

（2）维护物业管理区域内的环境卫生；

（3）维护物业管理区域内的秩序。

这三个方面的内容构成了物业服务企业为业主提供的基本的常规物业管理活动。

需要特别说明的是，业主一般不会将自己使用的私人空间（专有部分）交给物业服务企业来管理，而是将物业的公共或共用部位，如房屋的外墙、屋顶、共用的走廊、道路、绿化以及服务于整个房屋或整个物业的设备设施，委托给物业服务企业来进行管理服务。因为这些公共部位涉及的是业主的公共权益，而对于众多的业主来说，每个人对公共权益的要求都是不一样的，存在着极大的差异性。因此，对于公共权益的维护，就需要有专业的团队进行统一的、专业化的管理，公共权益才能得到有效的维护。物业管理是对物业的公共部位或共用部位的管理，也就是说，是对物业的公共权益的管理，所以物业服务企业对业主提供的物业服务是属于公共管理的，这种物业管理具有公共管理的性质。

3. 传统物业管理

传统物业管理与现代物业管理在提供的服务种类、盈利模式、经营发展思路等方面都存在着一定的差异。

传统物业管理一般是通过提供基本管理和简单有偿服务向业主或物业使用人收取物业管理费和劳务费的方式来盈利的。其提供管理所利用和组织的资源主要是本企业自己的资源：如企业的专业技术、设备、管理人员等。传统物业管理提供的管理主要有：一是基本管理，如房屋、设备的维修、维护和保养，环境卫生、安全消防、清洁绿化等的管理；二是简单的有偿服务，如通下水道、电器修理、室内装修等。这类管理都有一个共同的特点就是"被动性"较强，管理主要围绕房屋及设备设施来提供各种基础服务，缺乏人性和沟通。经营思路狭隘，劳动力密集，获利途径少，利润空间小，往往忽略了业主或物业使用人的个性化需求以及对所提供管理的主观体验和感受。

4. 现代物业管理

随着现代大数据、云计算、人工智能和物联网等新兴技术的应用，以及传统服务向一种基于体验关系服务的转型，即新体验经济的发展，在互联网＋的带动下，物业管理作为一种社会化、专业化、企业化的不动产管理模式，在经历了初创、市场化、传统服务型阶段之后，物业管理呈现出创新转型升级的多元化发展模式。

现代物业管理已经突破传统的"保洁、保绿、保安、维修、客户服务"的服务，正在向项目管理、设施管理、资产管理、空间管理、数字化管理方向发展，进而向城市区域空间管理、城市公共资源运营、城市社区治理与服务等城市服务领域发展。在管理技术方面，也正在从传统的技术向数字化技术转型。

现代物业管理开始提升服务和业主的关系，着手研究人群特性并提供针对性的管理服务，不断提高服务满意度。物业管理行业已全面进入转型升级的新阶段，技术化、多元化、专业化、品牌化、国际化与精细化管理成为行业主流趋势。

现代物业管理是建立在全新的商业模式上，以互联网、物联网、数字化技术为主要支撑，以满足业主需求为中心，并且使用全新的服务理念以及充分运用相关服务技术和先进管理方法的现代服务产业。其更加注重现代新兴技术在管理服务中的运用，更加注重业主和物业使用人的个性化需求和在物业管理服务过程中的美好体验。它是在传统物业管理的基础上，为业主和物业使用人提供更加个性化的多种多样的优质增值服务，如旅游策划、社区文化、养老服务、家政服务、代收代发快递、送货上门等多项内容都可能由所委托的物业公司代理。

现代新兴技术在物业管理过程中的运用，为人们带来的智慧物业管理是现代物业管理的典型标志之一。现在许多大型的物业服务企业都搭建了社区、园区、城区智慧物业大数据中心，构筑了物业管理综合服务平台、智慧物联平台和智慧家居平台，为业主和物业使用人提供全方位的优质便捷的管理服务。通过建立可视化大数据中心，建立经营数据库、资产数据库、开展预测性分析等，为业主和物业使用人提供智慧社区、智慧通行、智慧家庭、智慧公寓、智慧办公、智慧园区、智慧商业、智慧养老等涉及生活和工作方方面面的管理服务。

　　现代物业管理已经具备了强大的服务功能和服务产品供给能力，能够为人们提供高增值服务、高智力密集、高技术含量、高文化品位和高服务质量的服务，在营造美好生活空间、创造美好生活体验、构建和谐社区、拓展创新发展空间等各个方面发挥日益重要的作用。

　　现代物业管理拓宽了物业服务企业的业务空间，以"模式创新＋服务创新"提高盈利能力，增加经营效益，推动了物业管理服务向综合化、专业化和智慧化方向发展。

1.2　服务与物业管理服务

1.2.1　服务

　　现代社会已经进入一个以服务业为主导的阶段，在发达国家，服务业的就业人数占到就业大军的 80%，服务处于社会经济活动的中心，服务业已经成为这些国家的支柱产业，服务已经成为一个社会最重要的组成部分。在日常生活和工作中，我们无时无刻不在享受着来自各个方面服务带给我们的便利和乐趣。

　　首先，我们来看一下什么是服务。"服务"一词对于每个人来说都非常熟悉，但如果要回答"什么是服务"，却又难以表述清楚。其实很多专家和机构都曾经给它下过定义，综合起来可以概括为：服务主要为不可感知、却可使欲望获得满足的活动，而这种活动并不需要利用实物，而且即使需要借助某些实物协助生产服务，这些实物的所有权也将不涉及转移的问题。它是为消费者提供问题解决方案或满足消费者需求的特定活动。思考一下，我们所经历的各种服务，例如去银行办理业务、医院看病、学校教育、商场购物等，不难看出，服务总是表现为一种活动或一系列活动。这些活动大多是在我们与服务人员、商品或服务供应商系统发生关联的时候产生的，在各种服务活动的过程中，消费者的问题得到了解决，需求得到了满足。

　　其次，由以上表述不难看出，服务其实是一个服务主体与服务客体互动的过程，是一种由供给方向需求方提供的一系列的经济活动，如提供商品、劳动力、专业技术、设备、网络和系统等，让需求方从中获得满足，同时使供给方获得报酬，当然也可以是无偿供给。它是以无形的方式，在客户与服务人员、有形资源商品或服务系统之间发生的、可以解决客户问题的一种或一系列行为。服务产品和服务功能是服务的两大构成要素。服务产品用来满足消费者的主要需求，而服务功能则是满足消费者的非主要需求。服务这种产品不同于有形产品，相对于有形产品的有形、非同步（生产与消费相分离）、标准化、可储存，服务具有无形性、同步性（生产与消费同时进行）、异质性和易逝性。

1.2.2 物业服务

1. 物业服务的含义

物业管理是服务活动的一种，它是物业服务企业受业主委托，并通过综合运用管理学、心理学、经济学、法律、工程学、建筑学以及信息技术等多方面的知识和技术，为业主和物业使用人提供高标准、高质量的服务活动，寓经营和管理于服务之中。这是一种商业性物业管理活动，往往称为物业管理服务或物业服务。

物业服务有明确的服务主体和客体，如业主、物业使用人、物业服务企业等可以是服务主体，而提供的服务产品就是客体。

物业服务活动的基础和依据是物业服务合同，物业服务活动的内容则是合同中双方约定的管理服务项目。

2. 物业服务与物业管理

2007 年我国颁布的《中华人民共和国物权法》（《民法典》自 2021 年 1 月 1 日起施行，《中华人民共和国物权法》同时废止。）中将"物业管理企业"更名为"物业服务企业"之后，《物业管理条例》中的这个称谓也做了相应的修改，2020 年颁布的《民法典》中依然延续了这个称谓。这个名称的变更，从法律角度强调了物业的"服务"性，这就更加准确地定位了业主、物业使用人和物业服务企业双方之间的关系，更加有利于人们对物业管理和物业服务的准确把握和理解。从"管理"到"服务"的变更，就要求物业服务企业在做好常规性物业管理的同时，不断提升物业服务水平和质量，注重业主和物业使用人的服务体验和需求。

物业管理与物业服务既有联系又有区别，它们是从不同的角度对同一事物进行的界定。

首先，我们来看区别：

（1）概念界定来源不同。物业管理来源于物业项目管理权的取得、实现、功效等管理学的视角；物业服务则是从服务产品交易的经济学角度来解释的。

（2）对象不同。管理的对象既有人又有物，服务的对象只有人，即使是对物业的维修、养护、管理，其最终还是为满足业主和物业使用人的需求。

（3）管理追求高效率，服务追求高效益。物业管理活动是物业服务达成目标、取得服务效益的手段。

其次，二者又是相互联系对立统一的。服务是管理的一种表现形式的体现，服务是通过一系列的管理活动来实现的。比如要满足业主和物业使用人对公共安全这一服务的要求，就需要通过对公共安全防范资源进行配置管理来实现。管理让物业服务井然有序；服务提升业主满意度，让其自发参与物业管理、优化物业服务。管理的目的是更好地服务，服务才是达成目标和解决问题的手段，两者不能够偏废。

物业行业的创新，实际上就是对管理和服务的创新。当前的物业服务行业，进入了转型升级的换挡期，对物业服务企业提出了新的挑战和期许。若是过于重管理，在各项管理推进的过程中，就会显得粗暴，也就伤了一些业主和物业使用人的心；若是一味重服务，就会导致管理混乱、效率低下，难以满足业主和物业使用人的需求。实际上，管理和服务应当成为物业服务企业的左膀右臂，共同发力，才能为人们营造安全、舒适、和谐的生活和工作环境，为人们提供更加美好的生活体验，满足人们更多的生活工作需求，在延长物业寿命，使物业增值保值的同时，使业主和物业使用人在物业服务过程中获得更好的体验。

1.2.3　物业管理服务在社会经济发展中的作用

物业管理服务作为一种服务业态，在我国尤其是在内地从 1981 年起步，虽然只走过了 40 多年的发展历程，是一种新型的服务业态，但是在提升城市管理品质、物业保值增值的实现、创造美好生活、构建和谐社会、稳定就业、促进经济发展等方方面面发挥了巨大的作用。

中国物业管理协会《2020 中国物业管理行业发展指数报告》显示，2020 年物业管理行业总体保持了快速的增长态势。营业收入的发展指数增长非常快，达到了 464.9，营业收入预测值是 11800 亿元，复合增长率 15.7%；管理面积的发展指数 244.1，管理面积达到了 330.4 亿平方米，复合增长率 10.5%；从业人员指数 246.8，从业人员约 740 万人，复合增长率 8%。报告也对 2025 年"十四五"末行业发展情况做了一个简单预测：行业管理规模将达到 430 亿平方米，营业收入将超过 2 万亿，从业人员将达到 1000 万人以上，下游的一些产业也将拉动 100 万人的就业。

2020 年初，作为新冠疫情联防联控的第一道防线，物业人以逆行者的身份始终坚守岗位。在社区党组织统一领导下积极参与社区联防联控，700 万物业服务人员为住宅小区提供了不间断的日常服务，牢牢守住了第一道防线，发挥了不可或缺的作用，成为社区公共卫生工作和应急管理体系的重要补充，得到了业主和社会的肯定，也体现了行业的专业价值和社会价值。

2020 年 5 月，《民法典》经第十三届全国人民代表大会第三次会议通过，其中物权编、合同编、侵权责任编等篇章，增加和修改了大量关于物业管理的内容，这是在国家基本法中对物业管理行业予以了肯定和确认，物业管理已经融入居民生活中的点点滴滴。可以说，物业管理行业的发展有力支撑了消费升级、服务产业结构优化和新经济发展，促进了我国服务业向高质量发展方向迈进，成为推动服务业乃至国民经济增长的一大动力。

此外，物业管理服务已成为城市建设的窗口、城市现代化管理的重要标志，物业服务更是涉及人民生活和工作的方方面面，物业服务企业提供的统一化、专业化、全方位、多层次、智能化的整体服务，促进了城市现代化、专业化、社会化进程，更进一步提高了城市化管理水平，成为构建和谐社会不可或缺的一环。

城市的两大基本构成要素是"物"和"人"，这里的"物"指的是城市的各类建筑设施。"人"是指生活、工作和活动在这个城市里的人。城市的品质是通过对"物"的高品质的管理和对"人"的高品质的服务体现出来的。物业管理服务在创建高品质的城市环境和高品质的城市生活方面具有不可替代的作用。

1.3 物业管理服务的性质

1.3.1 物业管理服务的运营特征

1. 物业管理服务的无形性和非所有权性

物业管理服务是由一系列活动所组成的过程，这个过程不能像有形商品那样被触摸，它区别于其他商品最基本的特征就是无形性。对于大多数服务来说，购买了服务并不等于拥有其所有权，物业管理服务的交易，同样不发生所有权转移。物业管理服务必须通过服务供给方的具体劳动来实现，这种服务劳动是存在于服务者身体之中的一种专业能力，在任何情况下，没有任何人和力量能将这种能力与人体发生分离。即使提供服务的供给方的具体劳动需要借助某些实物来完成，这些实物的所有权也不会发生转移。

比如物业管理服务人员在提供服务的过程中，服务人员所具备的专业能力和该服务过程中使用的实物工具等都不会发生所有权转移。业主或物业使用人购买的是物业管理服务人员所提供的服务产品的使用权，而非所有权，这种无形产品难以像有形产品那样让受益人感到它的真实存在。

2. 物业管理服务的同步性和易逝性

物业管理服务的生产与消费具有同步性和易逝性，二者处于同一过程之中，而且是随时生产、随时消费，无法被储存、转售或者退回。一般情况下，物业管理服务如果是向单个业主或物业使用人直接提供的，也就是说服务生产的时候，客户是在场的，而且会观察感受甚至参与到生产过程中来；如果是向管理区域内所有业主或物业使用人提供的，则是很多受益人共同（同步）消费的。上述服务过程本身既是生产过程，同时也是消费的过程，即服务的生产和消费是同时进行不可分离的，服务活动随着二者的完成也消失了，如果不能及时消费就会造成服务的损失和浪费。

比如物业管理服务中的保洁服务，当保洁人员完成清洁卫生任务离开岗位的时候，业主和物业使用人的保洁服务消费也就同步完成了，当次的保洁服务活动也随之逝去。

3. 物业管理服务公共性和综合性

物业管理服务在建筑物区分所有权的情况下，物业的共用设备设施和共用部位不是单一业主所有，而是物业管理区域内的全体业主或部分业主共同所有，因此物业管理服务具有为某一特定受益群体提供服务产品的公共性。

另外，物业管理服务的目的是为业主和物业使用人提供一个安全、舒适、方便、优美的工作和生活环境，这就需要物业管理服务必须是全方位、多层次、整体的综合服务。

4. 物业管理服务受益主体的广泛性和差异性

物业管理服务的公共性和综合性决定了其区别于一般委托管理服务活动，具有受益主体的广泛性和差异性。物业管理服务约定的内容、标准、服务期限、当事人双方的权利与义务等，必须是全体业主按照相关法律规定达成的共同意愿。差异性主要从两方面来理解，一是上述物业管理服务约定的事项很难取得所有业主的完全一致认可，总会有部分或个别业主持有异议；二是由于每个业主或物业使用人的个体差异，导致对物业服务企业履行的管理服务活动的认识和评价也是有不同的。同一物业管理服务有的业主满意，有的业主则表示不满意，可谓众口难调。

5. 物业管理服务的异质性和伸缩性

物业管理服务是通过物业服务企业员工的一系列行动表现出来的，服务效果、服务质量必然会受到员工个体的工作经验、技能水平以及服务态度等因素的影响。同一项服务由于操作者不同，受益者不同，会导致服务品质存在较大差异。实际上，不存在两个完全一样的服务人员，也不存在两个完全一样的受益人，那么就不会存在两种完全一致的服务。

由于物业管理服务的异质性和受益群体的差异性，导致受益人对物业管理服务的消费有一定的伸缩性。当他们对某项服务感到舒适满意时，就会及时或经常购买消费；反之就会延迟甚至不再购买该项服务，特别是在物业管理服务的增值服务方面。

此外，如果当业主对物业服务企业的管理服务感到满意时就会续聘该物业服务企业，反之就会解聘该物业服务企业，重新聘请新的物业服务企业。

6. 物业管理服务时间的延续性和长期性

一般的服务，如餐饮服务、酒店服务等，这些服务企业与客户的接触时间较短，大多是一次或几次。而物业的使用年限较长，一般几十年甚至上百年，并且服务具有无形性和不可储存性，物业管理服务在合同有效期内必须持续提供服务，保证物业共用部位长时间完好和共用设备设施的全天候正常运行。

因此物业管理服务的供给是一个持续的不间断的过程，物业管理服务时间是相对稳定长期的，具有延续性和长期性。

1.3.2　物业管理服务的基本程序

物业管理服务是房地产开发的延续和完善，为保证物业管理服务活动正常有序运行，根据物业服务企业的物业管理服务活动的先后顺序，物业管理服务的程序主要包括：物业管理权获取（物业管理招标投标）、早期介入、承接查验、前期物业管理服务、常规物业管理服务。

1. 物业管理权获取

物业服务企业开展物业管理服务业务的第一步就是获取物业管理权。现阶段我国物业管理权的获取方式主要有公开招标、邀请招标和协议方式三种。

《物业管理条例》（2018年修订）规定国家提倡建设单位按照房地产开发与物业管理相分离的原则，通过招标投标的方式选聘具有相应资质的物业服务企业。

（1）物业管理招标，是指物业管理招标人（业主、物业所有权人）为即将建造完成或已经建造完成的物业寻找物业服务企业，制定符合其管理服务要求和标准的招标文件并向社会公开，由多家物业服务企业参与竞投，从中选择确定适宜的竞投者并与之订立物业服务合同的过程。

（2）物业管理投标是对物业管理招标的响应，是指符合招标文件中要求的投标人根据公布的招标文件中确定的各项管理服务要求与标准，编制投标文件，积极参与投标活动的过程。

物业管理招标投标实质上是围绕物业管理权的一种竞争性的交易方式。招标和投标是一个过程的两个方面，是一种双向选择，业主选择管理服务者，投标企业竞争物业管理权，最终签订委托服务合同，明确双方的权利、义务、责任，并从法律、经济、技术等方面规范招标投标双方的行为，协调保障双方的利益。招标投标过程中，投标方应认真对待，积极响应招标文件要求，以便赢得竞争最终获取标的物业项目的管理权。

2. 早期介入

现代化的物业建筑设计复杂、高新技术含量高、建设周期相对长、施工安装难度大，为了保证物业建成后的正常使用，建设单位在项目的可行性研究、规划设计、施工建设、营销策划、竣工验收等阶段就开始引入物业咨询服务活动。

物业早期介入，是指物业服务企业在正式接管物业项目之前，从业主、物业使用人和日后物业管理服务的角度对物业的整体功能布局、功能规划、楼宇设计、材料选用、设备选型、设施配套、管线布置、房屋租赁经营、施工质量、竣工验收等多方面向建设单位提出意见和建议，使物业投入使用后能更好地满足业主和物业使用人的要求，为物业管理服务创造条件。

早期介入有利于优化完善物业设计细节，提高实用性和高质量，更好地满足业主和物业使用人的需求；有利于物业服务企业更精准地了解物业状况，助力前期物业管理服务，规避物业经营管理服务风险；有利于提高建设单位的项目开发效益。

3. 承接查验

物业服务企业在与建设单位或业主（业主大会）签订物业管理服务协议之后，在对物业管理项目开展管理服务活动之前，根据《物业管理条例》（2018 年修订）第二十八条，物业服务企业承接物业时，应当对物业共用部位、共用设施设备进行查验。

物业承接查验分为新建物业承接查验和原有物业承接查验两种类型。

（1）新建物业承接查验。在正式接管新建物业之前，物业服务企业和建设单位按照国家有关法规和前期物业管理服务合同的约定，共同对物业共用部位、共用设施设备进行检查和验收的活动。

新建物业的承接查验应该在物业建筑竣工验收合格后和业主入住之前进行完毕。

《物业承接查验办法》（建房〔2010〕165 号）规定，建设单位应当在物业交付使用 15 日前，与选聘的物业服务企业完成物业共用部位、共用设施设备的承接查验工作。新建物业的承接查验属于前期物业管理服务阶段，是前期物业管理服务起点。

（2）原有物业承接查验。一般情况下，前期物业服务合同或物业服务合同期满时，可能会发生物业服务企业更迭的情况，如果原物业服务企业不再受聘，新受聘的物业服务企业需要对原有物业进行承接查验。

原有物业承接查验与新建物业承接查验在交验主体和过程上有所差异，其交验主体和过程主要体现在两个环节：一是原有物业服务企业向业主或业主委员会移交；二是业主或业主委员会向新的物业服务企业移交。

两个环节相对独立，法律主体也有所不同。

4. 前期物业管理服务

《前期物业管理招标投标管理暂行办法》（建住房〔2003〕130 号）中，定义前期物业管理是指在业主、业主大会选聘物业服务企业之前，由建设单位选聘物业服务企业实施的物业管理。

需要特别指出的是，通常情况下，前期物业管理只是新建项目才具有的物业管理服务环节。前期物业管理服务自物业承接查验开始，至业主委员会代表业主与业主大会选聘的物业服务企业签订物业服务合同生效时止。

前期物业管理服务是物业服务企业对新物业项目实施的物业管理服务，服务的对象是全体业主。相对于常规物业管理服务而言，前期物业管理服务合同期限具有不确定性，该阶段建设单位处于主导地位，物业服务企业处于优势地位，业主处于被动状态，需要加强监管力度，让业主的合法权利得到有效保障。当业主大会成立或者业主大会选聘了物业服务企业，业主与物业服务企业签订的物业服务合同发生效力时，就意味着前期物业管理服务阶段的结束，进入通常情况下的物业管理服务阶段。

5. 常规物业管理服务

常规物业管理是指前期物业管理结束以后，对一个物业项目进行日常运营和维护的管理工作。常规物业管理与前期物业管理的内容基本相同，只是选聘物业服务企业的主体发生了变化。通常包括：物业日常维护、安全管理、收费管理、客户服务、合同管理、财务管理等。常规物业管理的目标是提供舒适、安全、便利的居住和工作环境，增加物业价值，并提升业主和居民的满意度。

1.3.3 物业管理服务的内容

在物业管理市场中，物业管理服务是有偿出售智力和劳力的服务性行业，是被交易的对象或商品，也就是物业服务企业根据与业主签订的物业服务合同，为业主和物业使用人提供各项服务活动。现代物业管理服务内容相当广泛，不仅包括公共性的基础服务，还可以包括为业主和物业使用人提供各种类型的多种经营服务。

1. 基础物业管理服务

概括地说，基础物业管理服务主要涵盖两方面内容：房屋及配套设备设施和相关场地的维修、养护、管理，维护物业管理区域内的环境卫生和公共秩序。具体如下：

（1）房屋建筑本体的服务：主要包括房屋基本情况的掌握、维护、保养、修缮、装修、翻新、改造等内容。这是为了确保房屋完好率，确保房屋使用功能正常而进行的管理服务。

（2）物业设备设施服务：物业设备设施服务是物业管理服务企业最日常、最持久、最基本的工作内容之一。其主要包括各类设备设施基本情况的掌握、日常运营及保养维修等内容。这是为了确保房屋及其配套设备设施的良好技术状态，有效地发挥其功能，延长其使用寿命而进行的管理服务。

（3）清洁卫生服务：在物业管理区域中，良好的环境卫生所带来的舒适优雅，是判断物业服务企业服务水平的一个可视的直观指标。其主要包括物业管理区域内公用部位、公共设施场地、垃圾处理、专项保洁等内容。这也是为业主（物业使用人）提供惬意美好的工作生活环境、净化美化物业环境而进行的管理服务。

（4）绿化养护管理服务：主要包括室内外及其附属设施的园林绿化植物和园林建筑、园林小品等进行养护管理、保洁、更新、修缮等。这是为达到改善、美化环境，保持生态系统良性循环效果的管理服务。

（5）公共秩序管理服务：主要包括出入管理、公共安全秩序维护、灾害防治、社区管理、完善公共区域内安全防范设施、消防管理、车辆道路管理、突发事件处理等内容。这是为了保护业主和物业使用人的人身财产安全，维持社会的工作和生活秩序的管理服务活动。

（6）客户管理服务：物业管理过程中，业主和物业使用人是物业管理服务的直接消费者，与物业管理活动联系最为紧密，关系最为重要。这里所说的客户，指的是业主及物业使用人。其主要包括客户沟通管理、客户投诉管理、客户满意管理、物业档案管理等内容。

（7）收费管理服务：物业服务企业应该严格按照协议或合同规定的物业管理服务收费标准，及时、定期收取租金、管理服务费等各项费用，并接受物业和物业使用人的监督。

2. 多种经营服务

物业管理行业已经从单一的经营模式向多元化经营转型，物业服务企业具有消费终端入口资源，能够精准把握管理区域内多样性的、个性化的服务需求，物业服务企业逐渐从基础物业服务提供者向社区生活服务提供者转型。为了满足物业管理区域内业主和物业使用人更多、更高的工作和生活需求，物业服务企业利用物业一切可利用的资源提供公共性常规服务以外的多种经营性服务。

（1）多种经营服务按照经营资源属性主要可以分为两类：

1）物业资源经营。物业服务企业管理区域内的物业及其所属内容只要可供经营，都是物业经营资源。如会务场地、停车场、会所、广告、共用场地、非住宅物业的各类房屋及与之配套的设备设施场地等。

2）业主或物业使用人资源的经营。业主和物业使用人本身就是物业经营的主要资源，物业服务企业可以针对这部分资源的需求开发各种经营服务项目，从中获益。如有偿维修、家政服务、居家养老、车辆服务、代理代办服务、环保物资回收、资产经营、房屋置换、餐饮、文化休闲等方面的各种需求。

（2）多种经营服务按照经营内容主要可以分为针对性专项服务和委托性特约服务。

1）针对性专项服务。该项服务是物业服务企业为满足部分业主、物业使用人的特殊需求，改善和提高他们的生活质量和工作条件，而提供的衣食住行、健康医疗等方面的服务。针对性专项服务是物业服务企业开展多元化经营的主要渠道，涉及业主和物业使用人日常工作生活的各个方面，内容繁多，受众面广。通常物业服务企业应该事先设立好服务项目，公开服务内容、质量、收费标准等以供业主和物业使用人按需选择。

表1-1中的示例仅供参考，物业服务企业应当根据所辖区域的实际情况和需求开发经营管理服务项目。

针对性物业管理服务内容示例　　　　　　　　　　　　　　　表 1-1

类别	具体项目
餐饮类	餐厅、食堂、咖啡厅、酒吧、茶馆、快餐、茶餐厅
商业类	便利店、超市、菜场、美容美发店、洗衣店、汽车美容
商务类	传真、打字、打印、复印、文件翻译、会议室租用、办公设备租用、资料过塑、充电、租车服务、票务代理
文娱类	图书馆、阅览室、小电影室、歌舞厅、唱诗堂、报刊经销、棋牌室、举办唱歌表演比赛等
教育类	各类文化、艺术培训班、职业技能培训班、专业讲座、托儿所、幼儿园、小学、中学、老年大学、儿童活动中心、老年活动中心
体育类	健身房、体育类场馆（网球、羽毛球、乒乓球、台球）游泳馆、小型体育比赛、活动等
维修类	家电、交通工具、生活用品、专有部分设备设施维修
家政类	家庭看护、代接代送、上门保洁、收发快递、绿化养护、空关房代管
资产经营类	房产评估、产权交易中介、物业租售和营销、转让、置换，室内装饰装修设计及施工、理财、保险、广告位出租、临时停车服务、场地出租
顾问咨询类	设备设施保洁保养、环境绿化、安全防护、装饰装修、房屋接收、空间布置与管理
医疗保健类	药店、医务室、卫生室或卫生站、心理咨询中心
社会福利类	照顾孤寡老人、拥军优属、物资回收站、旧报纸书刊回收销售等（此类服务一般是无偿提供）

2）委托性特约服务。委托性特约服务是指物业服务企业接受个别业主或物业使用人的委托，提供常规性物业管理服务以外的经营性物业管理服务。特约服务是按照个别要求而提供的个性化服务，其实际上是针对性专项服务的补充和完善。这些服务通常是物业管理委托合同中没有约定，专项服务中也没有设立的服务项目，如代请家教、代请保姆、代请钟点工、代理广告、代购、车辆代管等。它具有临时性和个性化的特征，需求量小，但是可以增强业主和物业使用人对物业服务企业的认同感，增进彼此之间的黏合度，是物业经营性管理服务的重要途径。

无论是针对性专项服务还是委托性特约服务，一般需要与居委会、街道、社区、专业机构及有关政府部门（金融、教育、文化、卫生、民政、交通、商业等）联合开展或接受其指导。

综合以上的物业管理服务内容，可以看出物业管理服务是融管理、服务、经营于一体的服务性行业，公共性物业管理服务和经营性物业管理服务是相互促进有机联系的整体。前者是基础性工作，后者是前者的扩展和延伸，标志着物业服务的广度和深度。物业服务企业必须做好物业服务合同约定的常规物业管理服务内容，取得业主、物业使用人的信任，才能有计划地开展经营性物业管理服务，切不可本末倒置。

1.4　物业管理服务的技术

　　世界知识产权组织把世界上所有能带来经济效益的科学知识都定义为技术。它说"技术是制造一种产品的系统知识，所采用的一种工艺或提供的一项服务，不论这种知识是否反映在一项发明、一项外形设计、一项实用新型或者一种植物新品种，或者反映在技术情报或技能中，或者反映在专家为设计、安装、开办或维修一个工厂或为管理一个工商业企业或其活动而提供的服务或协助等方面。"

　　《现代汉语词典》中这样定义技术：技术是人类在认识自然和利用自然的过程中积累起来并在生产劳动中体现出来的经验和知识，也泛指其他操作方面的技巧。

　　从这两个定义可以看出，技术是直接的生产力，它渗透在生产过程的诸多要素之中，任何技术的产生和发展都是人类有意识有目的活动的成果。物业服务技术是解决服务过程中问题的方法及原理，它总是从一定的具体目的出发，针对具体的问题，形成解决的方法，从而来满足业主和物业使用人某些具体方面的要求。观其本质，物业服务技术的存在取决于客户的需要，满足其需要，并需要一个巨大的组织结构来支撑它。

1.4.1　物业管理服务的接触技术

1. 服务接触技术内涵

　　服务接触（Service Encounter）一词最早出现于 20 世纪 80 年代初期，基于服务业经营中对人际接触（Person-To-Person Encounter）的重视，以及了解在纯粹服务情境中，影响客户满意与再次惠顾与否的因素，主要在于服务供应者间的人际接触。

　　许多研究者认为，服务接触是服务情境中，供应者与接收者间的面对面互动，也就是客户与服务传递系统（Service Delivery System）间的互动，包括一线员工、客户、实体环境及其他有形因素等对象，对于服务差异、品质控制、传送系统等层面有相当大的影响，而此互动会影响客户对服务质量认知的评价。

　　服务接触既然是客户与服务系统（服务人员、服务设施和服务环境等）之间发生的互动行为，那么服务接触可能是一个点也可能是个面。某个关键接触点构成"真实瞬间"，这个真实瞬间是决定服务成败的关键指标，也称关键时刻，是指客户在与服务组织及其提供的服务之间进行互动的某个时刻，客户在这个时刻的感受，决定了其对服务质量的判断和满意度。

　　可见，服务接触是客户与服务系统之间互动过程中的"真实瞬间"，是影响客户服务感知的直接来源。服务质量很大程度上取决于客户感知，客户感知又以服务接触技术为基础。服务接触的过程正是服务价值创造和传递的过程，服务接触技术对客户感知服务的影响最直接也最重要，因为客户对服务质量问题的抱怨和不满主要集中在服务接触环节。

综上，我们可以这样界定服务接触：它是服务过程中客户与服务企业工作人员进行接触，并得到关于服务质量印象的一系列关键时刻或过程。服务接触包括客户在消费过程中发生的所有接触，人员、布局、设施等客户可以感知的服务要素，服务接触其实是一门内涵广泛的交流沟通技术，是服务企业的直接生产力。

2. 服务接触的类型

客户与服务机构联系的任何时刻都有发生服务接触的可能。根据接触的方式，服务接触通常有三种类型：远程接触、电话接触、面对面接触。

（1）远程接触

远程接触是指在服务过程中顾客不与服务提供者直接发生接触，而是与服务企业的设备或设施接触。如物业服务企业跨界联合第三方推出的各种便民设备设施服务：智能快递柜、智能取奶冷柜、智能菜柜、智能售货机、智能信箱等。这种服务虽然没有发生人与人之间的接触，但是这种人与设备设施之间的服务接触仍然能够影响客户对服务质量的感知。所以必须重视这类接触服务技术水平，做好远程接触服务相关设备设施的性能、质量、保养、维修、安全等方面的辅助管理服务。

在"互联网+"的信息技术时代，物业服务企业可以利用互联网信息技术手段实现远程接触的在线服务方式。比如现在的物业服务企业根据企业自身特点开发的APP服务软件或者利用其他网络沟通接触方式进行远程服务等。这种接触方式不受时空影响，具有即时性（相对）、灵活性以及人性化等特点，服务提供人员可以与客户进行线上"一对一"的沟通服务，并没有产生人员之间的真实接触。

（2）电话接触

这是客户与服务企业之间接触最常见的形式之一。如物业的电话报修、电话预约、电话咨询、电话呼叫中心等，几乎所有的物业服务企业与客户之间，每天都会发生电话接触服务。

随着我国互联网技术的迅猛发展，各种网络沟通软件层出不穷，但这并没有影响电话接触服务在服务行业的地位。毕竟网络沟通存在一定的"盲区"，有时候会发生表述不准确或难以表达、网络信号不佳、客户不在线、客户习惯等情况。

电话接触过程中，客户接触的其实是电话另一端的服务人员。服务人员的语音、语调、语速、语气、涵养、专业素养、反应、态度等，都会影响服务接触的"真实瞬间"。

（3）面对面接触

面对面接触，顾名思义就是客户与服务人员直接发生接触，双方（或多方）直接地、面对面地就服务内容进行沟通、协商。物业服务企业的面对面接触服务每天都会发生，比如物业纠纷处理、上门服务（维修、保洁、收费）、业主和物业使用人随时可能"偶遇"保洁、保安的服务等。这种面对面接触通常发生在服务人员和客户之间，客户对服务质量的感知，不仅取决于语言因素（有声语言、肢体语言），还取决于非语言因素。

非语言因素可以是服务人员的仪表、姿势、态度、技能、服务场所环境、设备设施、工具等。

一般来说，整洁专业的仪容仪表、训练有素的姿态、过硬的专业技能、热情耐心的态度以及良好的服务配套设备、设施、工具、干净整洁的服务场所等更容易让客户对服务质量感知良好，更能提升客户满意度。

3. 服务接触中的三元组合

服务的特点之一就是服务生产过程中客户的积极参与，每个"真实瞬间"都是服务提供者和客户互动的关键时刻，各自都在服务组织提供的环境中扮演一个角色。服务接触三元体表明了服务提供者、客户、服务组织在服务接触中的关系以及三者之间的冲突。

从图1-1中我们可以看出，在服务接触中"三元"之间的关系以及各自所追求的目标：服务企业追求的是服务传递效率，实现最终的利润目标，这就会影响服务员工在服务过程中的自主性和客户满意度；服务员工和客户在服务过程互动中企图互相感知控制，员工通过感知客户的行为来控制客户，让自己的工作变得轻松，客户通过感知员工的服务来控制接触服务的进程来获得更多的利益。

服务接触三元最理想的状态，应该是齐心协力、协同合作，创造更大的利益。然而，往往事与愿违，通常是其中"一元"为了自身的利益来控制整个服务接触的过程。上述三要素之间的冲突，直接导致了服务接触三元体的失衡。这种失衡主要表现为三种模型：企业主导型的服务接触、员工主导型的服务接触、客户主导型的服务接触。

（1）企业主导型的服务接触。出于提高效率或实施成本领先战略的目的，企业可能通过一系列严格的操作规程的建立，使服务系统标准化，结果严重限制了员工与客户

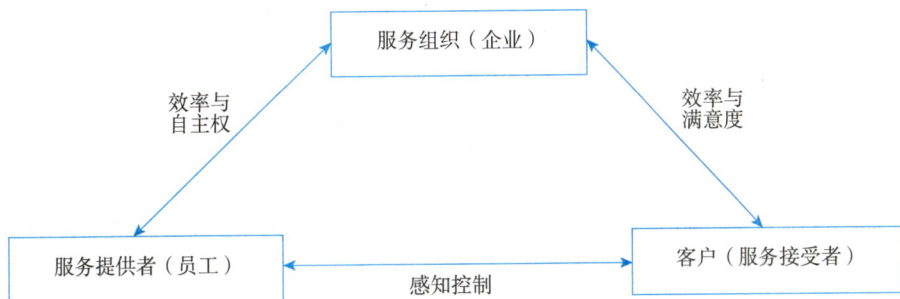

图1-1　服务接触的三元组合示意图

接触时所拥有的自主权。顾客只能从规定的几种标准化服务中进行选择，个性化服务缺失。例如，酒店旅游物业经营管理推出的一系列套餐服务项目，就是通过一套结构化服务体系的实施成功地控制了服务接触。这些企业中的员工被动执行规定，客户被动进行选择，员工和客户对企业的满意度、忠诚度都会随之降低。

（2）员工主导型的服务接触。服务人员都希望通过降低其服务接触的范围来减少其自身在满足客户需求中的压力。如果赋予员工足够的自主权，他们对所接触的客户就会拥有很大程度的控制权，员工可以根据实际情况采取即时的措施，尤其是在突发事件时。由于服务员工具备一定的专业知识和技能，客户可以选择信赖他们的服务，例如物业秩序维护、维修服务、特约服务等。员工具有很高的满意度和归属感，客人也能够感受速度和效率。此类模型的服务接触，企业对员工进行足够的培训和恰当的激励就显得格外重要。

（3）客户主导型的服务接触。极端的标准化服务和定制服务体现了顾客对服务接触的控制机会。标准化服务中的自助服务可以让客户完全控制所提供的有限的服务选择，比如酒店物业管理中的自助餐客户不需要过多的人员接触，这种自由高效的服务方式通常使顾客感到非常满意。定制服务中的个性化服务，服务人员需要根据客户的特点和要求来完成服务，比如物业服务中的个性化保洁服务、绿化服务等特约服务都是定制服务，这些都是客户主导型的服务接触。

服务接触三元体中，企业为服务接触提供了一个环境，服务提供人员和客户互动受到企业文化和企业物质环境的影响。我们需要从企业文化和物质环境来分析企业在三元结构中所起的作用。对于服务提供者，企业需要对其进行严格的挑选和培训，才能使员工真正理解企业的文化和经营理念，更好地为客户提供规范和个性化服务。而对于企业的客户，服务人员应该关注其态度和期望，他们的态度和期望会直接影响感知服务的满意度。

此外，还需要重视客户在服务生产过程中的合作生产者的角色，客户的参与配合程度影响着服务的结果，积极回应客户的要求，把握客户的情绪，才能让每一个服务接触点都得到客户的认可。

4. 服务接触的重要功能

服务接触的重要功能主要体现在客户的服务感知质量、服务效率和服务文化三个方面。

（1）服务接触影响客户的服务感知质量。服务这种产品不同于有形产品，其质量不能用具体的量化指标进行衡量，完全根据客户的期望和对服务的实际感受进行评价。客户的这种关于服务质量关键时刻或过程的一系列感受，就是在服务接触的过程中渐进形成的，最终作出对这次服务质量的评价。例如，维修人员上门服务，是否认真听取客户的故障叙述，是否具有耐心细致的态度，故障排除解决的技能和速度等，都会给客户留下一系列的印象，最后形成了客户对该维修服务人员的服务质量评价。

（2）服务接触影响服务效率。服务接触的方式或方法对服务效率的影响很大，比如员工在和客户的接触中，通过表情、眼神和动作等肢体语言来理解对方的期望，能大大节省交流所用的时间；在服务设备设施与客户的接触中，如物业服务提供的各种自助、自动设备设施等，通过习惯、界面和模块的交互也能节省大量时间，提高服务效率。

（3）服务接触影响企业的服务文化。服务的生产过程是企业和客户一系列互动活动的过程，客户的素质、习惯、知识、经验等会在服务接触过程中对服务人员产生潜移默化的影响，逐渐形成一种具有自身特色的服务文化。许多跨地区经营的物业服务企业具有类似的经验，它们在异地获得了物业管理权之后，往往采取本地化的政策、行为方式及策略，比如规章制度、作息时间、人员聘用等全部本地化。

1.4.2　物业管理服务的互联网技术

1. 互联网技术

互联网技术是指在计算机技术的基础上开发建立的一种信息技术。互联网技术通过计算机网络的广域网使不同的设备相互连接，加快信息的传输速度和拓宽信息的获取渠道，促进各种不同的软件应用的开发，改变了人们的生活和学习方式。互联网技术的普遍应用，是进入信息社会的标志。

互联网技术有三层含义，分别指硬件、软件和应用。

第一层是硬件，主要指数据存储、处理和传输的主机和网络通信设备。

第二层是软件，包括可用来搜集、存储、检查、分析、应用、评估信息的各种软件，它包括我们通常所指的 ERP（企业资源规划）、CRM（客户关系管理）、SCM（供应链管理）等商用管理软件，也包括用来加强流程管理的 WF（工作流）管理软件、辅助分析的 DW/DM（数据仓库和数据挖掘）软件等。

第三层是应用，指搜集、存储、检索、分析、应用、评估使用各种信息，包括应用 ERP、CRM、SCM 等软件直接辅助决策，也包括利用其他决策分析模型或借助 DW/DM 等技术手段来进一步提高分析的质量，辅助决策者作决策（强调一点，只是辅助而不是替代人决策）。通常第三层还没有得到足够的重视，但事实上却是唯有当信息得到有效应用时，IT 的价值才能得到充分发挥，也才真正实现了信息化的目标。信息化本身不是目标，它只是在当前时代背景下一种实现目标比较好的一种手段。

2. 通过互联网提供的服务

（1）信息服务。网络最基本的功能就是迅捷提供各种信息。网络新闻平台正式成为人们获取新闻资讯的主要渠道之一。

（2）沟通服务。互联网作为一种沟通媒介，为人们提供了互相沟通和联系的应用服务。众所熟知的即时通信，这是一种使用者可以在网络上建立某种聊天室的实时通信服务，时至今日这已不再是一个单纯的聊天工具，而是发展成集交流、资讯、娱乐、搜索、电子商务等为一体的综合化信息平台。

（3）移动服务。随着移动运营商的介入，现在发展最为活跃的是移动通信服务，手机成为即时通信发展的新终端。移动通信服务是指通过移动网络提供的数据服务、信息服务和广告服务。数据服务包括短信等通信服务和互联网接入服务；信息服务包括信息内容服务、商务服务和娱乐服务，比如天气预报、手机订阅等；广告服务包括图像、文字、分类等手机广告服务。

（4）交易、平台服务。

1）交易服务。B2C 交易服务形式就是随着互联网的发展而诞生的。此后 B2C 电子商务形式得到了极大发展，许多网络零售店应运而生。

2）平台服务。相对于 B2C 的交易服务，许多互联网公司提供了买卖双方交易的第三方平台，根据买卖双方的不同性质又可分为 C2C、B2B 等形式。

交易服务和平台服务有时候既有区别，又有联系，有时候交互存在。如某些购物平台既有自营产品（B2C 交易服务），又有入驻商户（平台服务）。

（5）娱乐服务。网上娱乐已经成为一种常态，很好地满足了客户的娱乐需求，例如各种网络游戏商、文学网店、视频网站等，目前国内网络视频服务客户规模达到了 7 亿多。

随着信息技术和自动化技术的不断普及，互联网技术在服务过程中的运用越来越广泛，大大提高了服务的可获得性。同时运用互联网技术作为服务手段时，需要根据客户的接受程度进行选择。

3. 移动互联网

移动互联网是 PC 互联网发展的必然产物，是移动通信和互联网二者的结合体。它是互联网的技术、平台、商业模式及应用与移动通信技术结合并实践的总称。它继承了移动随时、随地、随身和互联网开放、分享、互动的优势，是一个全球性的、以宽带 IP 为技术核心的，可同时提供语音、传真、数据、图像、多媒体等高品质电信服务的新一代开放的电信基础网络，由运营商提供无线接入，互联网企业提供各种成熟的应用。

通过移动互联网，人们可以使用手机、平板电脑等移动终端设备浏览新闻，还可以使用各种移动互联网应用，例如在线搜索、在线聊天、移动网游、手机电视、在线阅读、网络社区、收听及下载音乐等。其中移动环境下的网页浏览、电子商务、文件下载、位置服务、在线游戏、视频浏览和下载等是其主流应用。

目前，移动互联网正逐渐渗透到人们生活、工作的各个领域，微信、支付宝、位置服务等丰富多彩的移动互联网应用迅猛发展，正在深刻改变信息时代的社会生活。近几年，更是实现了 3G 经 4G 到 5G 的跨越式发展。全球覆盖的网络信号，使得身处大洋和沙漠中的用户，仍可随时与世界保持联系。

4. 新媒体

新媒体是利用数字技术，通过计算机网络、无线通信网、卫星等渠道，以及电脑、手机、数字电视机等终端，向用户提供信息和服务的传播形态。从空间上来看，"新媒体"是与当下"传统媒体"相对应的，以数字压缩和无线网络技术为支撑，利用其大容量、实时性和交互性，可以跨越地理界线最终得以实现全球化的媒体。

新媒体是一种媒体形态，它可以被视为新技术的产物，数字化、多媒体、网络等最新技术均是新媒体出现的必备条件。新媒体诞生以后，媒介传播的形态就发生了翻天覆地的变化，诸如地铁阅读、写字楼大屏幕等，都是将传统媒体的传播内容移植到了全新的传播空间。我们可以从下四个层面理解新媒体的概念。

（1）技术层面：利用数字技术、网络技术和移动通信技术。

（2）渠道层面：通过互联网、宽带局域网、无线通信网和卫星等渠道。

（3）终端层面：以电视、电脑和手机等作为主要输出终端。

（4）服务层面：向用户提供视频、音频、语音数据服务、连线游戏、远程教育等集成信息和娱乐服务。

5. 大数据

大数据与互联网的发展相辅相成。一方面，互联网的发展为大数据的发展提供了更多数据、信息与资源；另一方面，大数据的发展为互联网的发展提供了更多支撑、服务与应用。

大数据（Big Data），是指无法在一定时间范围内用常规软件工具进行捕捉、管理和处理的数据集合，是需要新处理模式才能具有更强的决策力、敏锐洞察力和流程优化能力的海量、高增长率和多样化的信息资产。大数据具有 5V 特点，即 Volume（大量）、Velocity（高速）、Variety（多样）、Value（低价值密度）、Veracity（真实性）。

大数据的特色在于对海量数据进行分布式数据挖掘。但它必须依托云计算的分布式处理、分布式数据库和云存储、虚拟化技术。大数据技术的战略意义不在于掌握庞大的数据信息，而在于对这些含有意义的数据进行专业化处理，提高对数据的"加工能力"，通过"加工"实现数据的"增值"。

大数据的计算和运用，可以给客户虚拟"画像"（年龄、性别、住址、收入、爱好、消费习惯等），企业可以根据"画像"进行精准服务和个性化服务，提升客户体验和感知。客户数据库还能强化企业跟踪服务和自动服务的能力，让客户得到更快捷和更周到的服务，从而有利于企业更好地留住客户。

6. 人工智能

人工智能（Artificial Intelligence，即 AI），它是研究、开发用于模拟、延伸和扩展人的智能的理论、方法、技术及应用系统的一门新的技术科学。人工智能与 5G、云计算、大数据等深度融合，将加速成为数字经济发展的重要驱动力。越来越多的企业积极提供电子自助设备、电话语音系统等人工智能技术来降低运营成本，同时又能满足客户对服务的需求，减少服务的差异性，确保服务质量。互联网人工智能方案可以让客户业务伙伴及员工随时随地获取所需信息。

7."互联网+"服务

"互联网+"是两化（信息化和工业化）融合的升级版，将互联网作为当前信息化发展的核心特征提取出来，并与工业、商业、金融业、物业等服务业的全面融合。其中关键就是创新，只有创新才能让这个"+"真正有价值、有意义。正因为此，"互联网+"被认为是创新 2.0 下的互联网发展新形态、新业态，是知识社会创新 2.0 推动下的经济社会发展新形态演进。通俗来说，"互联网+"就是"互联网+各个传统行业"，但这并不是简单的两者相加，而是利用信息通信技术以及互联网平台，让互联网与传统行业进行深度融合，创造新的发展生态。"互联网+"具有跨界融合、创新驱动、重塑结构、尊重人性、开放生态、连接一切这六大特征。

8.物联网技术

物联网是指通过信息传感设备，按约定的协议，将任何物体与网络相连接，物体通过信息传播媒介进行信息交换和通信，以实现智能化识别、定位、跟踪、监管等功能。

物联网具体指的是将无处不在的末端设备和设施，包括具备"内在智能"的传感器、移动终端、工业系统、家庭智能设施、视频监控系统和"外在使能"的，如贴上RFID（传感器技术）的各种资产、携带无线终端的个人与车辆等，"智能化物件或动物"或"智能尘埃"，通过各种无线或有线的长距离或短距离通信网络实现互联互通（M2M）、应用大集成以及基于云计算的 SaaS 营运等模式，在内网、专网、互联网环境下，采用适当的信息安全保障机制，提供安全可控乃至个性化的实时在线监测、定位追溯、报警联动、调度指挥、预案管理、远程控制、安全防范、远程维保、在线升级、统计报表、决策支持、领导桌面（集中展示的 Cockpit Dashboard）等管理和服务功能，实现对"万物"的"高效、节能、安全、环保"的"管、控、营"一体化。

简单地讲，物联网是物与物、人与物之间的信息传递与控制。

1.4.3 物业管理服务中的创新

随着知识经济和以互联网、信息技术为基础的新时代物业的到来，科技凭借其强大动能正在对物业管理行业的发展、企业的经营模式产生越来越深刻的影响。现代物业管理服务已不全是传统意义上的安全、清洁、维修等单一要素的需求，而是一种综合实力、服务及管理理念的竞争。在互联网信息技术时代，物业管理服务行业正处在转型升级阶段，经济增长方式、结构、速度等都在发生着深刻变化，物业管理服务的创新势在必行。

物业管理服务中的创新主要体现在以现代科学技术特别是信息网络技术、物联网技术、移动技术、数字技术为主要支撑的创新，物业管理服务正向智慧方向转变和提升。

1. 智慧物业

智慧物业是指以现代科学技术，如信息网络技术、物联网技术、移动技术、数字技术等为主要支撑，在传统物业服务基础上建立的新兴商业模式、服务方式和管理方法的物业服务。它通常包括随着技术发展而产生的新兴服务业态和运用现代技术对传统服务业的改造和提升。智慧物业通过创新科技的运用，深刻影响着物业管理行业未来的运营模式，它既能够降低企业员工的劳动强度和难度，增加职业黏合度；也能够降低服务成本，提升劳动生产率；它还可以通过对业主、物业使用人需求的调研和满足，实现新的利润增长点，尤其是可以提升业主、物业使用人满意度和舒适的工作、生活体验。

比如：开车进停车场，再也不用经历"停车—排队—现金缴费—抬杆"的传统收费流程。取而代之的是，车辆一靠近，道闸自动升起放行，车辆驶离，扣费自动完成，一切都在业主"无感"中顺利完成。业主踏进家门后，通过手机APP就能缴纳物业费、水费、电费，一键购买各类生活用品，随时报事维修。而在小区里，物业服务人员通过在线派单、抢单，15分钟内回应需求；秩序维护人员通过监控系统，对辖区进行全方位监控，识别预警辖区危险因素……这样的服务场景和作业场景，在全国很多服务项目已经逐渐成为常态。

2. 智慧社区

智慧社区是指通过利用新一代各种智能技术和方式，整合社区现有的各类服务资源，为社区群众提供政务、商务、娱乐、教育、医护及生活互助等多种便捷服务的模式。智慧社区是社区管理的一种新理念，是新形势下社区管理创新的一种新模式。从功能上来讲，智慧社区是以社区居民为服务核心，为居民提供高效、安全、便捷的智慧化服务，全面满足居民的生存和发展需要。它体现了资源整合、精确服务、互动交流、全面保障的内涵。从应用方向来看，"智慧社区"应实现"以智慧政务提高办事效率，以智慧民生改善人民生活，以智慧家庭打造智能生活，以智慧小区提升社区品质"的目标。

智慧社区的框架主要包括基础环境、基础数据环境、云处理平台、应用服务体系、标准规范体系等。它可以充分利用物联网、云计算、移动互联网等新一代科学信息技术的集成应用，为社区居民提供一个安全、舒适、便利的现代化、智慧化工作、生活环境，从而形成基于信息化、智能化社会管理与服务的一种新管理形态的社区。"智慧社区"建设能够有效促进经济转型，推动现代服务业发展升级。

较早一批洞察到新科技可以为物业服务活动赋能创新的企业，已经正式上线了面向内部管理的员工终端APP、面向住宅区域管理的客户终端APP和针对商写园区用户的客户终端 APP。如针对办公用户的功能有装修申请、场地预订、办公保洁、维修呼叫、园区配送、物品借用等物业服务，以及区域新闻、政策信息、法律服务、投融资服务、区域指引、租赁服务、车位申请、职场圈子等区域性服务。无论是商写园区的企业用户还是个人用户，只要在手机上操作，就能轻松享受功能齐全的商务服务。与此同时，物业服务企业在服务项目中推进社区智能化改造，逐步上线智能化车辆管理系统、智能化人行门禁系统、设施设备远程监控系统和设施设备运维管理系统，通过科学技术手段提高项目管理效率与经济效益，用科技智能让业主的工作和生活更轻松、更简单、更舒适。为向业主和物业使用人提供更安全、便捷、高效的服务体验，物业服务企业还可以和支付宝展开深度合作，在支付宝 APP 内正式上线"物业公司"专属小程序，同时融合小区通行码、城市健康码至"一码通"页面，不断实现智能服务的迭代更新，构建高效的社区智能生活服务平台。

立足科技化探索，物业服务企业正在不断丰富社区多元生态圈：搭建了线上线下（O2O）生活服务平台，为业主提供涵盖衣、食、住、购、娱等全生命周期的多元场景服务，如各类到家服务、装饰装修、中介置换、社区新零售等。业内早期使用互联网产品的物业服务企业，如今已借助 IT 技术与数字化应用，开启智能化物业服务基础工程和精细化物业管理模式，为业主提供更加幸福、更加便利的生活。

3. 智慧人文城市

2019 年，浙江省政府工作报告已经首次提出"未来社区"，围绕社区居民生活链的需求，把以人为本、改善民生作为出发点和落脚点，建设社区中脑，上连城市大脑，下接家庭小脑，打造未来社区数字平台，其服务理念与物业服务企业追求的"智慧管理 + 人文服务"的服务宗旨不期而遇。

智慧不仅需要科技，也体现了用心管理，以人为本，思考客户的年龄段和个性需求，根据客户的不同需求对应管理服务方法。人文服务坚持的理念是：以人为本（科学发展观的核心）即一切为了客户，一切依靠客户，以客户为服务根本。因为服务业提供的是关怀和温暖，这是人文基础的表现。人文一方面是关怀和温暖的服务，另一方面是对于文化及精神方面的思考，为客户带来更多文化性、集合性的体验。

当下，各大物业服务企业积极参与未来社区规划运营，与其他行业优秀企业达成战略合作，形成加快推进智慧社区建设的合力，构筑行业智能化发展新优势。如链接智能硬件产品与平台系统，助推未来社区智能生活服务平台建设及智慧楼宇、智慧产业园区、AI 业务创新；与国内领先的大数据服务提供商达成战略合作，在系统架构整合、数据治理、信息化建设领域进行深入探索，持续优化物业数字化的运营平台，提升物业管理的数字化转型速度。

与传统物业服务场景相比较，智能化服务能更精准地捕捉和研究客户动态数据，以满足客户的多样化、便利性、及时性、舒适性的需求，为企业和业主（物业使用人）创造新的价值。但物业服务行业是一个充满温度的行业，智能化服务应该做到"智慧"与"温度"的共融共生。在与智能化产品进行深度融合，以科技赋能服务价值最大化的同时，全面链接智慧社区生态圈和全生命周期服务特色。以业主和物业使用人需求为中心，"智慧管理＋人文服务"的服务理念为依托，变流程化、标准化服务为更有人文情感的主动互交，在业主和物业使用人之间传递服务的更多功能与价值，链接更加多元、智慧的服务场景，为更多业主提供智慧、和谐、人文的家园生活。

4. 智慧物业，未来可期

智慧社区、城市智慧运营管理为物业服务企业发展带来无限可能，物业服务企业能够在配合社区建设或主导智慧社区、城市智慧运营管理的某一领域发挥重要作用，同时可以通过智慧社区系统给物业管理服务工作带来便利，降低运营成本，增加收益，物业服务企业参与智慧社区、城市智慧运营管理既必要又可行。

物业管理服务的发展是社区、城市智慧运营管理的一部分，物业服务企业具有零距离接触社区、城市的先天优势，其与智慧社区、城市智慧运营管理的技术基础已经形成。特别是通过互联网信息技术汇集各种社区服务的商业平台搭建日趋成熟，提供智慧物业服务可以借助已有技术和经验。物业服务企业参与智慧社区、城市智慧运营管理的盈利空间已经开启，其参与智慧社区、城市智慧运营管理可以整合外部资源跨界创新发展。物业服务企业手握终端客户资源，各类商品销售、家政服务、旅游酒店、金融服务等商家都希望借助其终端优势，分享为终端客户提供服务带来的收益，物业服务企业只要稍加整合即可获得各方资源的赋能。

传统的物业管理服务方式落后、生存空间狭小、外部竞争日趋激烈，物业服务企业借助新一代信息技术手段进行跨界经营，正在瓜分传统物业服务领地，物业服务企业必须主动转型升级，创新中求发展。新一代信息化技术的发展，正在持续开启"智慧物业"新时代。以科技为依托，利用5G、物联网、大数据、人工智能等数字化技术提升服务水平，优化服务体验是物业管理服务行业普遍达成的共识。目前，智慧物业管理行业还属于蓝海，其管理平台仍在创新发展，未来可基于数据管理提升效率，探索业务创新机会。当更多科技创新力量充分涌现时，科技创新将真正解决物业管理行业的所有痛点，助力整个行业焕发出更高的能效和更强的活力。

物业管理服务中的创新，积极依托多元化布局和资源整合能力，为业主提供一站式全生命周期的未来城市智慧运营体系。在高效推进智慧社区建设中，将以服务质量为核心，加速与大数据、5G等高新技术的融合，充分发挥产业链上下游的多方力量协作，创新出更智能、更简单、更有效率的商业模式与服务模式，形成生态圈。在国家全力倡导共建共治共享的社会治理共同体中，找准在新时代物业社区治理中社会化、法治化、智能化、专业化的角色定位，积极融入社会治理格局，创造智慧物业的价值。当不变的服务质量，融入创新的科技智慧，将给人们工作和生活带来更多的创新。

◈ 【本章小结】————————————————————————————•

　　物业是指已经竣工和正在使用中的各类建筑物、构筑物及附属设备、配套设施、相关场地等组成的房地产实体以及依托于该实体上的权益。

　　物业权属是指物业权利在主体上的归属状态，主要包括物业所有权、使用权、抵押权和典权。

　　物业特有的基本属性：自然属性和社会属性。其中自然属性包括，物质形态的二元性、物业数量的有限性、空间位置的固定性、使用时间的耐久性、物业形式的多样性、物业配套的系统性；社会属性包括，经济属性（商品属性、短缺性、调控性）、法律属性。

　　按物业的使用性质，可以将物业分为居住类物业、商业类物业、生产（工业）类物业、混合类物业、公众类物业、行政类物业、公共类物业、特殊用途类物业。

　　狭义的物业管理是指业主通过选聘物业服务企业，由业主和物业服务企业按照物业服务合同约定，对房屋及配套的设施设备和相关场地进行维修、养护、管理，维护物业管理区域内的环境卫生和相关秩序的活动。我们通常所说的"物业管理"指的就是这种管理活动。

　　物业服务有明确的服务主体和客体，如业主、物业使用人、物业服务企业等可以是服务主体，而提供的服务产品就是客体。

　　物业管理服务的运营特征有：无形性和非所有权性；同步性和易逝性；公共性和综合性；广泛性和差异性；异质性和伸缩性；延续性和长期性。

　　物业管理服务的程序主要包括：获取物业项目管理权（物业管理招标投标）、前期（早期）介入、承接查验、前期物业管理服务、常规物业管理服务。

　　物业管理服务的内容主要有两大类：公共性的常规物业管理服务、经营性的专项物业管理服务。

　　物业管理服务接触技术的类型包括：远程接触、电话接触、面对面接触。

　　服务接触三元体包括服务提供者、客户、服务企业。服务接触的重要功能包括：服务接触影响客户的服务感知质量、服务接触影响服务效率、服务接触影响企业的服务文化。

　　物业管理服务中的互联网技术包括：互联网技术、适合通过互联网提供的服务（信息服务、沟通服务、移动服务、交易、平台服务、娱乐服务）、移动互联网、新媒体、大数据、云计算、人工智能、"互联网+"服务、物联网技术。

　　物业管理服务中的创新包括：智慧物业、智慧社区、智慧人文城市、未来可期。

【课后练习题】

一、复习思考题

1. 简述物业、物业管理（广义、狭义）、服务接触的概念。

2. 举例说明解释物业的基本属性。

3. 理论结合实际理解物业管理服务的运营特征。

4. 简述物业管理服务的程序。选择一项你最熟悉的程序进行实践调研，形成调查报告。

5. 结合你所熟悉的物业项目，探讨物业管理服务的内容主要包括哪些？

6. 自选物业项目，实践调研现代化信息技术在物业管理中的应用和创新。

二、自测题

扫码答题

2 物业管理中的客户服务

教学课件

【知识拓扑图】

```
                         ┌── 客户关系管理的概念
              客户关系管理 ──┼── 物业管理服务中的客户关系
                         └── 客户关系管理中的支持技术和设施
                              │
                              ▼
                         ┌── 业主入住管理服务
                         ├── 物业装饰装修管理服务
  知识     物业管理客户服务内容 ──┼── 客户投诉管理服务
  识框                      ├── 物业租赁管理服务
  架                       └── 物业档案管理服务
  结                           │
  构                           ▼
                         ┌── 物业服务质量的概念
              物业服务质量 ──┼── 物业服务质量的评估
                         └── 物业服务质量的改进
                              │
                              ▼
                         ┌── 客户满意的含义
              客户满意管理 ──┼── 客户满意度调查与分析
                         └── 提高客户满意度的途径
```

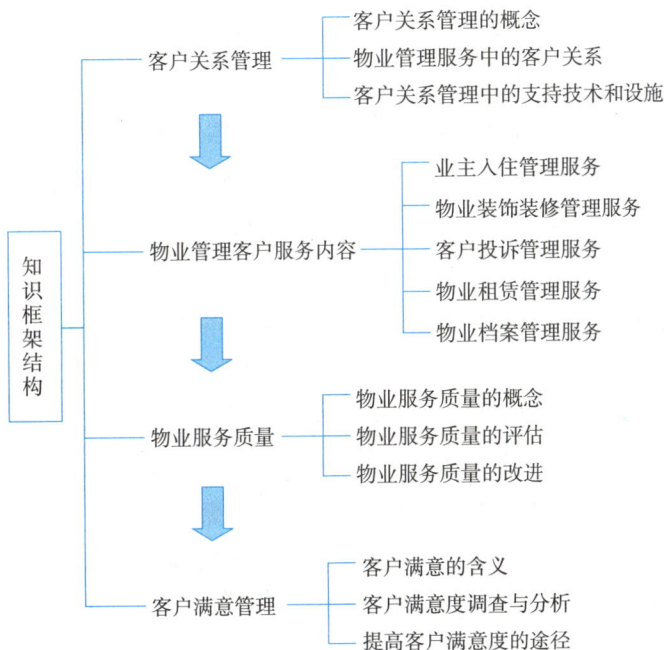

【本章要点和学习目标】

本章对客户关系管理、物业管理客户服务内容、物业服务质量和客户满意管理作了系统的解读阐述，主要介绍了物业管理中的客户服务所涉及的基本概念、关系、内容、流程、特点以及方式、方法。

通过本章的学习，了解物业管理中的客户服务的相关内容，熟悉物业管理中的客户服务的基本知识点，掌握物业管理中的客户服务系列职业素养和技能，认识物业管理中的客户服务的重要意义，并能够初步运用客户关系管理、客户服务、服务质量管理、客户满意管理的基本理论和技能方法解决实践问题。

2.1 客户关系管理

2.1.1 客户关系管理的概念

1. 客户

在产品的生产和消费过程中，存在着两类主体，一类是产品的生产和供应者，称为产品的供应商；另一类是产品的购买、使用和消费者，相对供应商而言，他们被称为顾客或客户。从购买产品或服务以满足其需求这个意义上说，客户和顾客的含义是一样的。但是，从与供应商关系的紧密程度来说，客户与供应商的关系更加紧密、更加亲近，他们被供应商看成为主要顾客，即"主顾"。供应商对自己的主顾，即客户，更加关注，尽可能详尽地掌握客户的资料，并储存在自己的信息库里，进行有重点的、更加个性化的服务。

现代管理学理论进一步扩大了客户的内涵，认为客户不一定是产品和服务的最终消费者和使用者。在一条供应链中，处于供应链下游的企业，是上游企业的客户，这些客户可能是一级批发商、二级批发商、零售商或物流商。

另外，客户也并不是只存在于企业外部。因为，企业内部人与人之间、部门与部门之间，过程与过程之间，实际上也会形成一种供方与客户的关系。提供产品和服务的就是供方，接受产品和服务的就是客户。例如，上一道工序的工作成果，是提供给下一道工序的，上一道工序构成供方；下一道工序是接受上一道工序成果的，下一道工序构成客户。企业内部工作人员的工作成果，为其他相关工作人员和企业整体提供服务，满足其他相关人员和企业的需要；同时，下一道流程或环节的工作人员，需要获得上一道流程或环节的工作成果的服务。企业内部形成相互间服务的无缝连接，共同形成对外部客户的产品与服务。

总之，客户是相对于产品和服务的提供者而言的，客户既存在于企业外部，也存在于企业内部，他们是所有接受产品和服务的组织和个人的统称。

2. 客户关系管理

客户关系是指企业为达到经营目标，主动与客户建立起的某种联系。这种联系具有多样性、差异性、持续性、竞争性、双赢性的特征。单纯的交易关系，通信联系，为客户提供一种特殊的接触机会，为双方利益而形成某种买卖合同或联盟关系等都可能是客户关系。它不仅可以为交易提供方便，节约交易成本，也可以为企业深入理解客户的需求和交流双方信息提供许多机会。我们通常所说的客户关系管理（Customer Relationship Management，CRM）即与客户关系密不可分。

CRM 是利用信息科学技术，对供应链中的各种一线活动（销售、市场情报收集和客户服务等）的集成和协调，实现市场营销、销售、服务等活动自动化，使企业能更高效地为客户提供满意、周到的服务，以提高客户满意度、忠诚度为目的的一种管理理念和经营模式。

CRM 是一个获取、保持和增加可获利客户的方法和过程。它既是一种崭新的、国际领先的、以客户为中心的企业管理理论、商业理念和商业运作模式，也是一种以信息技术为手段、有效提高企业收益、客户满意度、雇员生产力的具体软硬件系统集成和解决方案的总和。它的"新"主要体现在利用技术把客户当作一种战略资源进行积极的管理。客户是企业最有价值的资产，客户关怀是 CRM 的中心，客户关怀的目的是与所选客户建立长期和有效的业务关系，在与客户的每一个"接触点"上都更加接近客户、了解客户，最大限度地增加利润和利润占有率。

以互联网为核心的技术进步是 CRM 的加速器，CRM 集合了当今最新的信息技术，它们包括 Internet 和电子商务、多媒体技术、数据仓库和数据挖掘、专家系统和人工智能、呼叫中心等。作为一个应用软件的客户关系管理（CRM），凝聚了市场营销的管理理念。市场营销、销售管理、客户关怀、服务和支持构成了 CRM 软件的基石。这些不仅能提高企业的收益，而且能最大程度地提高客户关系的价值。

随着 5G 移动网络的到来，CRM 已经进入了移动时代。移动 CRM 系统就是一个集移动技术、智能移动终端、VPN、身份认证、地理信息系统（GIS）、Webservice、商业智能等技术于一体的移动客户关系管理产品。移动 CRM 它将原有 CRM 系统上的客户资源管理、销售管理、客户服务管理、日常事务管理等功能迁移到手机端。它既可以像一般的 CRM 产品一样，在公司的局域网里进行操作，可以在员工外出时，通过手机进行操作。客户只需要下载安装手机端软件，就可以直接使用了，账户就用电脑端申请的组织名和账户名就可以直接使用该系统（平台）所提供的所有功能了，这样客户不仅可以随时查看信息，而且也可以通过手机给公司内人员下达工作指示。

CRM 的主要内容包括：客户关系建立，客户关系维护，客户关系修复，建设、应用 CRM 软件系统，应用呼叫中心、数据仓库、数据挖掘、商务智能、因特网、电子商务、移动设备、无线设备等现代化技术工具来辅助 CRM，进行基于 CRM 理念下的销售、营销以及客户服务与支持的业务流程重组，实现 CRM 与其他信息化技术手段（如 ERP、OA、SCM、KMS）的协同与整合。

CRM 的核心是客户价值管理，它将客户价值分为既成价值、潜在价值和模型价值，通过一对一营销原则，满足不同价值客户的个性化需求，提高客户忠诚度和保有率，实现客户价值持续贡献，从而全面提升企业盈利能力。

2.1.2　物业管理服务中的客户关系

1. 物业管理服务中的客户

在物业管理服务活动中，客户的概念有广义和狭义之分。

广义的客户，是指所有与物业管理服务活动有关的组织和个人，包括建设单位、业主和物业使用人、专业分包公司、政府主管部门、行业协会、市政公用单位等。

狭义的客户，即业主和物业使用人，也就是指物业管理服务的对象。业主和物业使用人是物业管理服务产品的直接购买、使用和消费者，其与物业管理服务活动联系非常紧密，关系至关重要。他们是物业管理服务产品供给的最主要对象和消费群体。本章所阐述的客户，就是指业主和物业使用人。

2. 客户服务与客户服务体系的构成

客户服务是指物业服务企业通过客户沟通、服务质量提升和满意度调查、投诉处理等方式，不断提升物业管理服务水平，获取更大经济效益的行为。从广义来说，客户服务包括了所有为业主和物业使用人提供的服务即物业管理服务。它既包括了对"物"的管理，又包括了对"人"的服务。本章所阐述的客户服务仅指对"人"的服务，也就是与客户发生接触部分的服务。

物业服务企业属于服务行业，它的产品就是服务，业主和物业使用人就是它的客户。物业管理中的客户服务体系由物业客户服务主体、客体和服务环境三个基本要素组成。

（1）主体。物业管理服务体系中的主体，是指直接参与或直接影响服务交换的各类行为主体，包括：供给主体、需求主体、调控主体、其他主体四类。其中供给主体是符合国家规定的物业服务企业和专业的服务企业（保安、保洁、绿化等）；业主和物业使用人是需求主体；政府行政主管部门、市场调控职能部门、行业协会等是调控主体；建设单位、市政公用单位、居委会、中介机构、新闻媒体等是其他主体。

（2）客体。物业管理服务体系中的客体，是指物业管理服务过程中，被交易的对象或者商品。这个过程中交换的对象就是各项物业服务产品，服务是物业服务企业的产品，是一种无形的商品。

（3）服务环境。物业管理服务体系中的服务环境是指保障服务产品交换得以正常进行的各类法律制度、社会制度、市场观念，如基本的社会经济制度及相关法规:《民法典》《招标投标法》[①] 等；房地产和物业行业的有关法规和政策:《中华人民共和国房地产管理法》《物业管理条例》《物业服务收费管理办法》《业主大会和业主委员会指导规则》《前期物业管理招标投标管理暂行办法》等；人们对物业管理服务、物业服务行业和企业的看法、认识和接受程度等。

3. 客户关系管理的作用

以客户为中心的管理理念是 CRM 实施的基础，CRM 注重的是与客户的交流。物业管理服务的 CRM 就是一个不断加强与业主交流，不断了解业主需求，并不断对产品及服务进行改进和提高，以满足业主需求的连续过程。

[①] 《中华人民共和国招标投标法》，简称《招标投标法》。

企业的经营是以客户为中心，而不是传统的以产品或以市场为中心，为方便与客户的沟通，客户关系管理可以为客户提供多种交流的渠道。CRM的内涵是企业利用信息技术和互联网技术实现对客户的整合营销，是以客户为核心的企业营销的技术实现和管理实现。这是改善企业与客户之间关系的新型管理机制，在物业管理服务中有着举足轻重的作用。

（1）提高客户忠诚度

实践证明，实施客户关系管理，能够显著提高客户对企业的忠诚度，这将直接为物业服务企业创造价值。相关研究表明，客户忠诚是企业核心能力的重要构成因素，是企业一项珍贵的无形资本。客户忠诚的小幅度增加会导致利润的大幅度增加。建立和保持客户忠诚是企业实现持续的利润增长最有效的方法。

（2）降低客户开发成本

物业服务企业要在竞争中立于不败之地，就要在维系原有客户群体的同时，去开拓新的客户群体。物业服务企业的客户开发成本，主要包括获取客户的服务费、市场进入成本、投资、宣传广告费用等。如实施客户关系管理，可以增进物业服务企业与业主或非业主使用人关系的稳定性。这就节省了一笔向老客户进行产品宣传的相关费用。

另外，老客户还会成为物业服务产品的免费正面宣传者，这也极大地减少了物业服务企业开发新客户的宣传成本，而且来自服务产品亲自体验的消费者的宣传更加有说服力，更容易获取新客户。

（3）降低物业服务企业的服务成本

服务成本是指服务企业在经营服务过程中所花费的全部耗费，包括服务中发生的物资损耗和劳动消耗。实施客户关系管理，就可以很方便地把握客户需求，实现服务过程中的一对一"用户合作模式"，物业服务企业和客户相互了解、相互配合，物业服务企业在提供更便捷、更优质的服务的同时也降低了自己的服务成本。

（4）降低物业服务企业的交易成本

交易成本是指交易双方可能用于寻找交易对象、签约及履约等方面的一种资源支出，包括金钱的、时间的和精力上的支出。其主要包括搜寻成本（搜寻交易双方信息发生的成本）、谈判成本（签订交易合同条款所发生的成本）及履约成本（监督合同的履行所发生的成本）三个方面。实施客户关系管理，物业服务企业可以对自己的业主和非业主使用人有一个全方位的了解，和客户之间较容易形成一种合作伙伴关系，彼此之间可以达成一种信用关系。因此，企业可以大大降低搜寻成本、谈判成本和履约成本，最终达成企业整体交易成本的降低。

总之，物业服务企业是一个以"人"为中心的"高接触度"的行业，如何管理好与业主和非业主使用人的关系是物业服务企业必须面对的。谁的客户关系管理能力是其他企业难以模仿的，谁就在市场竞争中占据了主动，并为企业带来长久的竞争优势。

2.1.3　客户关系管理中的支持技术和设施

现代物业管理服务中，业主和物业使用人已经成为物业服务企业主要的战略资源，是企业利润的源泉和生存发展的基础。物业服务企业的职责就提供卓越的服务，竭尽全力地满足业主和物业使用人的需求或期望，从而增加和优化客户资源。物业服务企业提供优质、满意的客户服务是赢得客户的最佳途径，拥有一批高稳定、高价值、高忠诚度、高回头率的客户是物业服务企业发展壮大的重要保证。实施客户关系管理对物业服务企业就显得至关重要。

物业管理服务的客户关系管理是企业管理中信息技术、软硬件系统集成的管理方法和应用解决方案的总和，是一个具有行业特色的复杂的系统工程。需要一定的条件来支撑，包括软硬件的支持、员工的支持、客户（业主和物业使用人）的参与，管理者的管理执行力度、相关部门的指导支持力度等。

1. 软硬件等"物"的支持

（1）依靠基础设施，利用信息技术和互联网技术，建立多种渠道与业主和物业使用人进行沟通。其中客户关系管理系统的建立和运用是客户关系管理运行的主要平台，以前各自独立的系统造成的许多信息孤岛，需要用集成的软件包联系起来，利用客户关系管理系统可以完成客户信息的收集和存储，建立客户关系，维护客户关系。在客户关系破裂的情况下，修复客户关系、挽回已流失的客户、事务安排处理以及辅助管理决策等。电话、移动通信、网络联系等皆是辅助设施。

（2）通过数据仓库、数据挖掘、商务智能、因特网、电子商务、移动设备、无线设备、呼叫中心等现代化技术工具来辅助 CRM，实现物业服务 CRM 与其他信息化技术手段（如 ERP、OA、SCM、KMS）的协同、整合。满足不同业主和物业使用人的个性化需求，提高客户忠诚度和稳定率，实现客户价值持续贡献，从而全面提升企业盈利能力。

（3）传统的客户交流方式仍然是基本支撑。如问卷调查、信息栏、意见箱、用户手册、电子大屏等交流渠道。这种支持方式内容丰富，形式多样，适用面广，更适用于对信息技术不敏感或不适应的客户群体。

（4）面对面交流渠道的建立

物业企业的产品是服务，业主和物业使用人是直接终端消费者，线下面对面的交流更能增进企业和客户的黏合度，如设立投诉咨询处、收发处、业主和物业使用人接待处等。

（5）服务场景设计

服务场景设计不仅包括对影响服务过程的各种设施等有形环境（周边环境、空间布局与功能、标志、象征和制品等）设计，而且还包括许多无形的社交环境，如服务场景中的人、行为、空气、氛围等。服务场景是物业服务企业提供服务的一种可视化表现；服务场景能够通过帮助或阻碍客户和员工发挥他们完成各自活动的能力来简化服务的传递；服务场景可以鼓励客户之间的社会互动；物理环境还可以作为微妙的服务工具来关注员工行为。

需要注意的是，互联网上的服务场景是有形展示的最新形式。物业服务企业可以利用这些形式传播服务体验，这样服务产品在购买前后对客户就更加可视化，有益于提升客户对服务的美好体验和满意度，增进供需双方的关系。

2."人"的支持

（1）企业服务人员

物业服务企业客户关系管理属于"高接触型"工作，企业的员工特别是直接接触客户的服务人员，就是服务产品的一部分，员工的综合素质和行为等直接关系到业主或物业使用人对产品的感受和满意度。企业和管理者必须重视员工的挑选、培训、激励的控制。在客户关系管理的过程中，要求员工做到：

1）员工要具备"服务至上"的意识；

2）员工要具备强烈的责任感和良好的职业道德；

3）员工之间有关于客户和公司的信息共享；

4）员工在企业与业主或非业主使用人之间起到桥梁作用，做到上情下达，下情上达；

5）员工要具备较宽的知识面，把握一切可以学习的机会；

6）员工要具备从事的专业岗位的必备知识和相应能力。

（2）业主或物业使用人的参与

物业服务产品消费的过程就是业主或物业使用人参与的过程，也是评定物业服务质量的过程，更是维护其自身权益的过程。客户在消费物业管理服务产品的同时，应该尽量客观地评价这些产品，并及时反馈意见和建议，让物业服务企业更好地了解客户需求，提升服务质量，以获得更优质的服务。

（3）业主委员会的支持

应当支持和配合物业服务企业的服务，加强双向（企业和业主）沟通交流，做好监督协调工作，共同创造良好的生活环境和工作环境。

（4）物业管理服务中涉及的其他人员

如居委会、行业协会、政府主管部门等的工作人员对物业服务企业的支持、指导和配合，也会对物业服务企业客户关系管理产生有力的支持。

2.2　物业管理客户服务内容

物业服务企业的客户是指所有购买和消费物业服务产品的个人和组织，包括拥有物业产权的个体和组织，以及不拥有产权但拥有使用权的物业使用人，房地产开发企业、建设单位、其他拥有产权的企业与组织、政府机构等。

物业服务企业直接对客户提供服务、展示公司形象和企业文化的部门是客户服务部（中心），这是公司内部实现优质服务，使客户满意的关键部门。客户服务部（中心）的主要工作内容包括：业主入住管理服务、物业装饰装修管理服务、客户投诉管理服务、物业租赁管理服务、物业档案管理服务、来访接待服务、事务咨询服务、受理服务需求、走访业主、收缴物业管理费等。

2.2.1　业主入住管理服务

业主入住是业主迁入物业的活动。通常指建设单位将已具备使用条件的物业交付给业主并办理相关手续，同时物业服务企业为业主办理物业管理服务事务手续的过程。从权属关系角度看，入住是建设单位将已经建好的物业及物业产权按照法律程序交付给业主的过程，是建设单位和业主之间物业及物业产权的交接。业主入住的完成意味着物业由开发建设转入使用，业主正式接纳物业服务企业，是与物业服务企业的首次正式接触。

入住服务需要物业服务企业与建设单位相互配合，严密策划与组织，为业主提供便捷、高效、有序的入住服务，树立良好的企业形象。

1. 入住前的准备服务

（1）入住方案策划

入住方案内容包括入住手续办理事项（仪式策划、流程策划、交房线路设计、物资准备等）和入住现场布置（业主等待区、入住手续办理区、车辆停放区设置等）。方案中应包括可能发生的紧急突发事件（纠纷、治安、消防等）的识别、评价及处理的紧急预案。物业服务企业依据入住方案内容编制入住计划，推动各部门、单位有序开展入住工作。如果交付物业项目较大时，可以分批办理入住手续，确保入住工作的顺利进行。

（2）入住资料准备

入住资料包括房屋质量保证资料、入住通知书、物业验收须知、房屋验收表、业主手册、预先填写有关表格（姓名、房号和基本资料等）、发放给业主的资料袋等。资料准备要充足，避免业主过于集中资料不够的情况发生。

（3）入住现场布置

现场标识要清楚，办理入住手续场地的布置（彩旗、标语、标识牌、流程图、导视牌等）、办理相关业务场地布置（通信、网络、银行等相关单位开办业务所用）、物业所在区域的布置（业主购买的房屋所在区域）。现场可以摆放物业管理服务相关法规和其他资料，方便业主取阅，减轻咨询压力。对于重要的法规文件，可以采取公告的方式进行（公告栏、电子屏幕滚动播出等）。

（4）房屋验收

跟进承接查验过程中所发现问题的整改情况，如彻底全面清扫户内、楼内、楼梯、楼层及区域内的各类垃圾及建筑余料和施工配件等，对即将交付的房屋进行复验，房屋钥匙按楼栋单元分类编号、摆放，安排专人发放管理。

（5）人员安排

汇编办理入住过程中各个岗位的职责、物资、流程、要求、答客问、紧急联系人等岗位须知手册，便于人员培训、快速掌握。人员安排到位，组织培训和入住流程模拟演练。配备足够的现场工作人员，如现场引导、办理手续、承接查验、政策解释、现场协调等人员应全部备足，现场如出现人员缺位，应及时补位。

（6）发出入住通知书

通过合理方式、有效途径及购房合同约定联系方式，如业主或合同提供的通信方式，以电话、信函、电子邮件等方式与业主联系。当前述联系无效时，通过公共传媒等方式向业主传达物业交付入住信息，适时向业主发出入住通知书。

【案例 2-1】业主入住通知书

尊敬的先生 / 女士：

您好！欢迎您入住 ×× 景苑！

我们很荣幸地通知您，您的住房是 ×× 景苑 ×× 栋 ×× 单元 ×× 号房间，现全面竣工，经验收合格。请您于 ×× 年 ×× 月 ×× 日 – ×× 月 ×× 日前来办理房屋入住手续。

您需带齐的材料：

1. 本人身份证及身份证复印件一张、购房收据。

2. 装修押金：每户交纳 100 元，装修结束后三个月到物业公司申请，无任何拆改，给予全额退还。

3. 装修垃圾清运费：按 ×× 市政府相关规定每建筑平方米按 1 元收取，合计人民币 110 元。

4. 不是本人办理的，委托人须持业主本人委托书、本人身份证、业主身份证。

5. 业主按入住通知书指定日期起本套住宅已具备交付条件，因个人原因未入住的费用由业主自行承担。物业管理处以入住通知书日期作为物业费收取时间。

业主签收：

签收日期：

×× 房地产开发有限公司

×× 年 ×× 月 ×× 日

2. 物业交付流程及服务

（1）做好宣传、咨询和引导

做好物业交付现场的宣传展示，设置专人负责咨询和引导。如可以设置展板、播放视频、摆放宣传册、岗位形象展示等形式宣传物业服务内容和迎宾、咨询等各类人员。

（2）做好人流线路安排

考虑到物业交付期间，来办理物业交付手续的业主会比较多，尤其是在交付初期，可能会出现人员比较集中的情况，为了避免现场出现拥挤混乱情况，需要事先做好人流线路安排，保证工作有序进行。同时，注意业主安全保障和车辆秩序。

（3）办理物业交付手续

验证业主身份，房屋验收（安排专人陪同业主对物业进行验收），签署物业管理相关协议和文件，交纳相关费用、业主领取相关资料（证卡、入户钥匙、用户手册、房屋使用说明书、智能系统使用说明书、装饰装修须知、乔迁须知等），资料归档（入住各项资料及时归档，妥善保管，不得泄露）（图2-1）。

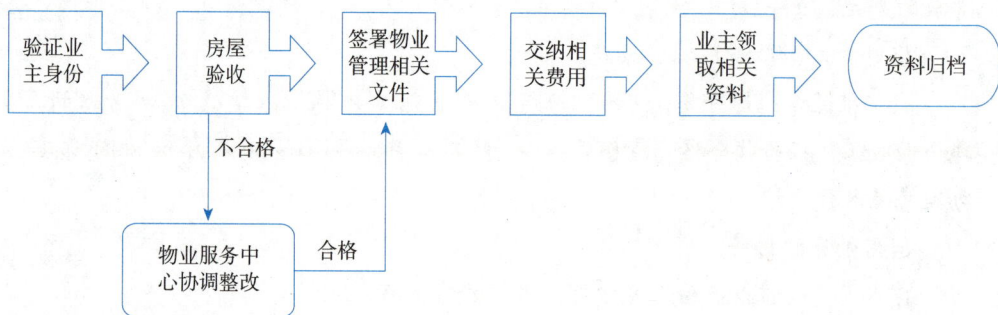

图2-1　物业交付手续办理流程图

（4）业主验收时发现的问题处置

对于业主在验房中发现的问题，安排专人负责登记汇总，及时予以协调、跟进、处理，并及时将处理结果反馈给业主。

（5）一站式便民服务

在入住办理期间，建设单位、物业服务企业和相关部门应集中办公，形成流水作业，一次性解决业主入住初期的所有业务，如入住手续办理、开通电话、网络等。此外，为了方便业主入住后与物业企业及办理水、电、燃气、有线电视、电信、宽带业务相关部门的联系，物业服务中心可将服务中心的电话、各有关业务部门的服务电话制作成便民服务卡，提供给业主，方便业主日常使用。

2.2.2　物业装饰装修管理服务

物业装饰装修管理服务是物业交付使用后必不可少的环节。业主和物业使用人由于缺乏相应的法规和建筑常识，可能会发生违规装修的情况，导致后续的安全和物业风险隐患。物业服务企业必须通过对物业装饰装修过程的管理服务、监督控制，规范业主、物业使用人的装饰装修行为，协助政府行政主管部门对装饰装修过程中的违规行为进行处理和纠正，从而保证物业的正常运行使用，维护全体业主的合法权益。

1. 物业装饰装修管理准备工作

（1）资料准备

结合已交付物业情况和相关要求准备装饰装修管理资料，如装饰装修服务协议、装饰装修须知、装饰装修登记表、装饰装修巡检表、装饰装修验收表等。

（2）公示装饰装修管理规定

物业管理服务中心主要依据《住宅室内装饰装修管理办法》《建筑装饰装修工程成品保护技术标准》《民法典》等，制定物业装饰装修管理要求，包括申报流程、装饰装修须知、装饰装修有关的收费标准和依据，并需要通过多种渠道公示。

【案例 2-2】某小区装饰装修管理规定

（3）装修建筑垃圾管理

与建设单位确定建筑垃圾堆放点，既要考虑覆盖半径，又不得处于主出入口或主干道，堆放点需要进行封闭或半封闭管理。

（4）装饰装修管理人员培训

对负责装饰装修管理的服务人员进行专业培训，熟知装饰装修管理流程、控制要点、违规事项处理等。业主集中装修阶段，可以组建装饰装修临时管理小组，以加强装饰装修管理。

2. 装饰装修管理流程和服务

装饰装修管理流程图如图 2-2 所示。

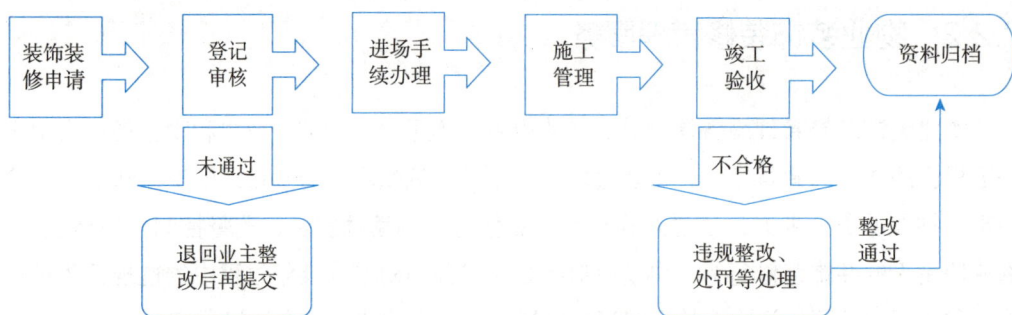

图 2-2　装饰装修管理流程图

（1）装饰装修申请审批管理服务

业主及施工单位提交审批资料，包括申请登记表、产权证明、申请人身份证明、设计方案、施工单位及施工人员相关证明资料，和法律法规规定的其他内容。物业使用人进行装饰装修时，也应该得到物业服务企业的书面确认。只有物业服务企业对装饰装修内容登记备案审核通过后，方可动工装修。

（2）登记审核

物业服务企业应依据相关法律法规要求和本物业项目装饰装修审批要求对装饰装修申报表进行审核，对存在未经相关主管部门（单位）允许违规申报行为的不予登记。登记审核的结果，物业服务企业应及时以书面形式告知业主。通知审批通过的装饰装修用户办理进场手续，对违规申报的业主，通知其进行调整并重新申报。

（3）进场手续办理

物业服务企业与业主、施工单位签订装饰装修协议、施工消防责任书；书面告知有关装饰装修工程的禁止行为和注意事项；为施工单位办理施工登记证和出入证；提示施工单位入场前备齐灭火器等消防器材。

（4）装饰装修期间的管理服务

主要服务内容包括装修时间管理、建筑成品保护、装饰装修材料、工具搬运管理、装饰装修垃圾管理、动火作业、装饰装修巡查等。施工期间，施工单位和施工人员须严格按照申报登记的内容组织施工，严格遵守相关装饰装修规定。物业服务企业要加强现场巡查，一旦发现违规行为，应及时劝阻制止，已造成后果或拒不改正的，应及时报告有关部门依法处理，并追究其违约责任。

（5）装饰装修验收管理服务

装饰装修结束后，物业服务企业应与业主约定验收时间，按照申报登记内容进行查验，做好现场验收记录。验收不合格的，提出书面整改意见，要求其限期整改。验收合格的，根据业主意见开具放行证明，施工单位可以进行撤场，结算相关费用。

（6）装饰装修资料归档服务

装饰装修资料是客户档案资料的一部分，每一户装饰装修完成后，应当及时整理好相关资料，属于业主资料部分（如申请表、装饰装修设计图、施工方资料等）需归入业主档案，项目管理服务操作记录类资料按照相关文件管理办法进行相应的归档。

2.2.3　客户投诉管理服务

客户投诉是指客户对企业产品质量或服务上的不满意，而提出的书面或口头上的异议、抗议、索赔和要求解决问题等行为。客户投诉的内容主要有对设备设施的投诉、对服务态度的投诉、对服务质量的投诉、对突发事件的投诉及其他方面投诉。

1. 投诉受理

受理客户投诉，应核实情况，做好记录，及时处理，登记存档。属于物业服务企业方面责任的，应向客户道歉并及时纠正，不属于物业服务企业责任的，应做好解释协调工作。物业服务企业与投诉人无法协商解决的，可报相关政府主管部门协调解决或采用法律途径解决。

2. 投诉处理

投诉处理过程中保持与客户沟通，投诉处理进度、处理情况应及时向投诉客户反馈。一般的投诉应在 1 个工作日内处理；重要投诉 1 个工作日内回复，处理时间最长不超过 3 个工作日；重大投诉 3 个工作日内回复处理时间，处理时间最长不超过 15 个工作日。所有投诉均需有完整的处理记录，并建档保存；重大、热点和重要投诉处理完毕后应形成专项报告，单独立卷保存。所有投诉处理完毕后，除联系不上或不方便回访的以外，应全部进行回访。

3. 统计与分析

物业管理项目部每个月应将所有客户投诉及处理结果进行统计汇总，将其中典型投诉整理成案例。物业服务企业每季度须对各项目客户投诉进行统计分析，并提出改进措施，重大、热点、重要投诉及其他典型投诉整理成案例（图 2-3）。

图 2-3　客户投诉处理流程图

2.2.4　物业租赁管理服务

物业租赁管理通常是指物业所有者或者经营者作为出租人，将物业使用权出让给承租人，并向承租人定期收取一定数额租金的一种经营方式。

根据租赁管理服务活动在不同发展阶段的工作内容，可以将租赁管理服务划分为三个阶段：租约签订前、租约执行过程中、租约期满时的三个阶段。

1. 租约签订前的租赁管理服务

这个阶段主要环节有租赁准备工作、制定租赁方案、选择承租人、确定租金、合同谈判及签约等管理服务内容（图2-4）。

图 2-4　物业租赁基本程序图

（1）租赁准备工作

租赁准备工作主要包括组建租赁管理机构、进行从业员工租赁专业知识能力培训、制定租赁管理制度、明确租赁基本程序等。

（2）制定租赁方案

租赁方案主要是对物业租赁服务过程中将要发生的事情进行分析，主要包括确定租赁类型和可出租面积、编制租赁经营管理预算、市场定位、确定租金方案（租赁管理服务的核心之一）、吸引承租人的策略等。

（3）选择承租人

出租人将物业出租给承租人是希望获得一定的经济效益，只有将物业出租给那些能够按时交纳租金、合理使用物业、自觉维护物业的承租人，出租人的利益才能得以实现。

（4）确定租金

物业租金就是租赁价格，包括理论租金、实际租金、成本租金、商品租金和市场租金等多种表现形式。

租金确定的基本程序图如图 2-5 所示。

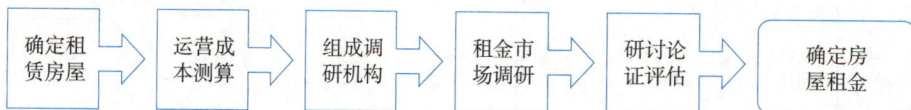

图 2-5　租金确定的基本程序图

（5）租约谈判与签约

这是最终确定物业租金、签订物业租赁合同的过程，持续时间可能较长。当双方达成一致意向时，出租人与承租人即可签订物业租赁合同。签订合同前，出租人需要收集验证承租人的有效证件，如个人身份证、护照、企业营业执照、法人证明文件、法人代表委托书等。

2.租约执行过程中的租赁管理服务

租约执行过程中租赁管理服务工作主要有房屋交付使用（需要出租人和承租人共同查验交付）、收取租金、租金调整（渐进调整、按百分比调整、按指数调整）、根据政策性价格变动调整、重估定价等。

3.租约期满时的租赁管理服务

这个阶段租赁管理服务工作主要有租约续期、租金结算与物业空间收回等内容。租赁合同续签对出租和承租双方均有利，是否续约成功，取决于双方之间相互的认可，新契约的条款变更是关键。不再续约的承租人需要在租金结算之前迁出，出租人必须与承租人共同进行查验租赁物业，如有损坏需要赔偿。房屋查验完成后方可进行租金结算，租金结算截止日即实际退租日。

客户退租流程如图2-6所示。

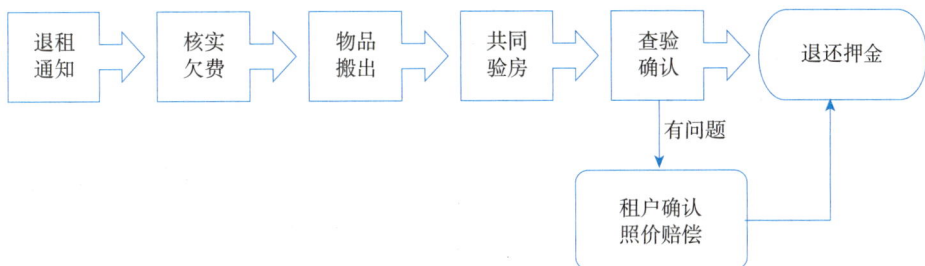

图2-6　客户退租流程

2.2.5　物业档案管理服务

1.物业档案管理的内涵

（1）概念

通常档案是指国家机构、社会组织或个人在各项社会活动中，直接形成的各种形式的具有保存价值的原始历史记录。档案是清晰、确定的原始记录性信息，原始记录性是它的本质属性。

物业档案是指在物业项目的开发和管理活动中形成的所有具有参考价值，应当作为原始记录保存起来以备查阅的文字、图像、声音以及其他各种形式和载体的文件，其本质属性是物业形成、变迁、管理工作中的历史记录。

由此可以看出，物业档案一是经过归档保存的原始记录及其载体；二是该原始记录的信息内容。如在某物业项目竣工验收之前，正在使用的施工图纸既非原始记录，也非档案。物业项目竣工验收后，经过归档保存后的施工图纸以及其所承载的设计内容就是该物业项目的历史原始记录，即该项目物业档案；三是物业档案具有专业性、动态性、真实性、价值性、法律性等特点。

（2）内容

物业档案管理是对物业资料的综合管理，是对物业开发建设、购置、维修、变迁和管理过程中所形成的各种图、表、卡、册、声像等物业资料运用科学的方法进行收集整理、分类归纳的综合管理，为物业管理提供客观依据和参考资料。如物业形成过程中的各种有关立项、登记、审批和购置、开发建设、维修等纸质、声像案卷以及产权变更的原始记录等，都是物业档案管理的对象。

物业档案管理的内容一般包括两大类，一类是业主、物业使用人的权属档案资料、个人资料；另一类是物业项目档案资料，如物业权属资料、工程技术资料和验收文件、物业运行记录资料、物业维修记录、物业管理服务记录、物业服务企业行政管理和物业管理相关合同资料等。

2. 物业档案的分类方法

（1）年度分类法，是指根据形成和处理文件的年度，将全宗内档案分成各个类别。按年度分类符合档案按年度形成的特点和规律，具有可以保持档案在形成时间方面的联系，可以反映出建档单位每年工作的特点和逐年发展的变化情况，便于按年度查阅利用档案的特点。

（2）组织机构分类法，按照建档单位的内部组织机构，把全宗内的档案分成各个类别，具有可以保持全宗内文件在来源方面的联系，客观反映各组织机构工作活动的历史面貌，便于按一定专业查阅档案的特点。

（3）事件分类法，按照全宗内档案反映的事件进行分类，又称为问题分类法或事由分类法，具有较好地保持文件在内容方面的联系，使内容相同或相近的文件集中在一起，既能较突出地反映建档单位主要工作活动的面貌，又便于按专业系统全面地查阅利用档案的特点。

（4）流程分类法，依据建档单位设立的流程进行分类，把档案按阶段性进行归集整理，具有可以系统地反映立档单位的档案资料，保持建档单位档案资料全过程的连续性和全面性，有利于建档单位按设立流程系统进行全面查阅利用档案的特点。

3. 物业档案的收集

（1）物业承接查验期档案的收集

物业承接查验期档案的收集内容主要是被承接查验物业及其附属设施设备的权属、技术和验收文件，一般称为物业基础资料档案。其特点如下：

首先收集期间较集中，一般集中在物业承接查验阶段，并与承接查验同步进行；其次，档案收集的技术要求高，涉及面广。

这对物业服务企业的技术水平是一个重要的考验，收集处理不全或遗漏都会对日后的物业管理工作造成久远的影响。如建筑的验收涉及土建设计、施工等方面，中央空调、电梯等附属设施设备涉及机械制造、制冷、电机、微电子和电脑等各个技术领域，对相关技术人才和管理人才的要求较高，如果相关资料不全，可能会导致后期在管理的过程中使用维护造成困难。

物业承接查验期的档案收集范围较为明确，主要是权属资料档案、技术资料档案和验收文件档案，档案收集的索取对象比较单一，主要是建设单位，见表2-1。

物业承接查验期间档案资料收集示例表　　　　　　　　　　表2-1

分类	资料目录	索取对象（移交方）
产权资料	项目批准文件	建设单位
	用地批准文件	建设单位
	建筑开工相关资料	建设单位
	丈量报告	建设单位
技术资料	竣工图	建设单位
	地质勘察报告	建设单位
	工程合同	建设单位
	开、竣工报告	建设单位
	公共设备使用说明书及调试报告	建设单位
	工程决算分项清单	建设单位
	图纸会审记录	建设单位
	工程设计变更通知	建设单位
	技术核定单	建设单位
	质量事故处理记录	建设单位
	隐蔽工程验收记录	建设单位
	沉降观察记录及沉降观察点布置图	建设单位
	竣工验收证明书	建设单位
	钢材及水泥等主要材料质保证书	建设单位
	新材料及构件鉴定合格证书	建设单位
	设备及卫生洁具检验合格证书	建设单位
	砂浆及混凝土试块试压报告	建设单位
	供水管道试压报告	建设单位
	机电设备订购合同	建设单位
	设备开箱技术资料、试验记录与系统统调记录	建设单位
验收资料	工程竣工验收证书	建设单位
	消防工程验收合格证	建设单位
	综合验收合格证	建设单位
	用电许可证及供电合同	建设单位
	用水审批表及供水合同	建设单位
	电梯使用合格证	建设单位
其他资料	移交清单及核对记录	建设单位

（2）物业入住期档案的收集

物业入住期档案的收集工作重点集中在业主、物业使用人即未来的主要服务对象，档案资料收集的范围是业主档案资料和个人相关档案资料的收集。

物业入住期的资料档案收集与入住期物业管理工作密切相关，同步进行。在组织接待业主、物业使用人入住期间，应同时组织好档案资料收集所必需的准备工作，按需求设立档案资料收集工作小组，由该工作小组专职进行档案资料的收集；工作小组分为业主权属资料，业主、物业使用人个人资料档案两组，并确定各自档案资料的收集范围以及相关表格和收集程序。

权属资料一般包括：房屋产权证、购房合同复印件等；个人资料一般包括：身份证和户口本复印件、联系方式等。这些资料均以核对原件后的复印件作为存档资料。

（3）日常物业管理档案的收集

日常物业管理档案的收集，主要包括物业运行记录档案、维修记录档案、服务记录档案和物业服务企业行政管理档案。

1）物业运行记录档案的收集范围包括：建筑物运行记录档案和设施设备运行记录档案；

2）物业维修维护记录档案的收集范围包括：建筑物维修维护记录档案和设施设备维修维护记录档案；

3）物业服务记录档案的收集范围包括：小区及共用设施清洁服务记录、小区安全巡视记录、小区业主装修管理服务记录、小区增值服务记录、会所服务记录、社区活动记录和服务与投诉管理记录；

4）物业服务企业行政管理档案的收集范围包括：公司的设立、变更申请、审批、登记以及终止，劳动工资、人事、法律事务、教育、培训等方面的文件材料。

日常物业管理档案相关的文件一旦实施完毕，应及时收集，一般不应超过1年时间。通常可由相关部门收集后，每月、每季度或每半年向档案管理部门移交。具体移交规定，企业可以结合自身情况制定。

4. 物业档案的整理

物业档案的整理是指把与物业管理相关的处于相对零乱、分散的档案资料，经过分类组合、排列、编目，使其系列化、系统化的工作。

（1）物业档案整理工作要求

物业档案整理工作要求为：必须保持文件之间的历史联系，必须便于保管和利用，必须在原有的基础上进行整理、加工。

（2）物业档案整理的基本方法

物业档案整理的基本方法分两种：一种是以案卷为单位整理；另一种是以件为单位整理，主要是按照文件材料形成和处理的基本单位进行整理，如一个奖杯、一面锦旗、一张照片、一份文件等均为一件。

5. 物业档案的检索和保存

物业档案检索的利用，一般是分析应用需求，明确检索范围或根据索引的指引，查找到需要的档案资料。物业管理档案通常有纸质版和电子媒体形式两大类，检索利用与保存应根据介质不同、特点差异，采取针对性措施使用和保存。

（1）物业管理档案的检索

物业档案管理纸质版档案的检索，常用的包括目录、簿式索引、指南、卡片式检索工具等。

物业档案检索利用的方式，一般采用档案室阅读、外借、制作副本或向查阅者提供档案及档案检索专业知识与方法等提供档案整理的应用。

物业管理档案检索利用的基本要求：

1）公司所有员工都有权根据有关的规定，办理一定的手续，获取文件、档案和图书资料利用服务；

2）提供有效的手工或计算机检索手段，帮助员工进行检索；

3）利用物业管理档案应进行登记；

4）对物业管理档案信息进行分类汇总，形成专题汇编；

5）建立著录规则，对文档的主要特征或内容信息进行著录、标引，建立文件数据库，便于物业管理档案的检索和利用；

6）物业管理档案必须进行分类编码、著录、标引和标识，建立一个有效的物业管理档案检索体系，以利物业管理档案的检索和利用。

（2）物业档案资料的保存

1）所有文档必须妥善保存，定期检查，确保长期可读；

2）文档资料需要编制部门的全部文件清单，并明确文件归档的范围和保管期限、密级，各部门新增加的文件条目，必须及时列入文件清单中；

3）文件的分发由专人集中负责，按照管理的要求，根据文件的密级采用标准分发与非标准分发相结合的方式进行，保证有关工作人员能及时使用最新版本的文件；

4）开展传统介质档案长期永久保存研究及相关工作；

5）开展以档案实体为核心的延缓性保护工作；

6）开展以档案内容信息为核心的再生性保护工作；

7）开展特种介质档案长期永久保存研究及相关工作。

6. 物业档案的归档管理

在物业管理中可实行原始资料和计算机档案管理双轨制，并尽可能将其转化为计算机磁盘储存形式以便于查找。同时还可运用录像、录音、照片、表格、图片等多种形式保存，使其具体化、形象化。

对业主和企业利益影响较大的档案应加以严格保管，该类档案应当按照授权级别进行检索，严格控制借阅。

档案管理人员应编制统一的档案分类说明书和档案总目录，利用计算机网络技术，采用先进检索软件，进行科学合理的分类存档，充分发挥档案资料的作用。

7. 物业档案的保管与安全

物业档案保管需配置的专门库房，配备防盗、防火、防渍等必要措施。档案室的具体要求：

（1）应保持干燥、通风、清洁，并确保储存地点符合防虫、防鼠、防潮等要求；

（2）全程监控，涉密物业档案专人处理；

（3）严禁未经许可的人员出入档案室；

（4）档案室温湿度应符合相关规范的保管要求，并建立库房安全、温湿度监测、记录制度；

（5）建立档案室设备设施定期检查、记录制度；

（6）馆藏档案定期清理核对，数量发生变化时应记录说明；

（7）根据物业档案的不同类别、等级，采取有效措施，加以保护和管理；

（8）重要物业档案宜异地备份。

8. 物业档案管理的注意事项

物业档案管理工作是一项动态性较强的管理工作，当物业的产权发生变动或房屋现状因大修、改建等原因发生变化时，各种物业资料需及时进行更新，才能保证物业资料的准确、完整，客观如实反映物业的状况。为此，物业档案管理要求做到规范化、科学化、常态化。

贯彻执行国家保密法，物业管理部分档案按其保密程度，有密级之分。根据其泄漏、遗失致使业主或物业使用人、物业服务企业利益受到重大、较大损失和不良影响，可分为绝密、机密、秘密三级，其他为普通档案。不同密级的档案在保管和运用方面将会区别对待。

档案的鉴定必须由物业经理或其指定人员负责，对档案是否有效、作废、复印人、份数以及保存期限、保存数量等作出决定，其他未经授权人士无权决定。

专人负责档案保管，做到档案标识清晰，分类明确，易于查找，档案出室必须由具备资格的人经过登记后才可借出。档案管理人员需按时检查档案借阅情况，以便及时收回借出的资料，防止因管理疏忽导致资料的丢失。

员工因工作需要借阅档案，应办理借阅登记手续，并规定借阅期限。档案的销毁，应填写销毁单，并经物业经理批准后方可执行，销毁单由档案室管理员保存。

2.3　物业服务质量

2.3.1　物业服务质量的概念

1. 质量

美国质量管理学者克劳斯比将质量定义为：质量就是合乎标准。对于生产者来说，质量是通过技术标准来体现的，在制造业，质量通常表现为公差、寿命、可靠性等；在服务业，质量是通过服务标准来表现的，如服务承诺、服务守则、制度等。

质量标准可以将质量量化为便于衡量的特性值。质量就是合乎标准，意味着组织的运作不再只是依靠意见或经验，而是要集中脑力、精力和知识，用来制定质量标准，达到标准的质量是企业质量管理所追求的目标。

朱兰博士认为，产品质量就是产品的适用性，即产品在使用时能成功地满足用户需要的程度。这个定义包含有两方面的含义：使用要求和满足程度。

客户对产品的使用要求的满足程度，必然反映在对产品的性能、经济特性、服务特性、环境特性和心理特性等方面的态度上。因此，质量是一个综合的概念。但是，质量并不意味着要求技术特性越高越好，而是追求诸如外观、性能、安全、成本、数量、期限及服务等因素的最佳组合，即所谓的最适当。

ISO 9000 把质量定义为"一组固有特性满足要求的程度"。质量是以产品、体系或过程作为载体的。定义中所说的"固有"，是指在某事或某物中本来就有的特性。"特性"是指可区分的特征，如物理的、感官的、行为的、时间的、人体功效的、功能的等。定义中所说的"要求"，是指明示的、通常隐含的或必须履行的需求或期望，如产品要求、质量管理要求、顾客要求等。

"质量"是名词，本身并不反映一组固有特性满足要求的程度，所以，产品、体系或过程质量的差异要用形容词来加以修饰，如质量好或质量差。客户和其他相关方对产品、体系或过程的质量要求是动态的、发展的和相对的。它随着时间、地点、环境的变化而变化。所以，应定期对质量进行管理评审，按照变化的需要和期望，相应地改进产品、体系或过程的质量，这样才能确保持续地满足客户和其他相关方的要求。

2. 服务质量

服务质量是服务企业向客户提供的服务产品或服务过程能否满足顾客期望的程度。由于服务产品或服务过程的无形性特征，所以服务质量实际上是感知服务质量。客户感知服务质量的核心是客户感知，具有极强的主观性，也具有极强的差异性。客户追求的是的技术质量（结果）和功能质量（过程）是客户感知服务质量的两个组成部分，服务过程和服务结果相辅相成，密切相关。

客户感知服务质量是在服务提供者与服务接受者互动过程中形成的，服务质量是客户感知服务的关键。影响感知服务质量的关键因素有两方面：

首先是服务态度。服务人员对待客户的态度或情绪，主要包括热情、周到、认真。比如一名维修服务人员，技术水平高超，但是其对待客户态度冷淡，缺乏耐心，就会影响客户对其维修质量的整体评价，也许以后就不需要其维修服务了。服务行业是一对一的服务，服务提供者的主观态度对服务质量和客户满意度有着重要的影响，所以企业应要求服务人员具备热情友好、积极认真的职业素养，这样才能做好每一次服务工作。

其次是服务水平。服务人员在服务过程中体现出来的专业水平即是服务水平。比如一名维修服务人员对待客户非常友好热情、极具耐心，但是无法找到故障原因，始终修不好，客户对其维修质量的评价也会比较糟糕，以后也不会再找其进行维修了。

综上可以看出，服务质量是服务态度和服务水平的统一体，良好的态度和较高的服务水平缺一不可。

3. 物业服务质量

物业服务企业的产品是服务，物业服务是满足业主和物业使用人的确定需求和潜在需求，为业主和物业使用人提供具有功能性、经济性、安全性、时间性、舒适性和文明性的服务。物业服务质量应当体现出"以物业为中心，以业主和物业使用人为需求主体，以需求主体接受服务的满意度为标准"的服务理念。

（1）物业服务质量的定义

根据服务质量的内涵，我们可以将物业服务质量定义为"以服务质量为中心的物业服务，满足业主和物业使用人确定的或者潜在的需求程度"。

物业服务质量评价取决于业主和物业使用人对服务的期望值与实际感知质量的差异程度。在物业服务过程中，业主和物业使用人感知服务质量是在物业服务企业提供服务的人员与业主和物业使用人互动过程中形成的。可以说，物业服务质量就是物业服务企业所提供的服务，能够满足业主和物业使用人需求的能力和程度的特征和特性的总和，是服务提供能够满足服务接受者需求的过程，是企业为使目标客户满意而提供的最低服务水平，也是企业保持这一预定服务水平的连贯性程度。

（2）物业服务质量的类型

对应物业管理服务内容，物业服务质量通常有三种类型：常规性物业服务质量、专项物业服务质量和特约性服务质量。其中常规性物业服务质量，物业管理区域内全体业主和物业使用人都会感知到，服务接受面广，其服务质量好坏主要通过物业服务企业最基本的物业管理与服务来体现，所以物业服务首先应当确保这类服务的品质，保证物业的完好和正常使用，让业主和物业使用人的生活和工作有条不紊地进行。

（3）物业服务质量的特征

第一，物业服务质量控制的被动性。如前所述，物业服务的生产与消费具有同步性。它不同于其他有形商品的生产在前，消费在后。有形商品在进入市场交易之前可以通过企业内部质检，筛选不合格产品，禁止进入市场流通，并且其生产过程是客户无法感知的。物业服务的生产和消费同时进行，物业服务企业的产品"服务"生产过程和质量情况一并被客户感知。企业无法提前截留不合格的产品（服务），物业服务质量的控制处于相对被动，难以完全掌控。

第二，物业服务质量是一种整体质量。物业服务质量的形成需要物业服务企业全体人员的参与、协调和管理。不仅一线的客服人员、秩序维护员、保洁人员的服务会影响服务质量，行政后勤人员的支持配合以及服务场景等也会影响服务质量。物业服务企业的任何一个服务有关的环节出了问题都会产生不利服务质量的影响。

第三，物业服务质量是一种主观质量。业主和物业使用人评价服务质量的好坏，一般是根据自己的期望和实际感知的服务进行对比判断。他们说服务质量是"什么"就是"什么"，服务提供者很难改变客户的主观判断。

第四，物业服务质量是一种互动质量。物业服务生产和消费的同步性，决定了其服务质量是在服务提供者和客户互动的过程中形成的。其中任何一方不积极配合呼应，服务过程即会失败，服务质量就会受到严重影响。

第五，功能（过程）质量在物业服务质量构成中占据了极其重要的地位。物业服务企业的服务需要业主和物业使用人参与服务过程，他们和服务提供者以各种形式直接接触。业主和物业使用人不仅关注技术（结果）质量，而且更加注重服务过程中的感受。

2.3.2　物业服务质量的评估

物业服务质量涉及一系列要素，这些要素具有相互作用和相互依赖的关系，共同构成服务质量整体。鉴于各个企业的规模、性质、结构等存在差异，企业资源、岗位设置、工作流程、绩效管理等各种构成要素都会影响服务质量及其评估结果。因此需要采用适用、实用的质量评估体系和方法。

物业服务质量评估可以理解为，根据国家、行业、企业的相关标准和规则、采用规定的工具和方法，对服务质量优劣进行客观评价和衡量的活动过程。物业服务质量评估，实际上就是 PDCA 循环中的 C（检查评估）环节。它在物业服务质量管理评估工作中起着至关重要的作用。

1. 物业服务质量评估方法

服务质量评估方法、模型有很多种，物业类型不同，其物业服务质量的评估方法也不尽相同。下面我们介绍几种目前已经在物业服务行业广泛应用或者适用于物业服务行业的，并且具有代表性的服务质量评估方法。

（1）关键事件技术评估法（Critical Incident Technique，CIT），这是基于事件的评估方法，又称关键事件法，是基于事件的评估测量方法，是北欧学派经常使用的评估服务质量的方法之一。CIT 从根本上说是一种对事件或关键事件等数据进行内容分析的系统分类技术。它可以记录业主和物业使用人描述的在服务接受过程中发生的事件以及事件相关的问题，进而对事件进行分类。在物业服务质量管理领域，CIT 技术是在服务接触、服务质量和客户满意度研究中都得到了广泛的应用，特别是在酒店物业管理服务领域应用得最为广泛。

（2）SERVQUAL 模型评估方法。SERVQUAL 为英文"Service Quality"（服务质量）的缩写，这是基于影响要素的评估方法。它是由美国服务质量管理研究组合 PZB 在 20 世纪 80 年代末提出来的，是依据全面质量管理（Total Quality Management，TQM）理论在服务行业中提出的一种新的服务质量评估体系，已成为目前最流行的服务质量评价模型之一。其理论核心是"服务质量差距模型"，即：服务质量取决于用户所感知的服务水平与用户所期望的服务水平之间的差别程度（因此又称为"期望-感知"模型）。SERVQUAL 模型将服务质量分为五个属性（层面），即有形性、可靠性、响应性、保证性、移情性，每一属性又被细分为若干个问题，通过调查问卷的方式让用户对每个问题的期望值、实际感受值及最低可接受值进行评分，并由其确立相关的 22 个具体因素来说明它，然后通过问卷调查、客户打分和综合计算得出服务质量的分数。

SERVQUAL 模型具体内容包括两部分：第一部分包含 22 个小项目，记录了顾客对特定服务行业中优秀公司的期望，详见表 2-2。

SERVQUAL 的评价要素及项目　　　　　　　　　　　　表 2-2

评估要素	组成项目
有形性	1. 有现代化的服务设施 2. 服务设施具有吸引力 3. 员工有整洁的服装和外表 4. 公司的设施与其所提供的服务相匹配
可靠性	5. 公司向客户承诺的事情都能及时完成 6. 客户遇到困难时，公司能表现出关心并提供帮助 7. 公司是可靠的 8. 公司能准确地提供所承诺的服务 9. 公司能正确记录相关的信息
响应性	10. 不能指望他们告诉客户提供服务的准确时间 ※ 11. 期望他们提供及时的服务是不现实的 ※ 12. 员工并不总是愿意帮助客户 ※ 13. 员工因为太忙以至于无法立即提供服务，满足客户的要求 ※

续表

评估要素	组成项目
保证性	14. 员工是值得信赖的 15. 在从事交易时，客户会感到放心 16. 员工是有礼貌的 17. 员工可以从公司得到适当的支持，以提供更好的服务
移情性	18. 公司不会针对客户提供个别服务 ※ 19. 员工不会给予客户个别的关心 ※ 20. 不能期望员工会了解客户的需求 ※ 21. 公司没有优先考虑客户的利益 ※ 22. 公司提供的服务时间不能满足所有客户的要求 ※

注：表中 ※ 项目表示对这些问题的评分是反向的，在数据分析前应转换成正向得分。

第二部分也包括 22 个小项目，详见表 2-3，是 SERVQUAL 模型在物业行业中的应用，测量了客户对这一行业中特定公司（被评价的公司）的感受；问卷采用 7 分制，7 分表示完全同意，1 分表示完全不同意，然后把这两部分得到的结果进行比较，就会得到五个层面的每一个"差距分值"。"差距分值"差距越大代表客户感受与期望值的差距就越大，服务质量的评价就越低，反之，服务质量的评价就越高。

物业服务企业 SERVQUAL 的评价量表项目　　　表 2-3

评估要素	组成项目
有形性	1. 优秀物业公司采用现代化的监控设备 2. 优秀物业公司服务设备设施具有吸引力 3. 优秀物业公司员工有外表整洁 4. 优秀物业公司提供的相关服务材料（如服务手册、产品价目表等）
可靠性	5. 优秀物业公司向客户承诺的事情都能及时完成 6. 客户有问题时，优秀物业公司能表现出解决问题的诚意并提供帮助 7. 优秀物业公司能在第一时间提供正确可靠的服务 8. 优秀物业公司能在作出承诺后如约提供服务 9. 优秀物业公司能保证零差错的信息记录
响应性	10. 在提供服务前，优秀物业公司的员工会正式告知客户 11. 优秀物业公司员工能及时为客户提供服务 12. 优秀物业公司员工总是愿意帮助客户 13. 优秀物业公司员工从不因为忙碌而拒绝客户的要求
保证性	14. 优秀物业公司员工很有诚信 15. 客户在优秀物业公司进行服务消费时，感觉很安全 16. 优秀物业公司员工向来对客户彬彬有礼 17. 优秀物业公司员工具备向客户提供服务的专业知识和技能
移情性	18. 优秀物业公司关心每个客户，会针对客户提供特约服务 19. 优秀物业公司会促使员工为不同客户提供个性化关怀 20. 优秀物业公司的员工完全了解客户的需求 21. 优秀物业公司会优先考虑客户的利益 22. 优秀物业公司员工在安排服务时间时会考虑方便所有客户

（3）SERVPERF 模型评估法。这是基于服务绩效的服务质量评价模型，下面以酒店物业管理服务质量评估为例阐述该模型评估方法。

不同的服务质量评估方法在实际评估感知服务质量的操作过程中，难免存在相对的弊端，服务质量评价模型和方法也随着各种相应的探索研究不断地发展变化。为了克服 SERVQUAL 评估方法的弊端，研究出了以绩效为核心的 SERVPERF（服务绩效）模型评价模型，即在评估服务质量时不考虑客户期望的影响，而直接用服务绩效来评估服务质量。采用这种模型评估方法进行客户满意度问卷调查时，客户只需根据服务体验打分，而不必给服务期望打分。见表 2-4，以酒店物业管理为例的客户满意度调查表。

客户满意度调查表（本表只进行了中文表述，也可以做成中英文双语版）　　　表 2-4

正确填写方法						非常满意 ◀──────▶ 不能接受 5□　4□　3□　2□　1□

您如何看待以下各方面？
1. 您在我们酒店住宿经历的整体感受如何？　　5□　4□　3□　2□　1□
2. 您继续下榻我们酒店的可能性？　　5□　4□　3□　2□　1□
3. 您向亲戚、朋友、同事推荐我们酒店的可能性？　　5□　4□　3□　2□　1□
4. 您对客房的整体满意程度如何？　　5□　4□　3□　2□　1□
5. 您对酒店外观、大堂及餐厅氛围的印象如何？　　5□　4□　3□　2□　1□
6. 您是否感受到了员工热情的接待服务？　　5□　4□　3□　2□　1□
7. 您是否总是能感受到员工对您的尊重？　　5□　4□　3□　2□　1□
8. 您是否享受了快速和有效的服务？　　5□　4□　3□　2□　1□
9. 酒店是否总是能够及时满足您的任何需求？　　5□　4□　3□　2□　1□
10. 酒店是否总是能够提供所承诺的服务？　　5□　4□　3□　2□　1□
11. 酒店的产品是否体现了物有所值？　　5□　4□　3□　2□　1□

根据实际应用情况来看，SERVPERF 模型的确是一种特别简捷、有效的感知服务质量的评价方法，其模型如图 2-7 所示。

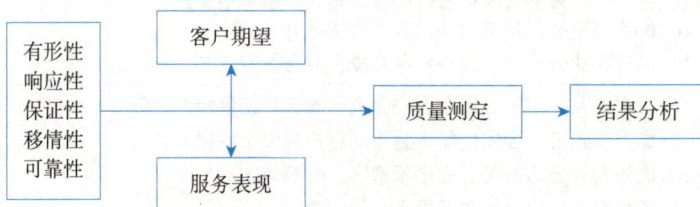

图 2-7　SERVPERF 简化模型

随着该服务质量评价模型的实践应用，客户满意度评价的技术和手段日趋完善，先进的 GSTS（Guest Satisfaction Tracking System）客户满意度评价模型问世了，如图 2-8 所示。

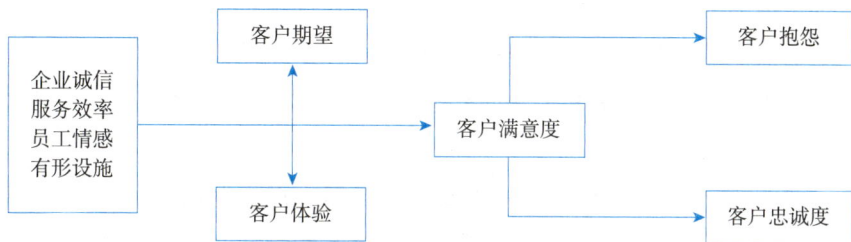

图 2-8　GSTS 客户满意度测评模型

GSTS 模型主要由客户对物业服务企业的诚信度、服务效率、员工情感和有形设施的价值感知以及客户的抱怨与投诉、客户满意度和客户忠诚度构成。

GSTS 客户满意度追踪评价体系是一个多层面指标结构体系，运用层次化结构逐级设定，循序渐进、深入明了地诠释了客户满意度测评指标体系的内涵，如图 2-9 所示。

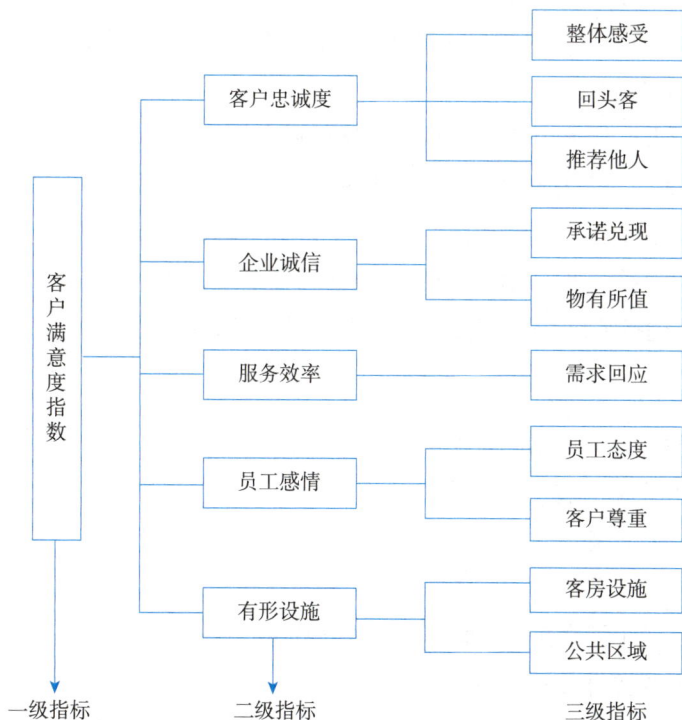

图 2-9　GSTS 客户满意度测评指标体系

2. 物业服务质量评估程序（以 SERVQUAL 评价模型为例）

（1）评估问卷的设计。根据上述物业服务质量测评模型和方法，结合物业服务企业所辖物业类型、企业性质、规模等情况进行其服务质量客户满意度调查问卷内容的设计。问卷内容可以涵盖五大属性及相关的 22 个测试项目。问卷可以分成两部分，一部分是客户期望值的测试，另一部分是客户实际体验值的测试。对问卷内容源于同一属性的若干问题的描述需有所区别，确保客户理解准确，正确填写。

（2）问卷调查的实施。将设计好的调查问卷发放给特定的样本客户，让客户结合实际、如实规范填写。

（3）调查问卷分数的计算。服务质量评价实际上就是对客户的打分进行统计计算，顾客感知的服务质量与期望的服务质量往往会产生差异，这个差异就是评估的最终结果。

计算公式如下：

$$SQ = \sum (P_i - E_i) \tag{2-1}$$

式中　SQ——客户感知的总的服务质量分数；

P_i——第 i 个因素在客户感受方面的分数（i=1，2，3，……，n=22）；

E_i——第 i 个因素在客户期望方面的分数（i=1，2，3，……，n=22）。

通过上面公式计算出来的是一个客户感知的总服务质量，将所得分数除以 22（问题总数），就得到了一个客户的 SERVQUAL 分数，然后将调查样本中所有客户的 SERVQUAL 分数相加再除以客户（参加问卷调查的）总数，就得到了物业服务企业想要的 SERVQUAL 分数。

（4）确定权重。运用上述公式计算出来的服务质量分数仅仅是服务质量的五个属性，在 SERVQUAL 评价中所占比例均等时的分数，即企业提供的服务属性在客户心目中同等重要，不分轻重。而实际中，不同服务的五个属性的重要程度也是各不相同，所以物业服务企业需要将服务质量的五个属性进行重要度评估，得出每个属性在服务质量中的权重，然后进行加权 SERVQUAL 分数的计算，这样得出的评估分数更贴合实际。

$$SQ = \sum W_i \sum R (P_i - E_i) \tag{2-2}$$

式中　SQ——客户感知的总的服务质量分数；

W_i——每个服务属性的权重；

R——每个服务属性问题的数量；

P_i——第 i 个因素在客户感受方面的分数（i=1，2，3，……，n=22）；

E_i——第 i 个因素在客户期望方面的分数（i=1，2，3，……，n=22）。

3. 物业服务质量评估的范围

物业管理服务包含的内容广泛，具有极强的综合性特征，特别是现代物业管理服务

"互联网+"跨界联合、新物业时代，其服务质量范围已经明显超出原本的物业管理服务含义，还包括物业服务对业主（物业使用人）的工作、生活和社会的影响。物业管理服务的服务内容、服务过程、服务结构、服务结果、服务影响等都属于物业服务质量需要评估的范围。

2.3.3　物业服务质量的改进

1. 寻找差距

质量改进是指为向本组织及其客户提供更多的收益，在整个组织内所采取的旨在提高活动和过程的效益和效率的各种措施。物业服务质量是一种客户感知，它与客户的期望存在差距在所难免。物业服务质量改进，首先要找差距，才能更好地为物业服务企业改进和提高服务质量提供有力的参考。

（1）PZB（帕拉苏拉曼、泽斯梅尔、贝利）在深入研究服务质量要素及评估的同时，构建了服务质量感知差距模型，如图2-10所示。

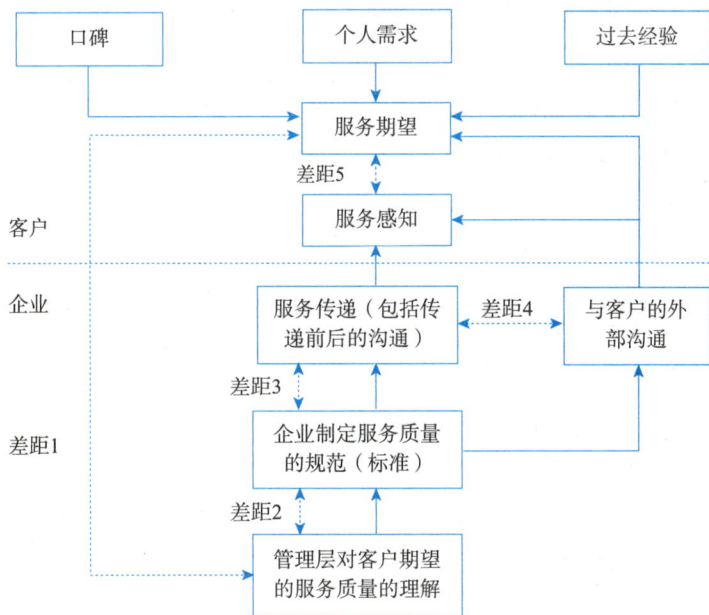

图2-10　服务质量差距模型

从模型图（图2-10）可以看出，服务质量差距有五种：认知差距（差距1）、服务质量规范差距（差距2）、服务传递差距（差距3）、市场信息传播差距（差距4）、感知服务质量差距（差距5），其中服务期望与服务感知之间的差距是由其他四个差距的大小和方向决定的。

差距 1：认知差距是客户期望与管理者对客户期望的认知之间的差距，反映了管理者对顾客期望的了解程度。客户期望的服务与管理者认为客户想要得到的服务两者之间的差距最直接也最明显。

差距 2：服务质量规范差距是管理者把对客户期望的了解转化为企业服务质量规范时形成的差距。究其原因有目标不明确、计划不周、内部意见不一致等。

差距 3：服务传递差距是企业实际提供的服务与企业服务质量规范之间的差距，反映了服务绩效和执行力问题。究其原因有服务角色不明确、流程设计不合理、缺乏团队精神、技术支持不够、服务理念贯彻不够等。

差距 4：市场信息传播差距是实际提供的服务与企业对外宣传时承诺的服务之间的差距，也就是承诺和兑现之间的差距。究其原因有两个，一是内部沟通不够，二是对外宣传中承诺过度。

差距 5：感知服务质量差距即客户对服务的期望与客户实际感知服务质量之间的差距，这一差距实质上是由前四个差距综合而成。缩小差距 5，是服务质量管理的终极目标及全部内容。

五种差距模型的上半部分与客户有关，下半部分与服务提供者（企业）有关。这个差距模型为希望改进服务质量的管理层提供了一则清晰的信息：消除客户感知差距的关键在于弥合差距 1~4。

（2）改良后的七种差距模型。该模型在之前五种差距的基础上增加了两种差距：解释差距和服务差距，如图 2-11 所示。

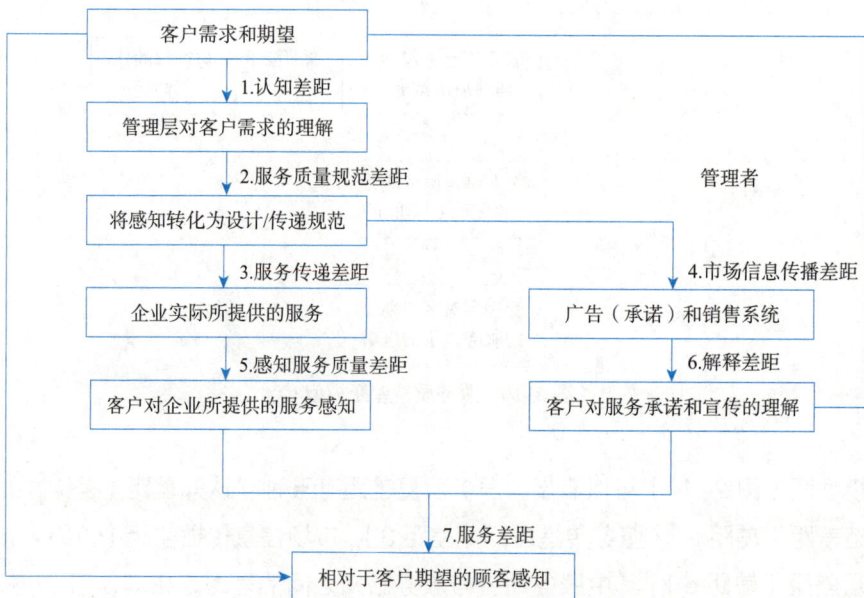

图 2-11　服务质量七种差距模型

2. 预防方法

物业服务质量是物业服务企业的生命线，要提高服务质量，必须树立正确的服务理念，掌握有效的服务质量管理方法，采取有效的服务质量管理手段，针对差距进行改进。

（1）差错预防法。这是一种通过硬件、软件、程序和其他一些诀窍预防和控制差错或者缺陷，从而保证服务质量的一种方法，也称 Poka-Yoke 法。该方法更强调预防的低成本方法，在服务业中应用较为广泛。

Poka-Yoke 法分为针对服务提供者和针对客户的两类差错预防手段。针对服务提供者的示例，比如有的物业服务企业定制服务人员工作服务时，要求无兜设计，或者缝合服务提供相关岗位员工的上衣兜和裤兜，以免其养成手插口袋的习惯，使其随时能够保证正式的礼貌举止。针对客户的示例，如事先给客户发放一些服务手册、说明书、向导性文件等。

（2）对标管理方法。对标管理方法，亦称基准管理或标杆管理法，这种预防方法主要是指围绕提升企业能力和实现发展目标、瞄准一个比其绩效更高的组织进行比较，以便取得更好的绩效，不断超越自己、超越标杆、追求卓越，同时也是组织创新和流程再造的过程，是建立学习型组织的最佳实践。对标管理方法主要包括：计划、发现与分析、整合、行动、监测与评估五步骤（阶段），如图 2-12 所示。

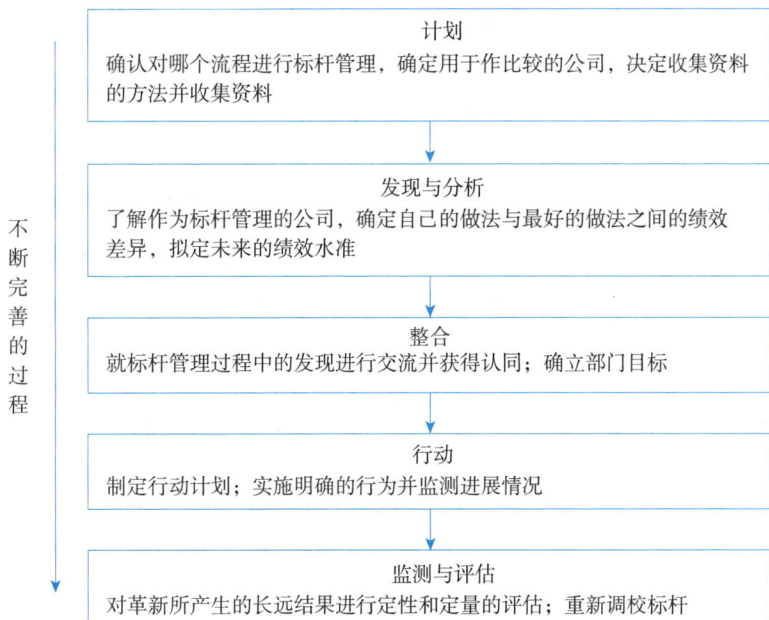

图 2-12　对标管理流程示意图

3. 改进方法

质量管理是在质量方面指挥和控制组织的协调活动。可见它是一个动态的、循环的过程，需要在监督控制的基础上持续改进，这种无限循环的改进，是服务企业永恒追求的目标。PDCA 循环，正是全面无限循环，是服务（物业服务企业的产品）质量的过程改进的方法，是目前应用最广泛、最有效、最基本的措施之一。

PDCA 循环的 PDCA 分别是 Plan（计划）、Do（执行）、Check（检查）和 Act（处理）的第一个字母，它是全面质量管理所应遵循的科学程序和基本方法。全面质量管理活动的全部过程，就是质量计划的制订和组织实现的过程，这个过程就是按照 PDCA 循环，不停顿地周而复始运转的，如图 2-13 所示。

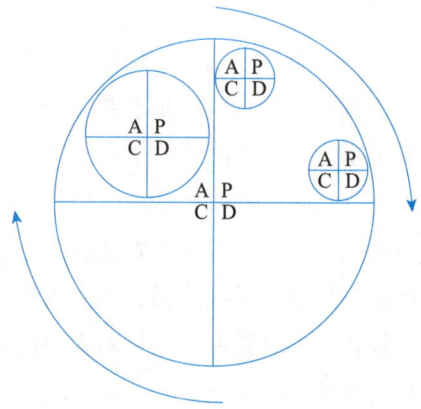

图 2-13　PDCA 循环示意图

（1）PDCA 循环的工作程序（如图 2-14 所示：四阶段八步骤）。

第一阶段，P 阶段——计划制定。

包括方针和目标的确定，以及活动规划的制定，可以分解为 4 个步骤。

1）找出问题：分析现状找出产品（服务）质量问题及管理中存在的问题；

2）分析原因：分析并罗列产生问题的各种影响因素；

3）确定主因：区分主因和次因是最有效解决问题的关键；

4）提出计划：针对影响质量的主要因素制定措施，提出改进计划，并预估改进效果。该步骤（5W1H）分析法的运用至关重要，即：为什么制定该措施（Why）？达

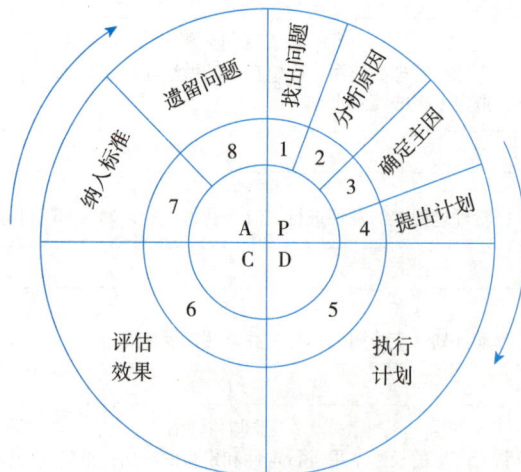

图 2-14　PDCA 循环工作程序示意图

到什么目标（What）？在何处执行（Where）？由谁负责完成（Who）？什么时间完成（When）？如何完成（How）？措施和计划是执行力的基础，尽可能使其具有可操作性。

第二阶段，D阶段——计划执行。

5）执行计划：高效的执行力是组织完成目标的重要一环。

第三阶段，C阶段——执行结果评估。

6）评估效果：根据计划要求，检查实际执行的情况，对比预期效果寻找执行过程中的问题所在。

第四阶段，A阶段——处理巩固。

7）纳入标准：根据检查结果进行总结分析，把成功的经验和失败的教训都纳入有关标准、规章制度之中，防止同一问题重复发生，巩固已经取得的成绩。

8）遗留问题：根据检查的结果提出这一循环尚未解决的问题，分析原因，质量改进造成的新问题，把它们转到下一次PDCA循环的第一步去。

（2）PDCA循环的特征

1）大环套小环，小环保大环，互相促进，推动持续循环。

如图2-14所示，大环（八步骤）是小环四阶段的母体和依据，小环是大环的分解和保证。各级部门的小环都围绕着企业的总目标朝着同一方向转动。通过循环把企业上下、每个项目的各项工作有机地联系起来，彼此协同，互相促进。

2）PDCA循环是综合性有序循环，四个阶段缺一不可。

3）PDCA循环是爬楼梯式的螺旋循环上升，即每转动一周，质量就提高一步，如图2-15所示。

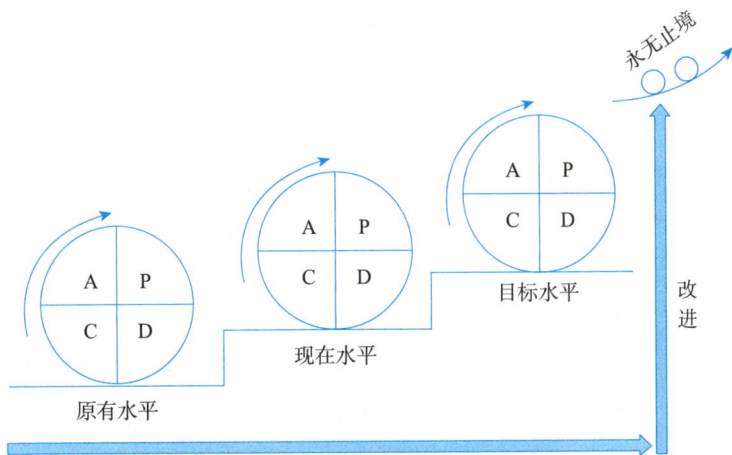

图 2-15　PDCA 质量不断上升循环示意图

2.4 客户满意管理

2.4.1 客户满意的含义

理查德·奥立弗认为，客户满意是客户得到满足后的一种心理反应，是客户对产品和服务的特征或产品和服务本身满足自己需要程度的一种判断。判断的标准是看这种产品或服务满足客户需求的程度。换言之，客户满意是客户对所接受的产品或服务过程进行评估，以判断是否能达到自己所期望的程度。

亨利·阿赛尔认为："客户满意取决于商品的实际消费效果和消费者预期的对比，当商品的实际效果达到消费者的预期时，就导致了满意，否则，就会导致客户不满意。"

菲利普·科特勒认为："满意是指个人通过对产品的可感知效果与他的期望值相比较后所形成的愉悦或失望的感觉状态。"

简单地说，客户满意，即 Customer Satisfaction（简称 CS），是人的一种感受水平，就是客户期望与客户实际感受服务或产品的对比，它来源于对产品或者服务所设想的绩效或产出与人们的期望所进行的比较。总的来说，客户满意是一种心理活动，是客户的需求被满足后形成的愉悦感或状态，是客户的主观感受。当客户的感知没有达到期望时，客户就会不满、失望；当感知与期望一致时，客户是满意的；当感知超出期望时，客户就感到"物超所值"、惊喜。

客户满意包括物质（产品）满意层、精神（服务）满意层和社会满意层三个层次，如图 2-16 所示。

（1）物质层面。它是客户满意度的最基本层面，即客户对所消费产品的质量、功能、包装、价格等所产生的满意程度。物质层面是客户满意度的有形基础，也是提升顾客客户满意度的出发点。

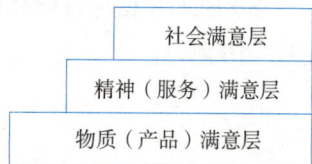

图 2-16 客户满意的层次

（2）精神层面。这是客户满意度的更高层面，即客户在企业提供的产品的形式和外延层的消费过程中产生的满意，包括服务的硬件和服务的软件等。随着社会的发展，客户满意不仅包括物质层面的满意，也包括精神层面的满意，这成为影响顾客满意度的非常重要的因素。

（3）社会层面。社会层面是客户满意度的最高层面，它指的是顾客在消费过程中所体验到的对社会利益的维护程度，包括产品的道德价值、政治价值和环境价值等。例如，客户所消费的产品或服务是否有利于自然和环境保护、对文化和信仰的尊重等。

以上三个层次是递进关系。从社会发展过程中的满足趋势看，客户首先寻求的是产品的物质满意层；只有这一层基本满意之后，才会涉及精神满意层；而精神满意层基本得到满足后，才会思考社会满意层。

2.4.2　客户满意度调查与分析

客户满意度调查是用来评估一家企业或一个行业在满足或超过客户购买产品的期望方面所达到的程度。评估客户满意度的过程就是客户满意度调查。它可以找出那些与客户满意或不满意直接有关的关键因素，根据客户对这些因素的看法而测量出统计数据，进而得到综合的客户满意度指标。

一般来说，产品的客户满意度指标可以概括为品质、设计、数量、时间、价格、服务等；服务的客户满意度指标可以概括为绩效、保证、完整性、便于使用、情绪和环境等。客户满意度调查的核心是确定产品或服务在多大程度上满足了客户的欲望和需求。从调研目标来说，应该达到确定导致客户满意的关键绩效因素，评估企业的满意度指标及主要竞争者的满意度指标，判断轻重缓急、采取正确行动，控制全过程，产品升级以及产品的更新换代五个目标。

物业服务企业的客户满意度调查能够了解客户不断变化的需求，有利于提高自身竞争力，可以为经营决策提供客观依据。物业服务企业可以利用有效稳定的客户满意度调查研究及时捕捉和发现商机，适时调整经营计划和决策，使其立于不败之地。

1. 客户满意度调查

目前物业服务企业越来越重视客户满意度调查，无论是企业自行组织还是聘请第三方专业机构，客户满意度调查都应该坚持时效性、客观性、系统性、科学性和经济性原则。策划一套系统可行的工作程序，是物业服务企业客户满意度调查顺利进行、提高工作效率和质量的保证。

（1）界定调查的时间、调查范围。即从开始到结束的时间及需要测量调查的物业项目和目标等。

（2）确定调查的方式。一般常用的调查方式有访谈问卷、自主答卷、网络答卷三种方式。

1）访谈答卷，主要是由调查人员上门按照既定的问卷内容与业主或物业使用人面谈。其优点是，能够深入了被访谈者的想法和意见，容易获得额外信息；其弊端是，调查人员的个人成见可能会影响访谈结果，调查耗时较长。

2）自主答卷，主要是被调查者自行填写既定纸质问卷。这种方式具有方便答卷者、能够获得相对真实完整答案的优点；同时也产生了较难征询额外信息和被调查者有时候不能完全理解既定问题而出现偏差的缺陷。

3）网络问卷，这种方式与自主答卷极为相似，区别是通过网络答卷提交。它的优势是可以减少误差、提高数据的完整程度和收集速度；同时有可能会产生回收率比较低的情况。

（3）规定调查的样本。首先，根据所调查项目的规模及客户数量情况来确定抽样的比例、最小样本数量。一般抽样比例尽量不低于20%，绝对样本数量不低于20个。其次，根据所调研项目的物业形态、客户类型，来确定抽样的要求，尽量保证样本分布平均且能够代表不同类型的业主。

（4）设计、制作测量问卷。设计、制作测量问卷主要包括内容结构、问题设计、权重分配、评价等级四个方面。一般问卷调查内容包括调查说明、前言、业主或物业使用人基本信息（姓名、地址、联系方式等）、定量问题、定性问题、结束语等设计。为了让被调查者能够更加客观地表达对服务的感受，问题设计通常包括封闭式问题、开放式问题两种类型问题。权重分配主要是为了确定不同驱动因素之间的权重关系。

（5）组建、培训调查团队成员。调查人员应当保持一定的独立性，采取回避制度原则，不得与所调查物业项目有利害关系。

（6）发放、回收调查问卷。严格按照既定的样本清单发放问卷，无特殊情况不得轻易更换既定的样本地址，禁止使用被调查物业项目推荐的样本。调查问卷应由负责调查的人员亲自上门发放回收或采取快递邮寄方式，禁止被调查物业项目员工上门发放和回收问卷。

在调查的过程中，禁止调查人员将样本信息透露给被调查的物业管理处，上门调查时不得由被调查物业项目人员陪同。调查问卷禁止存放在被调查的物业管理项目。调查问卷需有样本的签名及联系电话，问卷如出现损坏、涂改或样本答题不足等，均应视为无效问卷。

（7）调查团队对调查结果进行统计和汇总。调查团队在收集到足够的调查数据后，要对调查结果进行统计和汇总，这一步骤有助于了解调查数据的整体情况，揭示调查问题的普遍趋势和发现隐藏的问题，主要包括：数据整理、数据清洗、频次统计、百分比计算、统计分析、数据可视化、汇总报告等工作。

（8）针对调查结果进行分析和改进。针对调查结果进行分析和改进主要是对满意关键因素、不满意关键因素进行分析；分析不满意因素的原因，制定相应的改进措施；通过开放性问题所获得客户想法和意见，可以作为物业管理服务改进的依据和输入。

2. 客户满意度分析

物业服务企业进行客户满意度调查之后，不能只根据企业内部制定的测量和计算方法，简单地计算一下均值比较就告一段落。企业应该进一步选用合适的分析工具和方法进行总结分析，客户满意度调查结果其实可以给企业提供许多有用的信息。

常用的客户满意度调查结果分析方法有：方差分析法（变异数分析）、休哈特控制图、双样本T检验、过程能力直方图和Pareto图等。为了最大限度客观地反映客户满意度，企业必须确定、收集和分析适当的客户满意度数据，并运用科学有效的统计分析方法，以证实企业质量管理体系的适宜性和有效性，同时评估在何处可以持续改进。客户满意度数据的分析能够提供客户满意与服务要求的符合性、过程和服务的特性及趋势、采取预防措施的机会、持续改进和提高产品或服务的过程与结果、不断识别客户、分析顾客需求变化情况等相关方面的信息。

通常情况下，影响客户满意度的因素可以概括为企业因素、产品因素、营销与服务体系、沟通因素、客户关系五个主要方面。需要特别注意的是，客户满意度不等同于服务质量，客户满意率不等同于客户满意度。物业服务企业应建立健全满意度调查分析系统，将更多的客户资料输入数据库中，不断采集客户的有关信息，并验证和更新客户信息，删除过期信息。同时，还需要运用科学的方法，分析客户发生变化的状况和趋势。研究客户消费行为有何变化，寻找其变化的规律，为提高顾客满意度和忠诚度奠定基础。

2.4.3　提高客户满意度的途径

在对收集的客户满意度信息进行科学分析后，物业服务企业就应该立刻检查自身的工作流程，在"以客户为关注焦点"的原则下开展自查和自纠，找出不符合客户满意管理的流程，制定企业的改进方案，并组织企业员工实施，以达到客户的满意，提升客户满意度。

产品满意，这是客户满意的前提。客户与企业的关系首先体现在产品细节上，从细节出发才可能会有全面的客户满意，脱离这个细节，就缺失了满意的根基。物业服务企业的产品是服务，所以服务满意已成为赢得客户满意的保证。服务是一种看不到摸不着的无形产品，形式各异，它的特性导致必须考虑采用与生产制造业不同的途径来控制和提高质量，提升满意度。可以供物业服务企业考虑的途径有建立和实施面向顾客的服务质量承诺、客户服务和服务补救。

1. 服务承诺

服务承诺是企业向客户公开表述的要达到的服务质量。

第一，服务承诺一方面可以起到树立企业形象、提高企业知名度的作用；另一方面服务承诺可以是客户选择企业产品的依据之一，尤其是它还可以成为客户和公众监督企业的依据，给企业施以持续改善的压力。

第二，建立有意义的服务承诺的过程，实际上就是深入了解客户需求、不断提升客户满意度的过程，这样可以促进企业的服务质量标准真正体现客户的需求，帮助企业找到努力的方向。

第三，根据服务承诺，企业可以制定反映客户需求的、详细的质量标准，同时依据质量标准对服务过程中的质量管理系统进行设计和控制。

第四，服务承诺能够产生积极的反馈，成为客户对服务质量问题提出申诉的动力和依据，进而使企业清楚地意识到自己所提供服务的质量和客户所希望的质量之间的差距。

服务承诺是服务企业与客户进行沟通的核心内容，服务组织的广告、人员推销和公共宣传等活动，实质上都是在对自己的服务质量进行承诺。有意义的服务承诺应该既简洁又准确，应该无条件、容易理解与沟通、有意义、简便易行和容易调用；复杂、令人困惑而且有大量脚注条件的服务保证，即使制作精美，也不会起作用；容易引起误解的服务承诺，会引发有误差的客户期望；有意义的服务承诺，必须是包含了客户认为重要的内容，而且有一个合理的总结算，它才能是有意义的。

2. 客户服务

客户服务是指除牵涉销售和新产品提供之外的所有能促进企业与客户之间关系的交流和互动。它包括核心和延伸产品的提供方式，但不包括核心产品自身。物业服务企业的产品本身就是服务，所以这里所指的服务是物业服务企业产品服务之外的服务。如上门保洁服务，保洁本身不是服务，但客户在保洁前后或过程中所得到的待遇却属于客户服务。假如客户提出一些特别的处理要求，那也构成客户服务的一项内容。在服务完成之后，假若客户的消费得到感谢和赞扬，这些行径也应归入客户服务。

对于物业服务行业来说，有更好的服务才能获得更大的利润，优质服务不但能树立企业的良好形象，更能让服务产品增值升值。有时候，服务产生的利润远高于产品本身的盈利。

3. 服务补救

服务补救是服务企业在对客户提供服务出现失败和错误的情况下，对客户的不满和抱怨当即作出的补救性反应。其目的是通过这种反应，重新建立顾客满意和忠诚。由定义看出，服务补救是一种反应，是企业在出现服务失误时，对顾客的不满和抱怨所作的反应。

即使最优秀的企业在提供服务的过程中，也不可避免地会出现服务失败和错误。因为一方面服务具有差异性，即服务产品的构成元素及其质量水平经常变化，难以界定；通常情况下，服务过程毫无担保和保证可言，服务产品的质量通常没有统一的标准可以衡量，服务质量具有不可确定性。另一方面服务产品具有同步性，即生产者生产服务的过程就是消费者消费服务的过程，消费者有且只有加入生产服务的过程才能最终消费到服务产品。

此外，有的服务失败和错误，是由企业自身问题造成的，如由于员工的工作疏忽将一间空置房同时租给两位客户；而有的服务失败和错误，则是由不可抗力因素或客户自身原因造成的，如因天气恶劣而造成的物业损坏或因客户将地址写错而导致的上门服务失败，则是不可避免的。

服务补救是企业在第一次服务失误后，企业为留住客户而立即作出的带有补救性质的第二次服务。第二次服务可以与第一次服务同质，即第二次服务是第一次服务的重复。当然也可与第一次服务异质，即第二次服务是第一次服务的延伸或转变，如无条件地为对产品质量表示不满的客户所作出的换货服务（同质服务）或退货服务（异质服务）。

对于服务企业来说，强调"一次成功"是非常必要的，但二次成功同样不可忽视。因为服务产品与有形产品不同，其生产与消费的同时性、服务的差异性等特征决定了服务无法实现高度的标准化、统一化。从实践研究角度来看，服务传输过程中的失误率远远高于有形产品。故企业在重视"一次成功"的前提下，必须关注"二次成功"补救。

有研究表明，客户流失率降低5%，企业利润就会翻一番。特别是物业服务企业的客户群体具有相对的稳定性和数量的固定性，积极努力地去挽回因为对一次服务体验不满而流失的客户，是非常有必要的。

服务补救措施一般包括五个步骤：道歉、紧急复原、移情、象征性赎罪和跟踪等补救活动。当然，并不是每一次服务补救都需要完成上述全部的五个步骤。有时，比如客户仅仅是对服务的某一个具体环节有点儿失望，这时只要采取前两个步骤，即道歉和紧急复原就可能足够达到服务补救的目的。而如果顾客被企业的服务失败所激怒，则需要采取服务补救的全部五个步骤。

服务补救不容回避，它能维持客户关系、将不满意客户重新转变为满意客户，对客户继续为企业带来效益具有重要的意义。服务补救可以在服务失误（失败）与客户满意之间担当重任已是共识，并已经成为企业获得竞争优势的重要来源。

4. 有效控制客户的期望值

客户满意与客户期望值的高低关系密切。提高客户满意度的关键是企业必须根据自身的实际能力，有效控制客户对服务产品的期望值。企业在进行营销的过程中尽可能准确地描述服务产品，不要夸大其标准、质量等，否则就会提高客户期望值，结果适得其反，降低了客户满意度。必要时也可以适当介绍服务产品的不适用条件，让客户对服务产品早有心理准备，达到有效控制客户期望值的目的。不能为了得到客户而夸大甚至误导客户，搞文字语言游戏，赋予客户过高的期望，不满意一定随之而来。如果客户期望值比较客观，企业的服务质量能够超越客户的期望，客户容易非常满意。

此外，物业服务企业还可以把客户满意管理纳入企业战略范畴，把它作为一项长期工作，从组织、制度、程序上予以保障。同时由于物业服务市场环境的经常变化，物业行业的迅速发展、转型升级等，物业服务企业还应该经常适时地进行客户满意度调查，这将有助于企业及时发现问题，解决问题，避免客户满意度大幅下滑的发生。

◆ 【本章小结】

在物业管理服务活动中，客户的概念有广义和狭义之分。本章所说的主要是狭义的客户，即业主和物业使用人，也就是指物业管理服务的对象。

物业管理服务中的客户服务体系由物业客户服务主体、客体和服务环境三个基本要素组成。

客户关系管理的作用：提高客户忠诚度；降低客户开发成本；降低物业服务企业的服务成本；降低物业服务企业的交易成本。

物业管理服务的客户关系管理需要一定的条件来支撑，包括软硬件的支持、员工的支持、客户（业主和物业使用人）的参与、管理者的管理执行力度、相关部门的指导支持力度等。

物业管理客户服务的主要工作内容包括：业主入住服务、装修管理服务、投诉管理服务、租赁管理服务、物业档案管理服务。

物业服务质量是"以物业质量为中心的物业服务，满足于业主和物业使用人确定的或者潜在的需求程度"。

物业服务质量的特征：控制的被动性；是一种整体质量；是一种主观质量；是一种互动质量；功能（过程）质量在物业服务质量构成中占据极其重要的地位。

物业管理服务质量的评估方法：关键事件技术评估法；SERVQUAL 模型评估方法；SERVPERF 模型评估法。

物业服务质量评估程序：评估问卷的设计；问卷调查的实施；调查问卷分数的计算；确定权重。

物业管理服务质量的改进：寻找差距；预防方法；改进方法（PDCA 循环）。

客户满意是客户期望与客户实际感受服务或产品的对比，它包括物质（产品）满意层、精神（服务）满意层和社会满意层三个层次。

客户满意度调查程序：界定调查的时间、调查范围；确定调查的方式；规定调查的样本；设计、制作测量问卷；组建、培训调查团队成员；发放、回收调查问卷；调查团队对调查结果进行统计和汇总；针对调查结果进行分析和改进。

提高客户满意度的途径主要包括：服务承诺；客户服务；服务补救；有效控制客户的期望值。

◆ 【课后练习题】

一、复习思考题

1.概念：客户、客户关系管理、质量、服务质量、客户满意。

　　2. 整理本章中所涉及的各种工作服务程序：如入住服务程序、装修管理服务程序、租赁管理服务程序、客户投诉管理服务程序、物业档案管理服务程序、物业管理服务质量评估程序、满意度调查程序等。

　　3. 理论结合实际理解物业管理服务中的客户关系。

　　4. 物业管理服务中的客户服务内容主要包括哪些？选择一项你最熟悉的内容进行实践调研，形成调查报告。

　　5. 实践模拟物业管理服务质量评估。

　　6. 实践模拟客户满意度调查。

　　二、自测题

扫码答题

3 物业设施设备管理服务

【知识拓扑图】

```
                          ┌── 物业设施设备的含义
                          ├── 建筑楼宇设备
            物业设施设备 ──┼── 建筑楼宇设备分类
                          ├── 物业设施设备的管理价值
                          └── 物业设施设备管理的主要目的
                              ⬇
                          ┌── 物业设施设备的运维管理概述
                          ├── 强电系统的运维
                          ├── 升降系统的运维
      物业设施设备的运维管理 ┼── 空调系统的运维
                          ├── 给水排水系统的运维
                          ├── 消防系统的运维
                          ├── 弱电系统的运维
  知识                      └── 建筑的运维
  框  ────                     ⬇
  架                        ┌── 建筑设施设备的维保类别
  结                        ├── 建筑设施设备维修计划的制订
  构      物业设施设备的维修管理 ┼── 物业设施设备的故障及处理
                          └── 建筑设施设备的更换
                              ⬇
                          ┌── 能源与能量
                          ├── 能源资源的状况和未来的能源利用
 物业设施设备的节能与能源管理 ┼── 节能及其分类
                          └── 节能的方式与途径
```

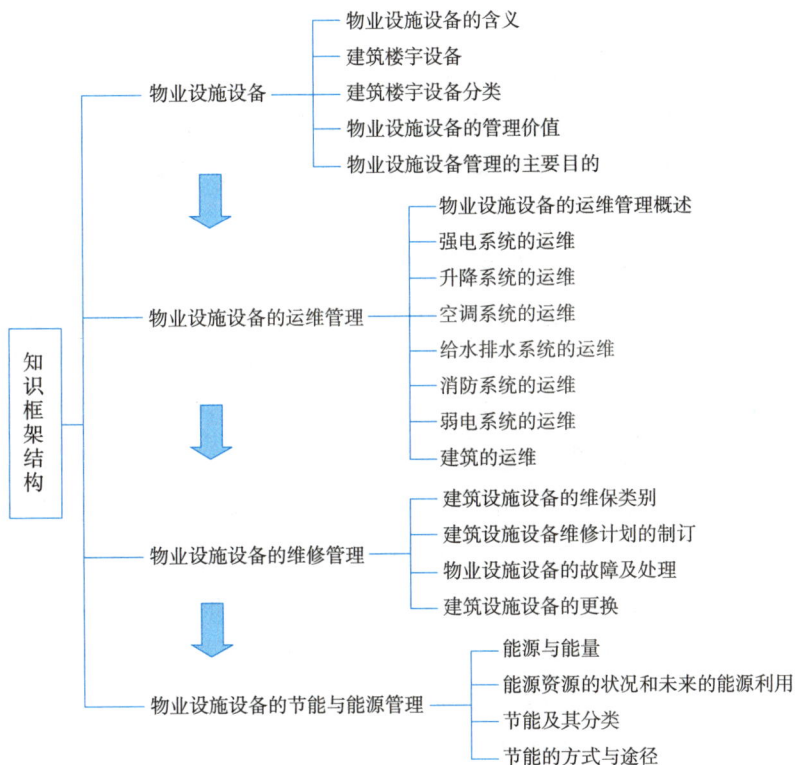

【本章要点和学习目标】

本章对物业设施设备的运维管理、维修管理和节能与能源管理等方面的基本知识作了系统的阐述，主要介绍了强电弱电系统、升降系统、空调系统、给水排水系统、消防系统及建筑物的具体运维和维修管理。

通过本章的学习，了解物业设施设备的分类，掌握物业设施设备的运维和维修管理要点和流程，并能够应用理论知识解决物业设施设备运维和管理过程中出现的实际问题。

3.1 物业设施设备

3.1.1 物业设施设备的含义

1. 设施设备

设施一般是指规划施行或为满足某种需要而建立起来的机构、组织、系统以及建筑等。如建筑设施、服务设施、生活设施等。

设备包括两层含义，一是指设置以备应用；二是指进行某项工作或满足某种需要所必需的成套建筑或器物。如厂房设备、机器设备、自来水设备、机电设备、通信设备、运输设备、建筑设备等。

通常情况下，设备一般是可供人们在生产或生活中长期使用，而且在反复使用中基本保持原有实物形态和功能的物质资料的总称。简单地说，设施比设备所包含的范围更加广泛一些，其实设施就是一个大的系统，而设备则可以说是该系统中的一些组成元素。

2. 物业设施设备

物业设施设备是指附属于建筑物、构筑物的各类设施设备的简称。它是构成建筑实体的不可分割的有机组成部分，是发挥物业功能和实现物业价值的物质基础和必要条件。从法律意义上来说，建筑的设施和设备，是属于构成不动产所有权不可分割的定着物（固置物），它是构成物业实体的重要组成部分，是物业运作的物质和技术基础。

物业设施设备通常是根据用户需求、物业类型和用途的不同而规划设置的。我国的城镇建筑中一般有给水排水、供配电、电器照明、采暖、燃气供应、通风与防排烟、电梯、空调系统、消防系统、通信网络、弱电系统以及智能化系统等设施设备。这些设施设备是物业设施设备的主体，是物业管理服务的不可或缺的组成部分。一般来说建筑物、构筑物等级越高，技术含量也就会越高，其功能也会更加完善，组成它们的设施设备系统也就越复杂。物业设施设备各系统之间，既有一定的内在联系，又有各自的独立性，只有它们全部正常运行，物业的功能和价值才能得以充分体现。

3.1.2 建筑楼宇设备

建筑楼宇设备是为楼宇内的使用者提供良好的环境和服务而设置，能够满足楼宇的各项使用功能的设备（系统）。

建筑楼宇设备（系统）主要包括：供配电设备、给水和排水设备、污水处理设备、卫生设备、暖通空调设备、消防设备、安全防范设备、智能化设备、通信与信息网络设备、电梯设备、燃气设备、办公自动化设备、娱乐与健身设备等。

3.1.3　建筑楼宇设备分类

建筑楼宇设备按功能可以分为以下几大类：

1. 提高办事效率的设备

（1）办公用设备：电话、计算机、打印机、复印机、印刷设备等；

（2）通信与信息网络设备：程控交换机、有线或无线网络设备等；

（3）交通设备：垂直梯、自动手扶梯、观光梯、平行梯等。

2. 保证使用者与工作人员生活条件的设备

（1）照明设备；

（2）送排风设备；

（3）给水、排水、污水处理设备；

（4）卫生设备；

（5）制冷设备：制冷机、冷却塔、蓄水池等；

（6）锅炉设备；

（7）变配电设备；

（8）厨房设备：灶具、冷库等；

（9）洗衣房设备；

（10）除尘及清洗设备、吸尘器、抛光机、打蜡机、擦窗机等。

3. 提供给客人健身运动或娱乐的设备

（1）健身房设备：游泳池、健身器材、蒸洗浴、热水浴等；

（2）运动设备：运动场、羽毛球场、网球场、高尔夫球场、保龄球场、斯诺克房等设施；

（3）休闲娱乐设备：茶室、歌厅、舞厅、游戏厅、多功能厅等。

4. 保证人身财产安全的设备

（1）消防设备：消防报警设备、消防灭火设备、人员疏导设备、火灾报警及通信广播设备等；

（2）安全防范系统：视频监控、门禁系统、防盗报警系统、巡更设备等；

（3）应急照明、应急发电系统；

（4）避雷装置。

3.1.4　物业设施设备的管理价值

1. 设施设备管理

设施设备管理是按照科学的理论与方法，如：系统工程学、价值工程学及设备磨损和补偿理论、设备可靠性和维修性理论、设备监测和诊断方法、综合管理的方法等，以设备的一生（寿命周期）为对象，以追求设备寿命周期费用最经济和效能最高为目的，通过技术、经济、组织措施，对设备的物质运动形态（即设备的规划、设计、制造、购置、安装、使用、维修、改造、更换直至报废）以及设备的价值运动形态（即设备的最初投资、维修、费用支出、折旧、更新改造资金的筹措、积累、支出等）的管理活动。

2. 设施设备管理的三维系统结构

设施设备管理可分解成时间维、资源维和功能维的三维主体图，如图 3-1 所示。

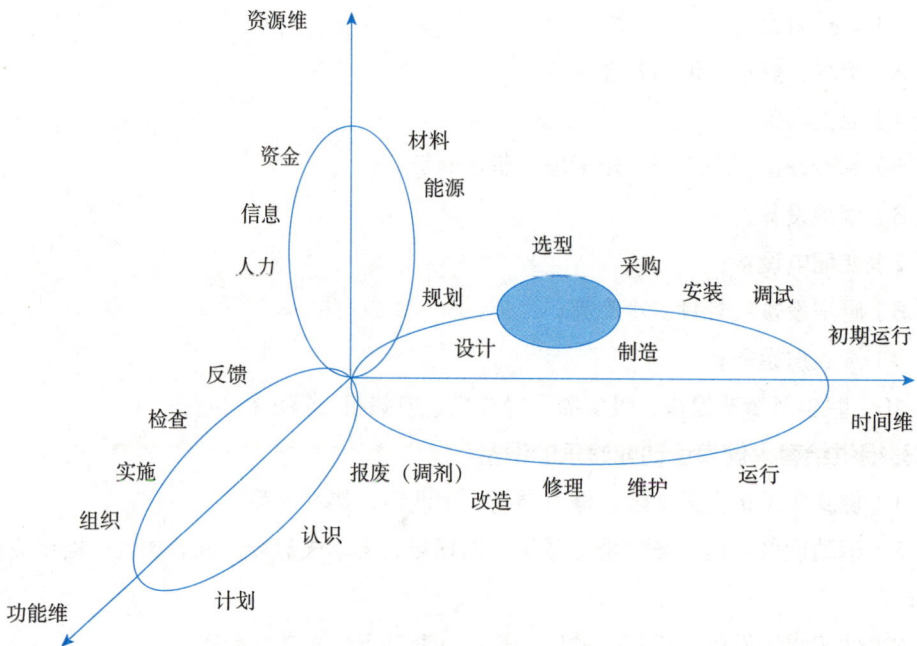

图 3-1　设施设备管理的三维系统结构

时间维上的任何一点，均可分解成资源维或功能维上的循环过程。

例如：时间维上的一个点"安装"：

（1）投影到资源维上，必然包含"人力、信息、资金、材料、能源"等要素。

（2）投影到功能维上，也离不开"认识、计划、组织、实施、检查、反馈"过程。

了解设备的三维系统结构，有助于我们从系统空间的角度思考问题。

3. 设施设备管理在企业管理中的地位

企业中的计划、运营、质量、技术、物资、能源、人力、财务等管理都与设施设备管理有着非常密切的关联，如图 3-2 所示。

输出（广义）＼输入	资源			管理方法
	人	设备	原材料	
项目			→	服务管理
质量			→	质量管理
成本			→	成本管理
整改			→	改进管理
安全、环境			→	安全、环境管理
劳动情绪	↓	↓	↓ →	劳动组织管理
	定员管理	设备管理	物资管理	$\frac{输出}{输入}=$效率

图 3-2　设施设备管理在企业管理中的地位

3.1.5　物业设施设备管理的主要目的

1. 保持设施设备完好

正确使用、精心维护、科学检修，保持设施设备运转正常，性能良好，设施设备完好率达到规定要求，设施设备输出与能源资源消耗比达到设计要求或规定。

2. 追求设施设备周期费用的最经济性

设施设备的投资效益应从设施设备购置费和使用费用的两部分分析权衡，从而获得良好的设施设备投资效益和管理者要达到的成本最小化的总体目标。

3. 保障设施设备"安全、可靠、经济、合理"运行

（1）安全：设施设备运行状态参数应符合设计要求，在安全界线参数以内的适当范围，按照安全技术规程操作，避免发生危险的事故。

（2）可靠：设施设备的运行操作、保养、维修按有关规定规程实施，其内容和质量达到相应的标准，保证设备无故障可靠运行。

（3）经济：设施设备在运行方式上的管理和调节，在不同的使用要求、季节变化、外界条件等因素下，确定比较经济的运行方式，在管理措施上给予保证，在具体运行中给予适当调节。

（4）合理：要保证设备在具体运行操作规程或程序上的合理性，在运行过程中状态参数的合理性，在不同情况和条件下运行管理的合理性。

4. 延长设施设备自然寿命，实现设备资产保值

随着设施设备的使用时间不断增长，磨损不断增加，部件不断老化，工作效率不断降低，但通过科学合理地组织实施设施设备的综合管理，使设施设备的自然寿命得以延长。当设施设备的自然寿命超过了折旧年限，但又在其技术寿命和自然寿命年限之内时，可认定为设备资产实现了保值。

3.2 物业设施设备的运维管理

3.2.1 物业设施设备的运维管理概述

随着经济、科技及人类文化生活水平的不断提高，建筑物的用途、结构、材料、人与建筑物的融合等正在不断地发展，建筑设施设备作为建筑物不可分割的组成部分，除了传统的供电、给水排水、照明、通风、空调、电梯之外，数字通信、信息交互、多媒体、自动化、节能、智慧安防、物联网等新应用新设施设备更是呈爆发式增长。

1. 物业设施设备运维的主要内容与要求

（1）分工

物业管理项目一般设置工程部具体负责设施设备的运维，下设强电班、弱电班、暖通班等班组，各班组又按照不同岗位、不同班次分工运维不同的设备，重要设备常见单班次多人协同。

岗位分工应充分体现设备对技术技能的不同要求，做到技能匹配、责任明确、严禁不具备相应技能、资质的人员擅自运维非本职岗位的设施设备。岗位分工责任人应实行岗前针对性培训、合格后方可上岗。岗位责任人应严格按照设施设备技术资料、运维手册、运行规程规定的操作方法、步骤启停调节设备，达到和保持期望的设备运维状态并做好记录。

（2）交接班

设备设施运维岗位不同的班次实行交接班制度，交接内容主要包括运维要求、任务、设备状态、安全状况、工具、记录等的移交，交接班意味着设施设备运维职责的转移。

（3）初始化、标准化

设施设备的初始化、标准化要求可概括为"人、机、料、法、环"五个方面，即责任人已掌握与设备相对应的知识、技能、信息、方法等；设备能够在符合运维要求（参数指标）下连续稳定运行；设施设备运维所需的水、电、气及其他材料满足设备标明的技术要求;《岗位职责》、《设备设施运维维护操作规程》（以下简称《规程》)、《质量记录》、设备状态标识、检验标识、安全设施等齐全；机房环境运行满足5S、定置管理、可视化管理等的要求。

设备与机房的初始化、标准化并不是一次性的任务，除了每天的保持，在设施设备全生命周期内应根据不同的阶段、不同的目标及时更新改进。

（4）24h值守与定时巡检

对运维中的设备，按规定对3.5万伏特及以上的电力设备、承压锅炉和容器、消防监控中心、智能化中央控制中心或其他物业服务合同有特殊约定的设备采取全年24h值守的运维管理模式。

其他设备在运维中一般采用定时巡检的运维管理模式。对于使用频次低或一段时间未投入运行的设备，仍需进行巡检，但巡检频次可以酌情降低。

（5）预防性维护

预防性维护是物业设备设施运维不可缺少的组成部分。预防性维护制度建立在设施设备全生命周期管理理论基础之上，期望以合理的人、财、物投入达到设备全生命周期整体经济性最优化，而不追求在某个时间段维护成本最低。

物业设施设备运维一般将预防性维护分为日保养、周保养、月度保养、季度保养、年度计划保养等，不同的保养周期和保养内容。其中日、周、月、季保养一般纳入设施设备运维的内容，而年度计划性保养包含了对设备进行针对性维修的内容，根据相应的修理程度、费用多少对应小修、中修、大修的分类。

（6）线上运行与线上管理

物业设施设备线上运维，指建立在工业自动化、楼宇自动化、互联网、物联网、移动终端以及新应用软件等不断投入商业化应用的运维技术。从物业设施设备运维的角度观察，所谓线上运维主要表现为以下四个新状况：

1）人员在线上：改变了人在设备旁的场景；

2）数据在线上：改变了传统运维数据在仪表上、在表格上的场景；

3）操作在线上：改变了操作在设备旁的场景；

4）管理在线上：管理人员对设施运维操作保养的质量监管在线上。

基于互联网的社会公共基础设施越来越成为物业管理项目不可或缺的外延设施。公共基础设施与物业设备设施运维的交集也越来越广泛，常见的公共基础设施有固话网、移动通信网、智能快递站、共享单车、新能源充电站、智能停车场（库）等，常见运维模式是由专业运营商独立运维或与物业公司合作运维。

2. 物业设施设备运维的管理

（1）物业设施设备运维的质量管理

物业服务企业普遍贯彻国际标准化组织（英文缩写 ISO）ISO9001 质量管理体系标准对设施设备运维开展质量管理，俗称贯标。一般物业服务企业的工程部《岗位职责》会详细规定各岗位全面质量管理的要求。

（2）物业设施设备运维的安全管理

物业服务企业应根据管理区域的规模大小，配备具备专业安全知识和资质的专职人员或指定其他具体的安全管理责任人，组织力量采取定期或巡逻方式对设施设备进行安全检查，一旦发现"人、机、料、法、环"的不安全因素应立即停止运维并责令整改。

国家对特种设备实行严格的强制检验制度，物业服务企业及从业人员必须严格遵守国家相关法律法规，按规定周期申报执行各类特种设备强制检验，检验不合格或有效期过期的特种设备严禁运维。国家对特种作业人员实行严格的职业资格准入制度，设备操作人员应持有有效的相关资格证书，其资格证书副本复印件应张贴在设备场所。

设备操作人员在运维设备之前，应按《规程》要求进行安全自检，发现异常报告上级并改正，异常未全部消除之前不得擅自运维。

（3）物业设施设备运维的资料管理

物业设施设备运维资料包括运维手册、相关标准及规定、技术档案等。

《设备设施运维手册》的主要内容包括但不限于组织设置、岗位职责、运维规程、技术档案管理办法以及相关的记录格式等。运维手册制定的内容必须充分反映相关建筑、设备设施的技术特征并保持一致，同时必须满足有关法律、法规、标准、物业服务企业质量管理体系的要求。

相关各种标准及规定包括国家标准、行业标准、地方标准、团体标准和企业标准。国家标准分为强制性标准、推荐性标准。强制性标准必须执行，国家鼓励采用推荐性的行业标准或是地方标准。

技术档案包括但不限于各类竣工图纸、竣工验收报告、环评验收报告、消防验收报告、特种设备检验报告、设备随机资料等，档案资料不仅限于纸质，也包括数字文件、软件、数据等。

（4）物业设施设备运维的应急预案与演练

设备故障停机是设施设备运维管理实践中力求避免的。故障停机对经营业务或设备本身、人身、环境造成重大损失的称为设备运行事故。通过有效的预防性维护可以减少甚至消除设备故障停机。

设备发生故障停机时，有备用设备的应立即启用备用设备满足服务需求，如双电源、不间断电源、备用机组、备用泵、旁路联通阀等；没有备用设备的应立即报告上级做好其他应急补救措施。无论有无备用设备均应立即组织抢修，有备用的及时恢复至常用常备工作状态，无备用的力求将停机影响降至最低，事后应进行总结在设备运行中予以改进和提高。

故障停机将产生重大影响的设备设施，应制定应急预案并落实年度演练不少于一次。设施设备运维应急预案主要围绕三个方面来制定，一是风险控制，即将故障停机可能产生的环境、健康、安全（Environment，Health，Safety，EHS）风险以及对客户业务造成的影响降至最小，常见如电梯解困、应急通风、临时电源、应急排水、暂停污水排放等；二是启动替代运维方案，常见如设备冗余、双电源切换、负荷调度等；三是及时通报设备故障情况及排故进展信息，有助于客户在业务范围内作出相应的调整，也有助于物业其他部门应该采取相应的服务弥补措施。

（5）年度预防性维护计划和执行

年度预防性维护计划由工程部经理负责制定并报物业项目经理审批。工程部经理对计划执行事前、事中、事后全面负责，并有权根据设备设施使用情况对年初制定的时间表作出必要的调整，但无权决定不执行年度预防性维护计划的内容。

（6）能源计划与节能

节能减排是我国的一项长期国策，主要依据《中华人民共和国节约能源法》以及各地方政府颁布的《节能条例》实施。

物业常见的节能管理工作有：

1）能耗统计分析，判断有无异常情况以及是否符合年初制定的年度节能计划；

2）供电管理；

3）供水管理；

4）节能宣传；

5）淘汰高能耗设备，尤其是国家淘汰目录规定的落后产品；

6）设备节能技术改造，比如变频、LED、太阳能、雨水中水处理回收、空调热回收等技术改造。

3.2.2　强电系统的运维

物业管理所谓强电系统主要包括35/10kV变电所及变配电设备、10kV高压输电线路、低压配电柜及输电线路（380V）、其他低压柜组成。

1. 电力供应

国家电网公司负责华北、华中、华东、东北、西北地区的电力配送，南方电网公司负责广东、广西、云南、海南、贵州五省的电力配送，两家公司约占全国县级以上售电量的68.5%，其余部分由其他区域性电网公司供应。各属地营业厅是电网公司受理用电额度申请、签订供电合同、承接技术咨询、应急维修、电费结算及票据等的一站式服务窗口。

电网公司同时还依法实施对电力用户高压设备的强制安全检测，规定35kV每年试验检测一次，10kV每三年试验检测一次，试验不合格的停止供电；用户需遵守电网公司关于高压变配电运维的行业管理要求，其发布的各项要求属于行业规范且强制执行。

客户自备应急发电设备的，需向电网公司申请报批，倒闸切换设备需经其检验合格方可投入使用，以防电力倒送危及电网安全。

电网公司与用户的管理责任分界点是高压电缆进户端，高压互感器、功率因数表涉及电费计量与计算，亦由电力公司负责维修、校准。

物业工程经理、电气主管应了解所管理项目属地电网营业厅地址和95598服务热线电话的使用，熟悉电网业务咨询的流程；对属地电网设施也需有所了解，以便一旦电网故障影响所管理项目时，做到沟通有效、判断准确、应对得当。

物业工程经理、电气主管应监管功率因数、契约用电负荷 MD 等与电费支付、供电能力相关的运行参数，提出相应调整方案经批准后实施。

2. 供电电压等级

电网公司在远距离输送电力中，为了提高单位直径导线的输送能力同时减少线损都采用高压、超高压、特高压线路输送，距离越远、容量越大其采用的输送电压越高，但最后提供给用户的电压等级一般为 35kV/10kV 两种（低压小容量供电与物业管理无关不作讨论）。

35kV 电压进入用电区域的，物业变电所先将 35kV 降压到 10kV 后分配到内部不同的用电区域，每个区域再从 10kV 降压到 380V 就近供电，同理也是为了提高单位直径导线的输送能力同时减少线损。

3. 供电负荷等级

一级负荷：供电中断将造成生命损失、社会秩序严重混乱或造成国民经济重大损失。一级负荷由两个独立电源供电，一般同时配备柴油发电机组，以降低全部中断的几率。航运枢纽（机场、轨道交通等）、重要政府及事业机关（海关、税务、电视台等）、各类信息中心和重大科研设施等物业项目属于一级负荷等级。

二级负荷：供电中断将造成用户生产经营中断，社会秩序混乱或造成用户重大经济损失。二级负荷一般由两个非独立电源供电。商业物业项目普遍属于二级负荷等级。

三级负荷：除一级、二级负荷以外的用电负荷，一般采用单路非独立电源供电。居住物业项目属于三级负荷等级。

4. 变电所建筑及设施的运维

用户变电所建筑一般由高压室、变压器室、低压室、值班控制室组成，各室之间有隔墙或楼板隔开，防火门为甲级或乙级（具体依据消防设计规范），丙级防火门仅限于变电所通向户外时采用，变电所防火门应保持完好并常闭。变电所的常规建筑维护参见建筑物运维。

变电所须同时配备接地、避雷、通风、照明、防水侵、防动物等设施并保持完好。

变电所的消防器材主要以二氧化碳、七氟丙烷、干粉等手提灭火器、气瓶为主，也可以采用自动气体 / 细水雾灭火设备，采用自动灭火系统的变电所常见于选用了较多油浸式高压设备或有特殊消防要求的场合。变电所的消防器材应保持齐全、完好，并放置在指定的位置。

5. 变配电设备的运维

变配电系统的日常运行内容包括 24h 值守与定时巡检、交接班、应急处置演练等，其中 24h 值守适用于 35kV 系统，定时巡检（每小时巡检一次）适用于 10kV 系统，无论是 35kV 还是 10kV 系统均需执行交接班。

变配电系统的运行状态包括正常运行、倒闸操作、停电维护三种状态，其中倒闸操作是最关键的部分，违规操作容易导致严重的生命、财产损失。

需要高压电工持证上岗，并熟悉所运维变配电成套设备的组成、功能、工作原理及结构等，变配电系统包括（以具体物业项目为准仅供参考）：

（1）高压闸刀，用于电网与用户高压母线之间的闭合/分断，惰性气体消弧，禁止带负荷操作，没有跳闸保护功能；

（2）高压接地刀，其中母线侧接地刀当用户系统维护时使用，电网侧接地刀由电网公司专用；

（3）高压隔离开关，用于电网与用户高压母线之间的闭合和分断，禁止带负荷操作，没有跳闸保护功能；

（4）高压少油断路器，用于电网与用户高压母线之间的闭合、分断和保护；

（5）低压空气断路器，用于380V输出与用户低压集成母线槽（或电缆）之间的闭合、分断和保护；

（6）继电器保护电路，用于缺相、欠压、过流、中性线电流、变压器超温、安全锁等的控制和自动保护；

（7）电压/电流互感器，用于将强电压U、电流I信号按比例转换成弱电压U、电流I信号，供给控制、计量、显示等使用；

（8）过电压保护器（避雷器），用于保护电气设备免受高瞬态过电压危害；

（9）高、低压母线排、集成母线槽、电缆及接线柱，常见材料紫铜；

（10）高压绝缘子，用于高压母线布线的绝缘，常用材料陶瓷；

（11）变压器，分为湿式（油浸）和干式，目前以干式居多；

（12）交、直流屏（EPS），用于控制交、直流电源（含逆变和电瓶储电）的运行；

（13）各类电气柜，分为高压柜和低压柜两大类，见表3-1。

每一个柜均有唯一的符号及编码，简单举例如AL-01-05代表1栋5号照明柜。

电气柜分类符号　　　　　　　　　　　　　　　　　　表3-1

高压		低压	
符号	类别	符号	类别
AH	高压开关柜	AP	低压配电柜
AM	高压计量柜	AL	低压照明柜
AA	高压配电柜	APE	应急配电柜
AJ	高压电容柜	ALE	应急照明柜
		AF	低压负荷柜
		ACP	低压电容柜

倒闸操作应严格遵守《倒闸操作流程》和每次具体操作的《倒闸操作票》进行，操作人员必须持证上岗，并定期参加职业再教育（复证）；操作人员变动时必须应反复模拟演练熟练后方可担负实际操作任务；操作人员分工为操作人、监护人，其中监护人不仅是倒闸操作的操作人员，而且承担倒闸过程中发令、观察有无异常情况、发布应急指令等职责，宜挑选经验更丰富的高压电工来担任（表3-2、表3-3）。

倒闸操作流程 表3-2

序号	操作顺序	内容	要求
1	操作前	下达任务	形成书面任务和安全措施，明确无歧义
2		填票	核对模拟显示屏与运行状态一致，填写《倒闸操作票》
3			每票只填写一项任务
4			每项只填写一个步骤
5		审票	经监护人初审/领班复审《倒闸操作票》无误
6			物业强电主管、工程经理批准
7		模拟预演	根据《倒闸操作票》模拟，操作员、监护人均理解无误
8			监护人和操作人在《倒闸操作票》上签字，领受任务
9		通知	提前15min汇报物业经理
10			提前15min告知中控室当值保安
11			提前15min告知相关用电部门低压值班电工做好断电准备
12		正式发令	确认已完成以上步骤并得到认可
13			发布倒闸操作命令，不得提前于预定时间
14	操作中	唱票与复诵	监护人按《倒闸操作票》顺序逐条唱票发令
15			操作人复诵监护人指令，不触及设备预演一次
16			监护人确认操作人复诵及预演无误，下达允许实际操作命令
17		操作过程	操作人收到实际操作指令，实际操作
18			监护人密切观察设备状况，发现异常随时发布中止指令
			操作失败退回；确认操作无误，无其他异常后重复上一步骤
19		检查并记录	确认每步操作表计指示正常
20			确认每步操作信号显示正常
21			确认每步操作设备实际位置正常
22			确认每步操作正确执行完成，在《倒闸操作票》相应条文前打"√"
23		调整模拟显示屏	在监护人监督下，按调整模拟显示屏使之与倒闸后一致
24			在操作票上"模拟图已调整"栏中打"√"记号
25		完成操作	操作完毕后，由监护人在《倒闸操作票》上盖"已执行"章
26			报告物业经理及中控室倒闸作业已完成，情况正常
27			通知用电部门倒闸作业已完成

续表

序号	操作顺序	内容	要求
28	操作后	用电部门	恢复用电设备运行
29			观察用电设备运行情况
30			确认用电设备运行情况正常
31		归档记录	《倒闸操作票》编号交由工程部内勤归档
32			在值班记录中登录操作票号、任务、开始和结束时间

倒闸操作票 表3-3

编号：_____　　　　　　　　　执行日期：　　　年　　月　　日

出票人：　　　　　　　　　　　　　　　　审票人：

操作开始时间：　　时　　分　　　　　操作结束时间：　　时　　分

操作任务：柴发并网调试操作（断开两路主变 10kV 进线开关，柴发并网）

	操作任务	说明
1	拉开 1 号主变 10kV 进线开关	听调度命令
	检查 1 号主变 10kV 进线开关在拉开位置	拉 Z1 开关
	拉开 2 号主变 10kV 进线开关	听调度命令
	检查 2 号主变 10kV 进线开关在拉开位置	拉 Z2 开关
	拉开 1 号主变 10kV 车式闸刀	
	检查 1 号主变 10kV 车式闸刀在拉开位置	
	拉开 2 号主变 10kV 车式闸刀	
	检查 2 号主变 10kV 车式闸刀在拉开位置	
	检查 10kV 1 号配电站开关跳闸	S1 开关跳闸
	检查 10kV 2 号配电站开关跳闸	S2 开关跳闸
	检查 1 号配电站市电进线开关跳闸	S3 开关跳闸
	检查 2 号配电站市电进线开关跳闸	S4 开关跳闸
	检查 K1 配变 10kV 开关跳闸	K1 开关跳闸
	检查 K2 配变 10kV 开关跳闸	K2 开关跳闸
	检查 K3 配变 10kV 开关跳闸	K3 开关跳闸
	检查 K4 配变 10kV 开关跳闸	K4 开关跳闸
	检查 U1 配变 10kV 开关跳闸	U1 开关跳闸
	检查 U2 配变 10kV 开关跳闸	U2 开关跳闸
	检查 U3 配变 10kV 开关跳闸	U3 开关跳闸
	检查 U4 配变 10kV 开关跳闸	U4 开关跳闸
	检查 U5 配变 10kV 开关跳闸	U5 开关跳闸
	检查 U6 配变 10kV 开关跳闸	U6 开关跳闸
	检查 U7 配变 10kV 开关跳闸	U7 开关跳闸

续表

出票人： 　　　　　　　　　　　　　　　　　　　审票人：

操作开始时间：　　时　　分　　　　操作结束时间：　　时　　分

操作任务：柴发并网调试操作（断开两路主变 10kV 进线开关，柴发并网）

操作任务	说明
检查 U8 配变 10kV 开关跳闸	U8 开关跳闸
柴油发电机全部启动	
柴油发电机 10kV 输出开关（G3，G4）自动合闸	在柴油机房内
检查 1 号柴油发电机 10kV 进线开关（G1）自动合闸	G1 开关合闸
检查 2 号柴油发电机 10kV 进线开关（G2）自动合闸	G2 开关合闸
检查 10kV U1TR 配变开关自动合闸	U1 开关合闸
检查 10kV U2TR 配变开关自动合闸	U2 开关合闸
检查 10kV U3TR 配变开关自动合闸	U3 开关合闸
检查 10kV U4TR 配变开关自动合闸	U4 开关合闸
检查 10kV U5TR 配变开关自动合闸	U5 开关合闸
检查 10kV U6TR 配变开关自动合闸	U6 开关合闸
检查 10kV U7TR 配变开关自动合闸	U7 开关合闸
检查 10kV U8TR 配变开关自动合闸	U8 开关合闸
检查 10kV K1TR 配变开关自动合闸	K1 开关合闸
检查 10kV K2TR 配变开关自动合闸	K2 开关合闸
检查 10kV K3TR 配变开关自动合闸	K3 开关合闸
检查 10kV K4TR 配变开关自动合闸	K4 开关合闸
检查 10kV 输出变压器启动，运行参数情况	
检查 400V 负载运行情况	
手动拉开 10kV 1TR~10TR 配变开关	听调度命令
检查 10kV 1TR~10TR 配变开关在拉开位置	听调度命令
拉开 1 号配电站市电进线车式闸刀	听调度命令
检查 1 号配电站市电进线车式闸刀在拉开位置	听调度命令
拉开 2 号配电站市电进线车式闸刀	听调度命令
检查 2 号配电站市电进线车式闸刀在拉开位置	听调度命令
1TR~10TR 变压器失电后，手动依次拉开 1TR~10TR 配变负载开关（先拉分路电容—再拉电容主柜进线开关—再拉分路负载开关—最后拉开配变 400V 总开关）	由分站主管人员执行操作（操作完毕报调度）

工程经理：　　　　　　　　　　发令时间：　　时　　分

接令人：　　　　　　　　　操作人：　　　　　　监护人：

安全、稳定运行是变配电系统日常运行的首要任务，概括为"五防""五异""五勤"。

（1）五防：防止连锁机构按钮试验状态时断路器合闸；防止接地刀合闸时断路器合闸；防止开关柜后门打开时断路器合闸；防止断路器合闸时接地刀合闸；防止断路器合闸运行中断路器与母线接合器松动。

（2）五异：异常数据、异常电火花、异常发热、异常气味、异常声响。

（3）五勤：脑勤、眼勤、耳勤、鼻勤、笔勤。

变配电系统的应急处置预案主要包括以下预案，相关作业人员应考试通过应急预案年度培训，参加年度应急演练各项预案均不少于一次，方能做到遇事不乱及时冷静处置：《电网停电应急处置预案》《开关跳闸应急处置预案》《变压器超温及负荷序列应急处置预案》《水侵应急处置预案》《小动物入侵应急处置预案》《火灾应急处置预案》《触电事故应急处置预案》等。

6. 变配电系统的应急维修与计划维护

变配电系统除机房清洁和发现、实施应急维修外，其他维护均安排在计划维护停电时间内开展；应急维修在确认系统安全的前提下，可以安排在用电影响最小的时间段实施，还应抓住停电时间窗口，合并解决其他隐患。

变配电系统的计划维护主要包括：

（1）高压电气试验施工，含联锁保护试验、高压柜、高压母线其他检修、紧固、清洁（一般实施人为专业第三方）。

（2）低压配电柜、柜内母线、集成母线槽连接器（电缆接头）的检修、紧固、清洁。时间安排一般与高压电试验同步，也可以分路单列计划（实施人：强电班）。物业强电班在执行低压配电柜、低压母线执行计划维护时，应由专人负责工具的施工前后清点、数量应一致，防止工具遗忘配电柜内造成短路事故。

（3）其他低压柜的检修、紧固、清洁分散在日常巡视中实施（实施人：值班电工）。

3.2.3　升降系统的运维

楼宇升降系统属于特种设备，主要由客/货电梯（含自动扶梯）、液压升降机、擦窗机组成，其中客/货梯承担楼宇内人员/货物的垂直运输；液压升降机用于高度3m以上的物业登高作业；擦窗机（由屋顶水平导轨、行车及垂直吊篮组成）用于物业外墙清洗作业。

物业人员在使用液压升降机时，登高人员与地面安全监护人员必须考试通过《液压升降机操作使用维护规程》和安全培训；登高人员必须佩戴安全帽、保险带；地面必须配备监护人员并佩戴安全帽。

物业人员在使用擦窗机时，所有作业人员必须持有有效的特种作业操作证（类别：登高架设作业）；必须考试通过《擦窗机操作使用维护规程》和安全培训；吊篮作业人员和行车操作人员必须佩戴安全帽、保险带；地面必须配备监护人员并佩戴安全帽，地面监护人员负责吊篮防风绳索的操作。

下面以电梯为例介绍楼宇升降系统的运维，详见表3-4。

常用升降设备的运维（电梯） 表3-4

序号	操作顺序	内容	要求
1			配备了电梯安全管理员，证书有效并张贴在机房显著位置
2			《特种设备使用标志》有效并张贴在轿厢面板上方
3			轿厢内电梯安全指南和警示标志齐全清晰
4			维保单位和报修、应急、投诉电话有效并张贴在轿厢显著位置
5		合规自查	《电梯运维规程》张贴在机房显著位置
6			制定了《电梯应急救援预案》
7			实施了年度应急救援演习
8			机房钥匙、三角钥匙、手操钥匙由电梯管理员保管齐全
9			制定了年度维护、检验计划
10			机房建筑完好不渗漏，照明充足
11			环境干净整洁无杂物，尤其是无易燃易爆物品
12			机房空调完好
13			温、湿度计完好，温度5~30℃，相对湿度45%~75%
14	启动前	曳引机房	消防器材齐全并完好，消防电话完好
15			紧急手动操作装置完好并定置在指定位置
16			三方通话完好
17			应急照明正常
18			电源380V±10%完好
19			《特种设备使用注册登记表》（长期保存）
20			设备及其零部件，安全保护装置的产品技术文件（长期保存）
21		技术档案	安装、改造、重大维修的有关资料、报告（长期保存）
22			定期法定检验二年内报告
23			日常检查与使用维保记录、年度自检记录、演习二年内记录
24			设备完整无松动，电控完整无受潮
25		曳引机	机械部位活动部位正常，润滑正常
26			钢索无断股开叉，毛刺和磨损在允许范围内，油脂浸润均匀
27			第三方维保记录完整，情况正常
28			轿厢照明完好
29		轿厢	轿厢换气扇完好
30			轿厢三方通话完好

续表

序号	操作顺序	内容	要求
31	启动时	曳引机	电气控制箱冷却风扇、电机冷却风扇正常
32			曳引机启动、加速、减速平稳，无其他异常振动及声响、气味
33			无其他异常电气故障警示
34		层站	层站显示齐全、召唤按钮外观完好有效
35			层门地坎清洁、关门平稳无卡顿、擦碰、异响等
36			轿厢地坎至层门地坎最大距离 <35mm
37			安全触板、光幕功能有效
38			轿厢平层精度符合标准（0~3mm）
39		轿厢	轿厢按钮外观完好有效，手动操作控制盒锁闭
40			轿厢运动平稳无异响，超载保护可靠、蜂鸣器声响清晰
41	运行中	应急维修	拉下故障电梯的电源并挂"禁止合闸"标牌
42			梯门关不上故障应在现场放好围栏
43			通知维保单位，告知电梯故障现象
44			电梯急修人员到来后做好配合工作，检查安全措施
45			确认修复，确认运行正常
46			在《电梯急修服务单》上签字
47			在《值班日志》上做好报修及修复时间的记录
48			电气主管审核本次《电梯急修服务单》交工程部内勤归档
49		电梯关人	按《电梯关人应急处置预案》进行处置，解困时间≤15min
50		井道水侵	按《大楼漏水应急处置预案》进行处置
51		火灾报警	见消防系统运行管理
52	停机中	预防维护	委托专业单位维保
53			维保作业安全保护措施（参考应急维修）

3.2.4　空调系统的运维

空调系统的形式各式各样，这里主要讨论办公物业中央空调（含数据机房精密空调）和VRV空调，其中中央空调系统主要包括冷热源、冷热源的输送及分配、空气处理、空气的输送及分配、系统控制五大功能模块。

中央空调冷热源的运维分为天然源和人工源两大类。

1. 中央空调天然源的运维

天然源的来源比较少，这方面的主要应用是在计算机房空调尤其是大型数据机房空调方面，因计算机房全年都需要基载冷源，那么在合适的气温条件下，大气、地表水、地下水、人工湖等均可以成为天然冷源，常见采用气–气（计算机房空气–大气）换热、气－水－水（计算机房空气－冷媒水－水源）换热、气－水－水－气（计算机房空气－冷媒水－冷却水－大气）换热、全新风通风四种直接应用天然冷源的方式。计算机房精密空调无论是水冷式还是风冷式则均属于人工源，在基载之上起到精密调节机房温、湿度的作用。

其中，计算机房空气－冷媒水－冷却水－大气换热方式兼顾了天然源、人工源的设备兼用，此时热交换器是承担冷媒水／冷却水之间换热的关键设备；冷却塔是承担冷却水／大气之间的换热的关键设备。冷却塔、热交换器种类繁多，下面以最常见的开式冷却塔、板式热交换器为例介绍其运维，这两类设备广泛应用在所有空气调节系统中，详见表3-5、表3-6。

常用空调设备的运维（冷却塔组）　　　　　　　　　　　　　　表3-5

序号	操作顺序	内容	要求
1	启动前	周围环境	四面通风良好无异物堆放，地面排水畅通无积水
2		集水池	水位注满至溢流管，无泄漏，水质无污染尤其是油脂污染
			池底无垃圾水面无漂浮物
3		散水槽	无垃圾
			相邻分隔板齐全、检查门关闭，确保形成 π 形通风
4		进出水阀	阀门开关灵活密封良好，全部位于开启状态
5		电源	380V±10%，电气控制接线柱牢固无氧化，接地线完好
6		风机	电机、变速箱无破损无松动无漏油
7			皮带张紧力适度、风叶完整无锈蚀
8	启动时	循环水泵	无异响、异味和异常振动，启动电流正常
9		风机	无异响、异味和异常振动，启动电流正常
10		布水器	无异响和振动，喷淋嘴全通布水均匀
11		集水池	水面下降在规定范围之内，具体见冷却塔说明书
12		浮球阀	浮球灵活，正常自动补水
13		散水槽	百叶挡板完整，无异常飞溅
14	运行中	电流	循环泵、风机电流低于额定值
15		浮球阀	浮球灵活，正常自动补水
16		进出水温差	≥5℃，最高进出水温度参见冷水机组技术要求
17	停机中	冷水机组	确认冷水机组关闭后，方可关闭冷却塔
18		冷却塔	自动补水至正常水位、停机关闭进出水阀，无其他异常
19		每日维护	检查系统完整性、检查有无松动、泄漏及时修复
20		每周维护	视情况排污，排污后补水齐平，添加藻类抑制剂、消泡剂等
21		每月维护	清洗 Y 形过滤器，排污；金属件防腐油漆

续表

序号	操作顺序	内容	要求
22	停机中	每季维护	电气控制箱季度维修，视情况更换零部件
			使用除垢剂循环清洗，洗后排空漂洗
			冰冻季节放空集水池，做好补水管防冻措施
23		年度维护	更换老化填料，电机、变速箱添加润滑油、润滑脂
			金属件烤铲油漆，其他老化件更换
			电机绝缘电阻符合等级、接地线检查更换等

常用空调设备的运维（板式热交换器）　　　　　表3-6

序号	操作顺序	内容	要求
1	启动前	周围环境	四面无异物尤其化学品堆放，地面排水畅通无积水
2		外观	导轨、压紧螺母完好无锈蚀无松动
			进出水压力表、温度表齐全显示正常
			换热片间隙密封完好，无泄漏
3		介质（水）	水处理有效去除氯离子、无油脂等污染
4		进出水阀	阀门开关灵活密封良好，全部位于开启状态
5		前置过滤	20 < 推荐目数 <40 且已清洗排污
6	启动时	工作压力 P	符合板换铭牌压力范围
7		工作温度 T	符合板换铭牌温度范围
8		流阻	推荐 $\Delta P < 0.5$kPa 作为控制标准，超过建议提前维保清洗
9		进出温差	一般 $5℃<\Delta t<8℃$，过大过小不利于循环水泵良好运行（节能）
10		介质流速 W	平稳无振动，否则应立即停机
11	运行中	外观	无异常
12		工作压力 P	无异常
13		工作温度 T	无异常
14	停机中	每日维护	检查系统完整性、检查有无松动、密封问题及时报告
15		每周维护	保持外观干净无积灰
16		每月维护	清洗 Y 形过滤器，排污
17		年度维护	一般每 2 年拆洗一次，使用高压水枪冲洗换热片，不得硬刮擦
			检查双层橡胶密封圈，丙酮清洗密封圈槽，老化的予以更换
			检查换热片，有泄漏的修补磨光，无法修复或严重变形的更换

2. 中央空调人工源的运维

中央空调人工冷热源主要包括各类制冷机组、热泵和锅炉。

制冷机组按制冷原理分为气体机械压缩 / 吸收式，其中机械压缩式常用活塞 / 螺杆 / 离心式压缩机；按电动机又分为三相交流 380V、10000V 和交、直流变频驱动；按散热方式分为风冷式、水冷式。其中，离心式压缩机冷水机以大冷吨和高能效、多机头螺杆式压缩机冷水机组以冷量调节灵活、结构简单可靠性高等特点，越来越成为商务办公楼宇空调主机高低、主副的常用节能配置，此种配置下，离心机承担基载负荷、螺杆机承担峰谷负荷，两者组合使用应对不同的负荷。

热泵机组是一种冷热两用的人工源，主要建立在可转换电子膨胀四通阀的技术发明之上。当热泵机组运行在制冷工况时和普通冷水机组无异；当热泵机组运行在制热工况时，其制冷循环通过四通阀将设备的蒸发器转换为冷凝器，冷凝器（原蒸发器）释放的热即空调热源。热泵机组由于其冷热两用特点，是一种节约投资的空调设备，但其缺点是容易受极端寒冷气候影响供热不稳定，因此我国北方地区较少采用。

供热锅炉按介质分为蒸汽锅炉、热水锅炉或热传导油介质锅炉等；按压力等级分为承压锅炉、常压锅炉；按能源类别又分为燃煤锅炉、燃气锅炉、燃油锅炉、燃气 / 燃油两用锅炉或电加热锅炉等。采用燃油、燃气吸收式冷水机组的场合，当其高压发生器用于供热时，相当于充当一台燃油、燃气热水锅炉，只是传热介质是溴化锂溶液而不是水。综合考虑环保、安全、成本、能源供应等各种因素，常压燃气 / 燃油两用热水锅炉最为常用。

下面以离心压缩机式冷水机组、常压燃气燃油两用热水锅炉为例，介绍中央空调人工源的运维，详见表 3-7、表 3-8。

常用空调设备的运维（离心压缩机冷水机组）　　　　　　　　　　　　　表 3-7

序号	操作顺序	内容	要求
1		外观	各类保温完好无空鼓破损；压力表温度计显示正常
2		电源	电源箱完好，380V ± 10%，备用电源完好（如有）
3		电控箱	视觉观察各项完好，无受潮受损、松动等情况
4		进出水阀	阀门、水流方向标识完好、阀门全部打开位置
5		压差	冷凝器、蒸发器端盖密封好无锈蚀，进出水压差 <0.05MPa
6		冷却塔	启动冷却塔，运行正常，参见冷却塔运维
7		空调末端	已开启运行正常
8	启动前	冷却泵	启动循环泵电流范围正常无异响进压 >0.5MPa，ΔP >0.2MPa
9		冷媒泵	定压自动补水箱运行正常，乙二醇定量泵运行正常
10			启动循环泵电流范围正常无异响进压 >0.4MPa，ΔP >0.2MPa
11		二次循环	二次循环泵、换热器运行正常（如有），参见板式换热器
12		润滑油	油标到位，油色浅清澈不浑浊
13		滑油温度	滑油电加热正常，油温上升至 50℃以上
14		油冷却装置	油冷却装置待机正常
15		排气装置	开启不凝气体排气装置排气一次，排气结束后自动待机

续表

序号	操作顺序	内容	要求
16	启动前	电气控制	屏幕显示正常，按钮接触好，自动状态无报警提示
17	启动前	出水温度 T1	不同季节设置范围 7~11℃，具体听从工程经理安排
18	启动前	BA 系统	BA 系统运行正常，计算机通信正常
19	启动时	启动电流	启动电流正常
20	启动时	声音	启动平稳无喘震，整个机组无异响
21	启动时	电气控制	无报警
22	启动时	滑油温升	温升速度正常，否则立即停机
23	启动时	油冷却装置	滑油冷却装置工作正常，油温 ≤ 70℃
24	启动时	电气控制	电控箱散热风扇运行正常
25	运行中	冷媒水进温度	$T1+\Delta T1$
26	运行中	冷媒水出温度	符合设置参数 $T1$，无法满足其他机组并网运行
27	运行中	冷媒水温差	缓慢变化直至稳定，$\Delta T1 \geqslant 5$℃
28	运行中	冷却水进温度	$T2$ 不同季节 25~32℃
29	运行中	冷却水出温度	$T2+\Delta T2$
30	运行中	冷却水温差	$\Delta T2 \geqslant 7$℃
31	运行中	冷凝压力	正常范围 0.4~0.61kPa
32	运行中	冷凝压力	检查不凝气体排气装置是否自动运行，否则排查故障
33	运行中	冷凝压力	检查冷却水温度是否偏高，是否自动或手动切换到全部运行
34	运行中	冷凝压力	检查冷却塔运行是否正常，详见冷却塔运维
35	运行中	冷凝压力	处理冷却水流量故障，如循环泵、管道排气阀、补水浮球等
36	运行中	负载调节	吸气导叶开度范围 15%~100%，蒸发压力 0.13~0.78kPa
37	运行中	负载调节	检查吸气导叶开度动作是否灵活
38	运行中	负载调节	导叶开度低于 25% 停机启用小机组；100% 并联机组投入运行
39	运行中	负载调节	处理冷媒水流量故障，如循环泵、管道排气阀、补水箱等
40	停机中	每日维护	检查急停开关联锁，按下状态机组无法启动
40	停机中	每日维护	清洁机组表面及保温层，擦拭干净无灰尘和凝结水
40	停机中	每日维护	清洁空调机房地面无积灰、排水畅通无积水
41	停机中	每周维护	检查调整乙二醇自动定量泵（如有）乙二醇药液量并补充
41	停机中	每周维护	冷凝器、蒸发器水室各排污一次
41	停机中	每周维护	清洁电控箱冷却风扇滤网，检查紧固接线、电源接线
42	停机中	每周维护	所有冷水机组交替投运，保障各台设备运行台数基本均衡
43	停机中	其他预防性维护	推荐由专业单位维护，尤其推荐由机组制造厂家维护

注：表中参数因设备及应用系统不同将存在差异，仅供参考。

常用空调设备的运维（常压燃气燃油两用热水锅炉）　　　　　表 3-8

序号	操作顺序	内容	要求
1	启动前	合规自查	锅炉法定年检合格并位于有效期之内
2			《特种设备使用标志》位于有效期之内并张贴在锅炉房显眼的位置
3			锅炉工操作证书位于有效期之内并张贴在锅炉房显眼的位置
4			有安全阀校验合格时间标识，并在有效期之内
5			燃气报警器校验合格有效期以内
6			计量压力表、温度表齐全，处于校验合格有效期以内
7			各类阀门常开/常闭标识、流向标识齐全清楚
8		介质（水）	消防灭火器材（沙箱、灭火器、毯等）布置齐全并完好
9			钠离子交换器运行正常，再生盐水浓度8%，硬度≤0.03mol/L
10		排污上水	排污组件可靠，锅炉房排污畅通
11			打开排污阀将停用期封存水排空后关闭
12			期间观察水位表灵敏、低位联锁功能正常
13			期间观察自动补水泵低位自动启动、高位自动停止正常
14		安全装置	安全阀完好无锈蚀，标定铅封完好
15			燃气报警器试验正常，总气阀联锁关闭灵敏可靠后复位
16			燃气止回阀完好无缺失
17			锅炉房通风机完好，启动后运行正常；排烟烟道完好通畅
18		锅炉本体	炉壳及保温完好无破损，锅炉外表无烟痕无水迹
19			燃烧器视镜、炉膛视镜完好无破损，玻璃清晰
20			炉膛人孔盖及锁紧手柄完好，防火棉密封完整
21			炉膛内无杂物、结焦或积碳、无渗漏、无变形
22			烟道调节挡板完整严密、开关灵活置于打开位置
23		燃气	燃气管道外观完好无漏蚀
24			中压燃气 $0.2MPa<P<0.4MPa$；低压燃气 $0.1MPa<P<0.2MPa$
25			燃气管道外观完好无漏蚀
26		燃油	燃油标号符合指定要求（0号柴油）
27			燃油管道外观完好无漏蚀无油渍
28			防爆齿轮泵完好无漏蚀
29			室外储油槽完好，储量超过锅炉48h使用量并及时补充
30			日用油箱液位尺灵活，补充日用油箱至高位停止（自动挡）
31		燃烧器	燃烧器外观正常无缺损
32			燃烧器控制箱完好，上电待机状态完好
33			燃油/燃气转换阀灵活、动作正常
34			风门调节灵活无卡顿

续表

序号	操作顺序	内容	要求
35	启动前	BA 控制	计算机通信稳定、读数、状态与现场一致
36		热水泵	启动锅炉热水泵 / 空调热水泵运行平稳无异常，板换正常
37	运行中	试运行	启动排烟风机正常，对炉膛、烟道通风 2min
38			点火，燃烧器置于小火状态进行吹扫 5min 炉膛升温排湿气
39			点火失败排故，重复上述两步骤时间加倍直至点火成功
40			确认供油 / 供气 / 排烟正常
41			处理其他异常情况，各类仪表、信号正常
42			调节风门（阀）开度，观察火焰燃烧情况
43			火焰居中口近端呈橙红色远端二次回烧区呈蓝色，无黑烟
44			稳定燃烧不少于 15min
45			手动安全阀排气通畅，复位正常
46			手动模拟熄火试验一次，燃气切断保护灵敏可靠，复位
47		正式运行	重复点火步骤再点火
48			热水温度范围 $T1=80 \pm 5℃$，空调水 $T2=52 \pm 5℃$
49			多联供系统各台锅炉均处于自动待机，状态正常
50			多联供上 / 下载自动功能正常，必要时手动调节
51			每 1h 记录锅炉状态及读数一次，发现异常及时处理
52			每 4h 检查设备系统一次，发现问题及时处理
53			保持锅炉工作或待机状态，未经批准不得擅自停机
54			每日记录燃油 / 燃气消耗
55	维护中	每日维护	室外储油槽通气阀保持畅通，冬季预防冻结
56			每天水质化验一次，发现问题及时处理
57			检查各类保温完好
58		每周维护	周维护不停炉
59			冲洗水位表一次
60			低水位联锁试验一次
61			待机锅炉 $T<50℃$ 以下热排污一次，水位表 1/3 量，自动补水正常
62		每月维护	月维护不停炉
63			安全阀手动排气一次
64			燃气报警模拟试验（探棒）一次，声光报警灵敏可靠
65			熄火保护试验一次
66		其他预防维护	推荐由专业单位，尤其是锅炉厂家维护

注：表中燃气 / 燃油为或选项目，实际应用可分两张。

3.2.5 给水排水系统的运维

1. 给水设施的运维

自来水公司供水设施称为一次供水设施，计量水表箱是自来水公司与物业管理公司的责任分界点，一次供水压力 > 0.2MPa。入户地下管道、截止阀、水表箱一般为球墨铸铁材质，应注意保护，避免重压；物业工程部应每日抄取自来水表读数，分析耗水量与历史有无异常，有助于察觉地下管道有无隐漏，管道的隐漏还可以从声音、冒水、土壤塌陷等其他迹象观察判断。

物业二次供水设施一般由地下上水管、生活水箱及自动补水阀门、恒压变频供水设备、供水管道及其阀门构成；其中室外地下上水管材料亦采用球墨铸铁材质居多，室内供水管道常用镀锌自来水管、聚丙烯 PPR 管、聚氯乙烯 PVC 管、不锈钢管、复合管等材料；恒压变频供水设备一般采用成套设备。

（1）生活用水卫生要求

《二次供水设施卫生规范》GB 17051—1997 规定下列检测项目为必检项目（表 3-9），同时规定了水箱清洗和水样化验频次，目前该频次调整为清洗 2 次 / 年，采样化验 4 次 / 年。水箱清洗作业人员应持有健康证书；清洗水箱作业需安排监护人员；水箱清洗剂不得含有有毒有害物质、清洗后必须彻底漂洗并排尽；使用含氯消毒剂进行水箱消毒时应控制浓度、保持通风、加强监护。水质化验委托相关检测单位并保存其出具的化验报告至少两年。

生活用水卫生检测项目 表 3-9

指标分类	检测指标	单位	标准
微生物指标	大肠菌群		无
	细菌总数	CFU/L	<100
化学指标	色度		<15
	浊度	NTU	<1
	嗅味		无异味
	可视物		无
	pH 值		6.5~8.5

（2）生活水箱日常巡检

1）二次水箱不得泄漏，材料内壁光滑不含有害物质；

2）水箱容积不得超过用户 48h 供水量；

3）水箱顶部空间大于 80cm，底部空间大于 20cm；

4）水箱设置通气管，通气管帽保持畅通；

5）水箱人孔高于水箱大于5cm，有人孔盖和上锁装置，运行中保持人孔盖板闭锁；

6）水箱内外设有爬梯，保持完好；

7）水箱排水管溢出管不得与下水管道直接连接；

8）水箱四周挡水围护完好，与排水沟连接畅通；

9）水箱四周排水畅通无异味，排水沟及盖板完好。

（3）自动补水阀日常巡检

自动补水阀是一种液力控制阀，其控制管路连接上水管并保持常开，中间串联水箱浮球阀；当水箱位于低水位时，浮球阀关闭导致控制管路失压，此时主阀隔离膜片被弹簧顶开、主阀开启；反之，当水箱补满水后，水箱浮球阀重新打开、控制管路压力恢复，主阀又被顶回关闭状态。

自动补水阀的控制管路要求保持常开畅通；浮球体无变形漏水浮力正常、浮球阀开关可靠；主阀关闭可靠不漏水。

（4）恒压变频供水设备日常巡检

恒压变频供水成套设备由单级或多级离心泵组、变频控制器、电磁阀、单向阀、电接点压力表或稳压罐等主要元件组成。

1）检查出水压力与设定范围一致（比如0.35~0.5MPa）；

2）检查电接点压力表读数与水压表一致；

3）检查水泵启停、全速、调速、低速保压各种状态切换正常；

4）检查变频控制箱正常；

5）检查电磁阀开关可靠，水泵切换正常。

（5）生活供水管道日常巡检

1）管道及连接无泄漏；

2）管道水平吊装、垂直抱箍稳固；

3）管道在管井内稳固无泄漏，楼板孔与管道外径间隙大于1cm，用软质材料封堵；

4）管道在最大负荷时，无强水流声或震动（无管径偏小，流速过快）；

5）管道阀门常开且开关可靠，维修时悬挂"维修中"吊牌；

6）每路供水管道的最低点应设置放水点便于排空管道进行维修；

7）编制《建筑跑水应急预案》，熟悉阀门位置，开展培训、演练。

（6）中水给水

中水给水主要应用于庭院绿化、室外水景的给水，少数物业项目还将中水给供卫生间大小便池使用。

中水给水系统由雨水污水回收系统、处理系统、中水箱、中水泵、中水管道及阀门组成，用于绿化和室外水景的场合一般只需间歇启动中水泵供水即可，大规模用于卫生间大小便池的场合也需要采用恒压供水。中水系统独立运行，不得与二次供水设施有任何连接。

2. 排水系统的运维

排水设施分为雨水、污水排水设施，即所谓雨污分流；排水设施还有室内／室外、重力／泵提升排水设施的区别。

（1）室内污水排放设施的巡检

1）厕纸、卫生巾、烟蒂和其他硬物勿扔大便池内；

2）大小便池、盥洗盆、地漏、茶水斗、拖布斗等存水弯完好，无臭味；

3）水平下水管道斜度大于3‰；

4）管弄井内垂直下水管道固定牢固，维修疏通口密封完好、无渗漏；

5）污水箱及水箱房定期冲洗（每两周一次）并喷洒消毒剂、杀虫剂；

6）污水提升泵的定期维护与保养；

7）视情况对污水箱清淤。

（2）餐饮污水排放设施的巡检

1）滤水、存水弯完好并定期清理疏通；

2）每日清理和冲洗排水沟；

3）隔油设施完好，每日清理收集废油，废油交专业单位定期清运、集中处理；

4）隔油池定期冲洗（至少每周一次）并喷洒消毒剂、杀虫剂；

5）污水泵的定期维护；

6）视情况对隔油池（或污水箱）清淤。

（3）室外污水排放设施的巡检

1）水平下水管道斜度大于3‰；

2）污水井圈盖完，好铺设稳固；

3）定期清理污水井（至少一次／年）；

4）视情况疏通下水道，必要时使用拖斗绞盘对下水管道清淤；

5）排水格栅、取样井完好并定期清理；

6）配合政府城管部门取样或执法，排放水质应符合《污水综合排放标准》GB 8978—1996。

（4）室内雨水排放设施的巡检

1）定期检查、清理屋面雨水收集口，台风、暴雨前专门检查、清理一次；

2）定期检查室内雨水管固定牢固、连接无脱落，内部畅通；

3）发现建筑沉降大或台风暴雨前专门检查一次室内雨水管；

4）检查、试验地下集水井，电控箱、潜水泵、浮球、格栅等完好并处于自动状态；

5）夏季定期对集水井喷洒灭蚊药剂。

（5）室外雨水排放设施的运维

1）定期清理、整修道路两侧雨水沟（每年两次）；

2）室内雨水井的检查、整修、清理；

3）雨水井圈、盖完好，铺设稳固；

4）定期清理雨水井（至少一次/年）；

5）市政雨水井的检查、整修、清理；

6）夏季定期对雨水沟、井喷洒灭蚊药剂。

3.2.6　消防系统的运维

1. 消防系统的组成

（1）火灾自动报警及控制设备：包括烟感、温感、双效探测器及总线、中央控制器、联动控制盘、消防广播设备等；

（2）消防联动设备：包括声光报警设备、电梯迫降、防火卷帘、正压风机、消防排烟机、电动排烟窗等设备；

（3）消防水箱：消防专用水箱，或经批准的消防/生活兼用水箱；

（4）消防水系统：消防泵及管道（含检修阀门）、室内消防箱；其中室内消防包含水枪、龙带、消防软管盘、手动报警装置、干粉灭火器；

（5）自动灭火系统：喷淋泵、喷淋头及管道（含检修阀门）室外消防栓、接合器及双路供水环网；

（6）其他消防设施：包括建筑防火门、逃生指示灯、应急照明灯、消防电话等。

消防系统委托有资质的专业第三方维护，消防系统的运行由物业保安部门负责。

2. 消防设备年检

需制定消防年检计划，提前一个月进行申报，年检前应自查合格并提交自查报告。

3. 消防设备的日常巡检

（1）火灾自动报警及控制设备：由消防控制室值班人员24h值守，发现故障及时报修；

（2）联动设备试验：每年试验不少于两次，消防设备年检前必须试验一次；

（3）烟感温感试验：每年试验不少于两次，消防设备年检前必须试验一次；

（4）消防水箱：保持完好，蓄水水位正常；

（5）消防泵：平时位于自动状态，手动点动启停水泵正常，消防控制室远程启动功能正常；

（6）喷淋泵：平时位于自动状态，电接点压力表设定范围0.6~0.8MPa且上下限触点接触良好，管道压力保持在0.6MPa以上，压力上下限水泵自动启停功能正常；

（7）室内消防箱：由保安部门月检，保持齐全和完好；

（8）管道及维修阀门：维修阀门常开，管道及阀门完好无泄漏；

（9）喷淋头：完好无渗漏；

（10）室外消防设施：市政消防水入户常开，每日抄取消防水表，发现水表走字及时检查地下管道是否漏水；室外消防栓、接合器完好无渗漏，冬季采取保温防冻措施；

（11）其他消防设施：日常巡视逃生指示灯、应急照明灯，发现故障及时维修；消防电话每月试验一次，发现故障及时维修。

3.2.7 弱电系统的运维

弱电系统常见的有中央空调管理系统、VRV空调集成管理系统、电梯集成运行管理系统、照明智能控制管理系统、能源管理系统、智慧安防系统、消防自动报警控制系统、多媒体会议系统、物联网仪表及远程操作系统等，充分体现了前述"人在线上、数据在线上、操作在线上、管理在线上"，极大地拓展了人的物理、生理限制，也极大地提高了设备设施运维的人机效率。

伴随科技飞速发展，弱电系统无论是硬件还是软件，其升级换代速度非常快，其软硬件维护包括升级改造专业性极强，委托专业第三方维保和改造不是说物业管理公司有没有实力的问题，而是体现尊重科学规律。狭隘与保守地抱着老系统不放，只会阻碍科技的进步，最终的结果必然是物业管理先进性、经济性、物业管理绩效的丧失。

弱电系统运维的一般性要求见表3-10，各类弱电系统具体的技术原理、方法，对应运维细节限于篇幅不作展开。

弱电系统运维要求 表3-10

分类	管理要求
一般要求	·系统设备验收完毕后，应当实行24h运行制度。 ·系统操作界面应设置管理层的管理员密码和操作层的运行密码。 ·操作人员应具有一定的计算机操作技能。 ·管理员应保管好系统软件备份、软件狗及其他光盘资料。 ·禁止随意更改和修改设定数据。 ·主机、网络控制器、DDC等应保持设备清洁，接线牢固。 ·值班人员应随时观察监控设备的运行情况。 ·巡视人员应保证每天至少一次检查设备的运行情况。 ·设备运行状态、数据调整和修改时必须征得主管部门主管同意并做好记录。 ·每半年对传感器数据进行一次现场校对，以确保传输数据的准确性。 ·每半年对执行机构进行检查校正，以确保运行的精确度

续表

分类	管理要求
运行节能要求	·楼宇自控系统的运行应根据楼宇的具体使用情况，按季节及室内外实际湿度、光照度等严格制定设备的开启和关闭的时间。 ·必要时可利用电力峰、谷、平时间节点等分段设定大容量用电设备的启停。 ·对具体报警数据的设置应根据设备的运行数据，恰当设置报警数值
运行环境要求	·设备主机应保持清洁状态。 ·显示器、键盘、鼠标均无灰尘，使用良好。 ·连接线保持整齐，无乱拉乱拖现象。 ·网络控制器应设置在良好的通风处。 ·网络控制器箱内清洁无杂物，走线整齐，接线牢固可靠。 ·楼宇自控系统的控制室应保持通风良好，环境整洁明亮，有条件的应安装空调设备
运行安全要求	·电气主管应设置掌握最高操作密码即管理员密码。 ·值班人员应严格按照操作规程执行操作，不得随意更改和变动。 ·操作人员应键入自己的操作密码，操作完毕必须退出界面。 ·值班人员做好操作人员的操作过程进行详细记录，密切注意各类各级报警提示，做好相应的处置工作。 ·自控系统严禁无关人员进行操作。 ·禁止在主机上操作与设备无关的软件或活动。 ·严禁一切外来的光盘、USB等设备进入系统。 ·禁止随意改动系统的传感器和网络线路

检查程序	检查内容	检查要求
每日	所有运行设备	·运行状况正常。 ·环境状况正常。 ·维护状况正常
每月	系统设备	·运行状况正常。 ·环境状况正常。 ·维护状况正常
	监控点位	·控制有效。 ·反馈信号准确。 ·监视的数值与实际数值相符

应急内容	出现情况	处置方法
突发故障	停电事故	·系统主机由不间断电源供电，关闭主机。 ·等待供电恢复开启主机
	主机故障	·及时启用系统分站，尽快修复主机
	网络控制器故障	·观察该控制器所控制的设备区域。 ·采取强制措施，保证设备的运行。 ·及时修复网络控制器
	现场控制器（DDC）故障	·通知工程员工现场勘查。 ·定时观察现场，直至DDC修复
	传感器故障	·通知工程人员，观察设备的使用情况。 ·尽快更换传感器
	汇报确认	·以上突发故障处理后，应及时汇报领班或主管，对设备修复运行予以确认

3.2.8　建筑的运维

建筑构造分为地基、建筑基础（或有地下室）、主体结构（柱、梁、内外墙等）、门窗、屋面（包括防水、隔热、表层）、楼板和地面、楼梯、垂直井道等；玻璃幕墙是一种特殊的外墙，消防排烟窗是一种特殊的窗，室内装饰保护与维修也是物业建筑运维的组成部分。

房屋按耐久性分为 5 个等级，常以 2 级（50 年以上）、3 级（40~50 年）居多。房屋按耐火性分为 4 个等级，常以 2 级（主要承重结构耐火 1.0h 及以上）、3 级（主要承重结构耐火 0.5h 及以上）居多。

1. 建筑沉降年度监测

建筑沉降年度监测是一种关于建筑物的预防性维护措施。

建筑物承重结构设置有沉降监测点，监测点表面以醒目红色标识，应委托专业测量单位每年测量一次并获得《建筑沉降监测报告》。发现严重沉降危及建筑安全的，应及时向政府房地产管理部门报告，协同设计、建筑施工单位解决，其整改流程参照新建建设项目或政府房地产部门的指导。

2. 幕墙年度安全检测

幕墙年度安全检测是一种关于建筑幕墙的预防性维护措施。

建筑幕墙满 5 年后，委托有资质的专业单位执行幕墙安全年度检测并获得《建筑幕墙安全检测报告》。如若发现安全隐患的及时组织维修整改。

3. 建筑避雷年度安全检测

建筑避雷年度安全检测是一种关于建筑物安全的预防性维护措施。

建筑避雷设施应委托各地气象局执行避雷接地装置年度检测并获得《建筑避雷检测报告》。如若发现不合格的及时组织维修整改。

4. 高空坠物日常巡检

建筑外墙外装饰及保温层，屋顶防水墙外装饰、玻璃幕墙、遮阳板、广告牌或其他建筑构件的脱落，是高空坠物的主要危险来源，应通过日常巡检做到早发现早维修整改，大风（台风）来临前，应特别组织检查一次，广告牌等应采取临时加固措施确保安全。

5. 建筑防水日常巡检

建筑防水日常巡检包括屋面、地下室地面和防水墙、电梯井底坑的防水巡检，发现地下室防水墙体裂纹、渗水霉变、电梯地坑积水、屋面渗水等情况，在排除其他原因确定为建筑防水问题的，应拟定计划整改，防止扩大防水围护破坏程度及损害室内设施和装修。

6. 其他建筑构造和室内装饰的日常巡检

门窗、地面、楼梯安全扶手、屋顶栏杆等其他房屋构造，通过巡检发现问题及时事后维修；室内装饰不影响建筑安全性，但影响客户对物业服务的满意度，也应通过巡检发现问题及时处理。

3.3　物业设施设备的维修管理

3.3.1　建筑设施设备的维保类别

根据建筑设施设备维保工作的内容和要求，可以把预防性维修划分为：大修、中修、小修、专项修理、定检调整、安全性检测试验等。这是一种计划维修体制，物业企业每年都需对楼宇设备的维保作出工作计划。

1. 设施设备大修

大修是修理工作量最大的一种计划维修。对设备全部或大部分拆解，修复基准体、主运转件；更换或修复全部不符合技术要求的零件；修理、调整电子电气控制系统，更换老化的元器件或控制模块；修复附属装置；整修、翻修设备外观，全面消除修理前存在的缺陷，恢复设备规定的技术状态。例如：制冷机组的开缸修理，则属于大修的范畴，修理的内容包括主体拆解、缸体研磨、冷媒管路清洗、电控系统更换、调试、附属装置修复等。

2. 设施设备中修

中修仅次于大修，是对部分零部件分解检修的一种计划修理。中修时必须更换和修复研磨、腐蚀、老化，即丧失工作性能的零部件，校正设备水平度和垂直度，确保设备的可靠性能。例如：多级变频水泵的解体维修，其修理的内容包括：电机定子、转子部件清洗、绝缘等级处理、电机轴承更换，多级泵体拆解保养、封密件更换、变频器保养等。

3. 设施设备小修

小修是修理工作量最小的计划修理类别。小修的内容包括定期保养的全部内容，还应根据已掌握的磨损状态进行机电检修，更换或修复磨损件和已产生故障的元器件，并调整、紧固运动件，恢复设备正常工作的能力。

对实行状态维修的设备，小修主要是针对日常性的巡检、点检中发现的问题，拆卸有关零部件，进行检查、修理、更换、调整、紧固，使设备恢复技术状态。对实行定期维修的设备，小修工作主要是根据计划修理内容或故障征兆进行修理，完成小修工作内容规定的全部修理任务，使设备恢复技术状态。

4. 设备专项修理

针对设备某项性能指标劣化，达不到规定要求或某一部位产生故障迹象而进行的专项修理。一般要进行局部拆解、检查、更换或修复不符合技术要求的零件。例如：电动机的同心度校正，ETS、ATS开关的参数校正，电动蝶阀门的零度校正等。

5. 定检调整

定期精度检查调整以达到规定的精度要求。例如，仪器仪表的显示数值定检调整，电力柜保护装置的动作阈值定检调整等。

6. 安全性检测试验

对动力设备、动力管线、特种设备、高压变配电设备的要害部位和关键性能参数，按技术要求（规定的时间周期和性能参数）采取的多种试验、测量和测试措施。

3.3.2　建筑设施设备维修计划的制订

1. 维修计划的编制原则

（1）对连续运行安全性要求高、无备用设备的重点动力设备及管线、变配电、燃气管线、电梯等设备进行强制性修理。

（2）对季节性运行的动力设备，如制冷空调系统、锅炉等应安排在停运季节进行维护保养和修理。对排水设备和防雷系统应安排在雨季到来之前，进行维护保养和检测。

（3）对常年连续运行的动力设备、系统设备，但又有一定容量富余度，如配电变压器，智能化监控管理设备系统，通信与网络系统，数据中心机房专用空调系统等，应尽可能利用非工作的班次或节假日进行紧急维护保养或进行检修。

2. 维修计划编制的内容

（1）楼宇设备技术状况的相关资料

1）设备运行记录、交接班记录、维护保养记录、定期巡检记录、安全检测试验记录等；

2）设备分类统计台账：包括运行、故障、维护保养等；

3）分项计划修理、故障修理、委托外包修理等统计记录；

4）设备事故处理报告、严重故障修理报告；

5）设备操作说明书及有关图纸资料；

6）设备分项修理工作内容、质量标准、验收办法和修理工时、费用定额。

（2）设备劣化趋势分析预测，如图 3-3 所示。

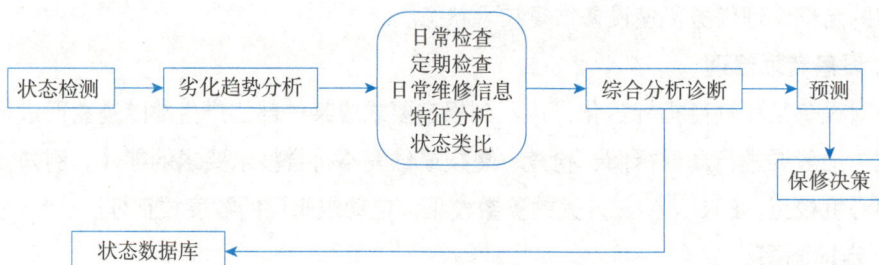

图 3-3　设备劣化趋势分析预测

3.3.3　物业设施设备的故障及处理

1. 设备故障

故障是指设备丧失其规定的功能或降低其规定性能的事件或状态。故障可以多种不同的角度来分类，见表 3-11。

故障分类　　　　　　　　　　　　　　　　　表 3-11

程度	速度	
	急速	缓速
部分		劣化故障
全部	事故性故障	

2. 设备故障状态机理

设备故障可分为功能故障、设备参数故障（设备性能故障）和不允许故障。

（1）功能故障

功能故障是指设备不能完成规定的功能。例如：水泵不能供水，负荷调节装置不能正常调节负荷，空调机不能制冷等。造成的原因往往是某个零部件损坏或产生缺陷、卡滞。

（2）设备参数故障

设备参数故障是指设备的性能参数超出了设计极限的故障。达不到规定的流量、供冷量、输出功率，能耗超出了规定的指标等。这类故障一般不妨碍设备的正常使用、运转。但从设备技术参数来衡量，这些设备均为降低了规定性能、性能不佳的设备。

（3）不允许故障

不允许故障是指会引起严重的后果或危险故障。这类故障产生的原因，一般与违反操作规程、违反修理装配技术条件或设计制造未考虑周到的潜在因素相关。

3. 设备故障处理的保修方法选择

设备故障处理的原则是在保证设备维修质量和楼宇使用功能要求的前提下，追求设备维修的经济性、合理性。

进行保修方法选择的目的是要用最经济的费用获得最佳的设备保修效果。各种保修方法从费用支出、组织管理、维修效果等方面考虑，各有其优缺点。设备管理人员可根据业主对楼宇使用功能的要求、设备运行的可靠性、故障频率、配置情况，以及设备的运行维修管理、组织、人员、资金等情况选择合适的保修方法。

从设备故障产生的过程时间来看，有随着运行时间的延长而逐渐磨损、疲劳、腐蚀而产生的渐变性事故；由于某种异常因素作用，在设备任意运行时刻产生的突变性随机故障产生的概率与使用时间无关。因此，在处理故障前，要确定故障的性质和故障的劣化程度。

以上所分析的两类故障的产生，均包含有发展期和无发展期两种情况，如图 3-4 所示。

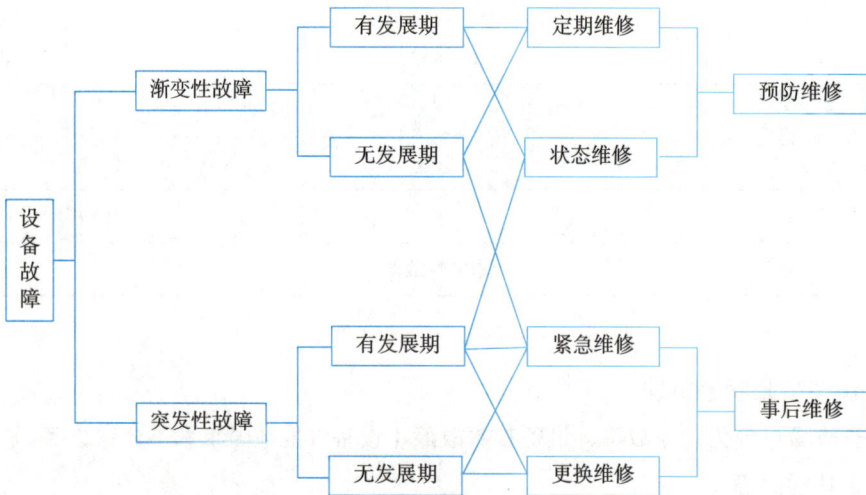

图 3-4　设备故障维修方法策略

（1）有发展期的渐变性故障，如：电动机的传动皮带、冷却水塔的淋水器、水泵的密封件、电梯的钢丝绳等磨损故障，可观察、记录或预测到故障发展过程的征兆，预防这类故障可以采取定期维修或状态维修。状态维修需具备故障检测设备和技术，可综合考虑技术因素、经济因素，决定是否采用。

（2）无发展期的渐变性故障，如：电气设备的元器件损坏，机械连杆部件断裂，表冷器管子裂纹等。当故障点发生在重要设备上的零部件时，可采取定期更换或维修的方式，若是非重要设备上的零部件，可以采取事后更换或修理的方式。

（3）有发展期的突发性故障，如：传动轴承，由于磨损，疲劳轴承的滚道、滚珠会产生微片剥落形成麻点。此时会出现异常征兆，若不及时更换，在某时刻就会产生突发性故障。如果不管状态如何，只按规定的时间周期更换，则可能造成轴承的有效使用寿命被缩短的浪费。此时，应在已具备状态监测的条件下采用状态维修，且要经济化。对设备修理停歇时间较短，影响也不大，且故障件易于更换或修复的故障，可采取事后维修。

（4）无发展期的突发性故障，只能视其重要程度，采取事后紧急维修或事后更换修理。更换修理是事先备有同样技术性能、规格尺寸、技术参数的备用零部件或备用设备，对发生故障的零部件或单元件立即更换，以保证设备能迅速恢复技术状态，然后再修理故障。对于一般由备用的设备、故障停机影响不大，或允许短时停运的设备，可以采取故障发生后再修理的方式。

4. 楼宇设备的保修方法

楼宇设备的保修方法主要有：预防维修、改善维修和事后维修，而预防维修又可分为定期维修和状态维修，如图 3-5 所示。

图 3-5　设备维修方式

（1）预防维修

预防维修又叫计划维修，指在设备故障发生之前，按预先规定的计划和技术进行预防性维修与修理。

1）定期维修——以设备工作时间或以设备运行时间为基础的预防性维修方式。

2）状态维修——以设备技术状态为基础的预防维修，也称日常维修。

（2）改善维修

改善维修是对设备局部或零部件的设计结构、尺寸材质加以改进，以减少故障、增加设备的可靠性和维修性的措施。

（3）事后维修

事后维修是对设备已发生的故障或性能降低到规定的要求以下的状态进行维修。

5. 楼宇设备维护保养及制度

楼宇设备的维护保养分为日常维护保养和定期维护保养两大类。

（1）日常维护保养

设备日常维护保养的工作内容主要是：对设备进行清扫、吹尘、擦拭，对各运动件和润滑点进行润滑，检查各种压力、温度、电参数、液体指示信号灯是否正常，安全装置是否正常，设备运行参数是否正常，电气电子控制或传感器信号是否正常，附属设备是否正常等，消除不正常的跑、冒、滴、漏现象，清洗整理设备机房。设备日常维护保养要求做到：

1）设备外观整洁；

2）设备的电气电子控制柜工作正常；

3）设备的运行状态正常，各指标仪表显示信号正常；

4）设备的调节结构、按钮灵活可靠；

5）设备的安全保护装置功能正常；

6）设备的润滑、冷却系统正常；

7）设备机房整洁，无乱堆放杂物，温湿度适当；

8）主设备的附属设备工作正常，维护达到要求；

9）各类运行维护用的工具、仪表、器具、备件材料摆放整齐。

（2）定期维护保养

设备定期维护保养的周期，一般是由设备管理部门（工程部）根据设备规定的定期保养要求和运行台时、运行班制、设备系统的重要性、工作可靠度等情况确定。楼宇设备中应特别注意变电配电设备、消防设备及末端装置、电梯设备、智能化设备及网络系统、锅炉及辅机装置、空调设备等工作的可靠度、针对设备系统应达到的可靠度，分类制定其保养的时间周期，同时应充分利用设备季节性停运时间、节假日时间进行保养工作。各类设备定期保养的具体内容由物业管理公司设备管理部门（工程部）依据设备的特点，参照有关资料和规定来制定。

1）设备定期维护保养的原则性内容有：

①按规定局部拆卸零部件，进行检查、清洗、更换易损件和故障件；

②按周期或油质换油，清洗或更换滤网，检查润滑点和润滑装置；

③检查调整安全保护和防护装置，试验或制定安全保护动作参数；

④清洗检查冷却装置；

⑤吹扫电子、电气控制柜、检查电器元件、各分立电子模块、传感器和控制线路，更换不可靠件；

⑥检查核定全部运行状态的设定参数。

2）设备经过定期保养除了达到日常保养的要求外，还应达到：

①设备全部可目视部位清洁、整齐、完好；

②设备运转功能完好，操作灵活；

③所有监控仪表信号、参数均正常；

④冷却系统效果良好；

⑤润滑系统良好；

⑥设备运转声响正常、无故障隐患。

（3）设备维护保养制度

设备维护保养制度一般可采取二级保养制度或三级保养制度。二级保养制度即日常保养和定期保养。三级保养制度是指日常保养、一级保养和二级保养。

三级保养制度主要内容有：

1）日常保养，也称例保或日保，内容如前述。每天下班前 20~30min（周末 30~40min），由设备操作者例行保养，并将设备状况及维护状况记录在交接班记录本上。其目的是保持设备达到整齐、清洁、润滑、安全的状态，预防故障的发生。

2）一级保养，即定期保养，也称一保或定保，内容如前述。以操作人员为主，维修工人为辅进行。对设备进行局部或重点部位拆卸检查，清洗、调整、维护、更换易损件。一级保养完成后应填写维护保养单，质量应由设备管理人员检查验收，并在维护保养单上签署验收结果和意见存档。一级保养的主要目的是消除一般故障隐患，减少磨损，延长使用寿命。

3）二级保养，也称二保。二级保养除一保内容外，增加了部分检修内容，故二保以维修工人为主，操作工人为辅进行。增加的部分检修内容视设备具体状况由设备管理人员在计划中指明。二保完成后，维修工人应详细填写维护保养单，由设备管理人员检查验收，并在单上签署验收结果和意见存档。二保的实施时间可视设备状况安排在设备季节性停运或节假日进行。二保的主要目的是使设备达到完好标准，提高设备完好率，延长大修周期。楼宇设备的保养，可视设备具体情况和使用特点，考虑采取二级保养制度或三级保养制度，以达到消除隐患、增加设备可靠性的目的。

3.3.4　建筑设施设备的更换

1. 设备更换的含义

设备更换是消除有形和无形磨损、老化、腐蚀，特别是消除无形磨损和老化的一个重要手段，是指设备已磨损到不能继续使用的程度，以功能相同的或相近设备进行替换。

2. 设备更换中应考虑的问题

（1）技术性问题

1）现有设备的老化程度；

2）现有设备是否达到所要求的工作范围、能耗、效率；

3）对现有设备进行改造和技术可行性；

4）新设备的节能性、环保性。

（2）经济性问题

1）在经济上对现有设备进行大修理与更换的比较；

2）对设备进行改造在经济上是否可行；

3）新设备是否减少占地面积；

4）新设备的功能能否提供服务质量；

5）新设备的有效寿命；

6）资金或者投资资金周转有没有问题。

3. 设备最佳更换期的确定

确定设备最佳更换期的主要依据是设备的经济寿命，是指在设备的自然寿命后期，设备的老化与设备使用的有关费用（维修费、能耗、事故停机等）日益增加，依靠高额的费用来维持设备的寿命。因此，必须依据设备的使用费（或维修费）来决定设备是否需要更换，这种依据使用费决定的设备寿命称为经济寿命。超过经济寿命而继续使用的时期，叫作"恶性使用阶段"。

低劣化数值法是设备最佳更换期的常用方法之一。

参照国家颁布的有关资产折旧规定，结合设备其经济寿命内所发生的维修费、能耗、动力超额支出等因素，可以拟出以下测算方法：

$$Y = \frac{\lambda T}{2} + \frac{KO-O}{T} \tag{3-1}$$

式中　　Y——设备最佳更换期；

KO——设备泵值；

T——设备使用年度；

O——设备残值；

（$KO-O$）/ T——不考虑低劣化时每年的设备费用；

λ——年低劣化增加值（如维修费、能耗、动力的超额支出等）。

若要使设备费用最小化，则将 Y 对 T 求导，得：

$$\frac{\mathrm{d}Y}{\mathrm{d}T} = \frac{\lambda}{2} - \frac{KO-O}{T^2} = 0$$

$$T = \sqrt{\frac{2(KO-O)}{\lambda}}$$

若不考虑残值，则化简为：

$$T = \sqrt{\frac{2KO}{\lambda}}$$

例如：某设备的泵值为 8000 元，每年低劣化增值为 320 元，则：

$$T = \sqrt{\frac{2 \times 8000}{320}} \geqslant 7 \text{ 年}$$

以上例子说明：当设备在年低劣化增加值（维修费、能耗、动力的超额支出）不断增加的情况下，则要总体衡量对该设备是否继续使用还是更换。

4. 设备 LCC 寿命周期费用

LCC（Life Cycle Cost）全生命周期成本，是指产品（设备）在预期的寿命周期内，为其论证、研制、生产、使用与保障以及退役处置所支付的所有费用之和。

设备 LCC 寿命周期费用包含建设费、更新设备费、运行费、维护费等（图 3-6）。

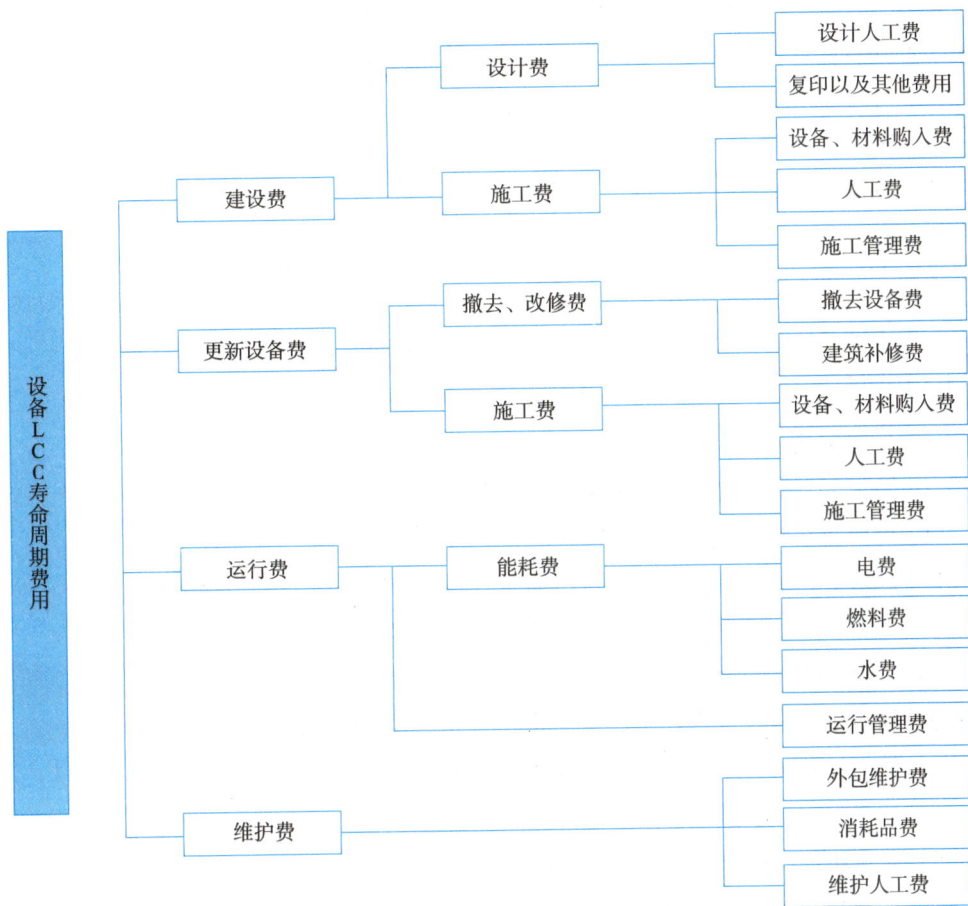

图 3-6　设备 LCC 寿命周期费用

3.4　物业设施设备的节能与能源管理

3.4.1　能源与能量

随着人类在地球上的活动数量的不断增长，工业化后被发明出来的科学技术不断发展，人类在创造巨量财富的同时，消耗了大量的地球资源，制造大量的废弃物和日益严重的环境污染，使地球环境不断偏离其原来的状态。

在世界范围内，一些数据足以说明，人类正大量消耗地球资源来换取文明的进步。

为了满足人类对食物、淡水、木材、能源的需要，在过去的 60 年中，被人类开垦为农田的土地比 18 世纪和 19 世纪的总和还要多。地球陆地表面约 24% 的面积已经被人类开垦为耕地。过度的森林采伐和开垦破坏了动物家园，打破了人与自然的平衡，并有可能引发目前人类尚未认知的疾病。因此"绿水青山就是金山银山"是符合时代进步的理念。过去 40 年中，人类从河湖中汲取的水量比过去翻了一番。现今消耗的地表水约占所有可利用淡水总和的 40%~50%。至少 1/4 的渔业储备已被过度捕杀。一些地区的捕鱼量已经不到大规模工业化捕鱼开始前的 1%。1980 年以来，全世界 35% 的红树林、20% 的珊瑚礁已经不复存在，另有 20% 的珊瑚礁遭到严重破坏。从工业化到今天，人类已耗尽 2/3 已勘探的世界资源。

1. 能量

能量这一概念可概括地表述为：能量是物质的属性，是物质运动的度量，是做功的能力。由于运动形式的复杂性，决定了能量形态的多样性，它大致可以分为：

（1）机械能：物体机械运动的能量，它包括动能和势能；

（2）热能：物质热运动的能量；

（3）化学能：物质化学运动的能量；

（4）电能（磁能）：带电粒子定向运动与场的传递；

（5）光能：太阳光辐射对物质进行加热后产生的能力；

（6）风能：由于空气流动而产生的动能。

三峡大坝 175m 的高水位，水流驱动坝底的水轮机，水轮机带动发电机发电，发出来的电能通过输变电系统送到用户单位的电动机，电动机运转后驱动水泵。这样就实现了水位的势能转化为电能，电能再驱动电机输出动能。

同样的是发电厂通过在锅炉中燃烧煤产生热量产生高压蒸汽，蒸汽驱动汽轮机，汽轮机带动发电机产生电能。

因此能量的表现形式可以转换，但能量不会无缘无故地产生，也不会无缘无故地消失。这就是能量守恒定律。

2. 能源

能源是储存有能量的介质（物质），能源能释放出能量，能量能被储存在能源中。能量是能源的内涵，而能源是能量的载体。

凡是能够提供某种形式能量的物质，或是物质的运动，统称为能源。能源是一种物质，是一种可以提供能量的物质，如煤、石油、天然气等通过燃烧，可以提供热能；也有些物质只有在运动中才能提供能量，这些物质的运动也称为能源。如空气和水，只有在运动中，才能提供动能，如风能和水能。

3. 可再生能源

可再生能源泛指多种取之不竭的能源，严格来说，是指地球上人类还有生命活动时都不会耗尽的能源。例如风能、太阳能等，不包含现时有限的能源，如化石燃料和核能。从理论上说，大部分的可再生能源其实都是太阳能的储存或太阳能形式的转换。

3.4.2　能源资源的状况和未来的能源利用

1. 能源资源的储存和消耗

人类社会发展到工业时代后，能源的利用是永远存在的，且无可替代。目前已知的能源形式一般以储存在地球或宇宙中的物质为主，也被称为一次能源。一次能源少量被直接利用，如天然气用于加热，产生的热量用于烹饪，更多的一次能源被人类采用工业方式转换为二次能源，如电能，来满足人类生产和生活所需。

据我国自然资源部公布的全国矿产资源储量统计数据，2022 年石油可采储量约为 39 亿 t，还可以开采 19.1 年；天然气可采储量约为 6.57 万亿 m^3，还可以开采 29.8 年。

现在全世界每年消耗的石油约 360 亿桶，也就是说如果人类不再发现新油田，保持目前的原油消耗量，全世界原油实际上还能再开采 50 年左右，可见，储存的能源资源可供人类按目前年度消耗速度来看时间不太长，但近 40 年来人类勘探技术的不断进步，探明的储量在不断地增长，总的情况是新探明的能源储存量远远大于能源资源的消耗增长量。我国近期在南海实施的可燃冰试开采试验获得成功，并在青海地区成功勘探出巨量的高温岩体热能，都将给国民经济的发展带来动力。

2. 未来的清洁能源

今天支撑人类社会运转的几乎一切能源，从煤、石油、天然气，到风能、生物能，其本质都是太阳能，而太阳的能量来自内部的核聚变反应。长久以来，人类一直希望通过可控核聚变反应，来创造出"人造太阳"，从而获得源源不绝的能源，大幅改善人们的生活。

3.4.3　节能及其分类

1. 标准煤与建筑能耗

（1）标准煤

标准煤是能源的度量单位，简称标煤。由于各种能源所含热值不同，采用的实物计量单位也不一样。因此，为了便于对各种能源进行汇总计算，对比分析，应将各种能源的实物单位折算成统一的标准单位，即能源度量单位。我国采用标准煤为能源的度量单位，即每千克标准煤为 29306 千焦耳（7000 千卡），也就是用焦耳去度量一切能源。在这个基础上，我们消耗的各种能源用统一的度量单位可以进行数学统计，便于我们计算和分析，详见表 3-12。

常用能源与标煤的转换表 表3-12

能源名称	平均发热量	计量单位	折算标煤系数（kgce）
原煤	20934kJ	kg	0.7143
精洗煤	26377kJ	kg	0.903
原油	41868kJ	kg	1.429
汽油	43124 MJ	kg	1.471
煤油	43124kJ	kg	1.471
柴油	42705kJ	kg	1.457
液化石油气	50241kJ	m³	1.714
天然气	38979kJ	m³	1.335
城市水煤气	1038kJ	m³	0.355
电力（当量）	3601kJ	kWh	0.123
蒸汽	3766kJ	kg	0.129

（2）建筑能耗

建筑能耗有两种定义方法：广义建筑能耗是指从建筑材料制造、建筑施工，一直到建筑使用的全过程能耗。狭义的建筑能耗，即建筑的运行能耗，就是人们日常用能，如采暖、空调、照明、炊事、洗衣等的能耗，它是建筑能耗中的主导部分。

随着社会经济发展进步，人们对建筑品质要求越来越高，对使用环境的满意度需要也随之提高，因此建筑消费的重点将从"建设"消费转向"功能和环境品质"消费，因此提高建筑品质所需的能耗（空调、通风、采暖、热水供应、景观照明、建筑照明等）将会迅速上升。我们讨论的建筑能耗主要指建筑运行能耗。

不同建设标准、不同使用性质、不同运行标准、不同纬度甚至于不同海拔高度的建筑物，其建筑运行能耗是有一定差异性的。如全封闭大楼与自然通风的大楼，在空调运行能耗方面就存在巨大差异。

建筑能耗的统计是指一个建筑物每年每平方米需要消耗各种能源的总计，计量单位为：千克标煤/平方米（kgce/m²），详见表3-13。

上海地区一般办公楼的能耗分布 表3-13

能源用途	占总建筑能耗比例
各类照明，包括公共照明、室内照明、应急照明、车库照明、设备机房照明等	10%~15%
动力，包括生活水泵、消防用水泵、通排风、垂直运输、各类弱电系统等	10%~15%
空调，包括中央空调、分体空调、冷源和热源及系统所配置的循环水泵等	40%~50%
燃气，包括厨房用气、热水供应等	2%~5%
办公用电，包括各办公区域的电脑、办公设备、生活设备等	25%~30%

2. 节能的分类

人类在地球上生存时间以百万年计算，从最原始的钻木取火开始消耗能源（燃烧柴薪、消耗生物能），到工业化 200 多年已经消耗了已知资源的 2/3。而取之不尽的能源如核聚变尚处于基础研究阶段，其商业化运用是非常遥远的，可能需要数十年甚至上百年也未得知。因此在相当长的历史阶段，节能就有一定的市场需求。节能不是为了降低建筑物的品质，减少使用者的使用时间、使用效果，而是减少浪费。

（1）技术节能

技术节能是最根本的节能措施。通过大量采用新技术、新材料、新工艺、新产品达到在同样保持建筑物消费品质的基础上，减少能源的消耗。如采纳变频技术减少空调水流在运行过程中的短路，根据需求调整通风量等。采用很高电 / 光转换率的新型光源，在发出同样勒克斯的光照度的情况下，可以降低 80% 以上的电能消耗；采用高效率的水泵，同样的流量、同样的扬程，其单位时间内需要的电能输入可以降低 10%~15%；采用强磁除垢技术，可以有效地降低空调水管道内的结垢，提高热能传导，使得整个空调系统的效率提高。

（2）管理节能

管理节能是通过对用能的人员以及用能设备进行科学管理以期实现节能的目的。管理节能在有形成本支出方面是低成本或无成本的，但是其节能潜力是需要通过制度的制定、节能措施的落实而实现的，建立用能管理体系以及通过相关标准认证都是管理节能的重要方式。

管理节能必须和技术节能相互配合，如果只投资设备不加强管理，则也不能实现设备应该发挥的节能效果。同样，只是依靠管理节能而不投资相关设备，进行相关技术措施也是不能实现最佳节能效果的。

例如，办公楼宇中很多都配置了楼宇自动控制系统（简称 BA 系统），BA 系统可以实现自动运行、自动调节、自动停止、减少浪费的功能，在管理上未能充分开发利用这些功能，导致了许多设备重复使用、无效使用，既增加了设备的磨损，也导致了设备无效使用时的能源消耗。

（3）行为节能

能源的利用是为人而服务，而人类在活动过程中是时刻都在主动或被动地消耗能源。过度地消耗能源就导致能源的浪费和缩短了已知能源的可使用时间。因此提倡个人都要有意识地进行节能，让节约能源融入每个人的下意识行为中去。如随手关灯、下班及时关闭公用电脑、打印机、不要过度地将空调温度调到太低（夏季）或太高（冬季）、开空调时不要门窗都敞开着等。

3.4.4 节能的方式与途径

节约能源主要是解决减少地球上不可再生能源的消耗，如石油、煤炭、天然气类化学能，因为这些物质在地球上储存有限。随着人类社会的发展，人口数量的增长，人均能源消耗水平的不断上升，现代工业化技术不断进步，未来每年能源消耗的增加值还在快速地提升。虽然新能源如可燃冰、高温岩体在不断地被发现和试验勘探利用，但总的来说还是属于化学能的范畴，在地球上储存有限。只有等到可控核聚变技术成熟，可以商业利用了，那么光海水中储存的能量就是取之不尽的，更何况有了可控核聚变技术，人类走向宇宙成为可能，甚至可以探索宇宙能量为人类所用。

1. 节能的方式

在物业管理行业中，节能主要是考虑降低建筑运行的能耗。降低建筑的运行能耗需要从建筑设计、建筑运行角度进行研究。从设计角度，建筑设计和建筑微气候、建设技术和能源有效利用相结合。如冬季建筑物最大限度利用自然能源取暖，多获得热量减少热损失；夏季建筑物最大限度减少热获得和利用自然能来降温。从运行角度，需要弥补一些设计建设过程中的一些考虑不够周全之处，进行技术改造，同时在运行过程中结合建筑实际使用情况，进行合理调整，达到能源充分利用的目的。

节能型建筑的设计包括如下两方面：

（1）建筑结构和布局方面的考虑

充分考虑夏季有利的主导风向（通风致凉）和避免冬季不利的主导风向（避风保暖），综合考虑采光、通风、保温和防晒等因素，合理安排建筑群体布局和建筑朝向。

一般情况下，单位建筑空间的外表面积越大，体形系数越大，能耗就越高，反之亦然。因此，在考虑节能设计时，建筑平面外形不宜凹凸太多，避免因凹凸太多而提高体形系数。在所有几何形体中，球面体体形系数最小，同等条件下能耗最低。同时外墙、屋顶的围护结构采用何种保温材料、形式均影响建筑运行能耗的多少，大量采用玻璃幕墙在增加透光性的同时，会大量损失建筑的热能。在采用玻璃幕墙设计的建筑中，中空Low-E玻璃的运用对建筑的围护结构有较好的益处。

在设计建筑布局中，也可以考虑采用自然通风、自然采光的方式来解决降低建筑运行能耗。

（2）建筑设备配置和选型

从环境控制技术入手，合理利用太阳能、地源热泵等节能技术，开发运用可再生能源。比如：

1）被动式太阳能热水系统，利用太阳能集热器或真空管吸收太阳辐射热，为用户提供生活热水；

2）主动式太阳能系统在太阳能居室采暖方面具有更大的选择性，借助电扇或泵等装置来转换和传递太阳能，以此获得生活热水或提供居室供暖；

3）太阳能光伏发电系统，利用太阳能光伏电池板吸收太阳能，并将太阳能转化为电能，提供室内设备用电或接入市政电网送电；

4）利用地下水、深层土壤和水库、湖泊等受自然季节气候影响小、温度相对保持稳定的特点，通过水作为媒介，与地能（地下水、土壤或地表水）进行冷热交换提供热泵的冷热源。冬季地能作为"热源"，从地下或水中"取"出来，供给室内采暖；夏季作为"冷源"，供室内制冷，同时将室内热量释放到地下水、土壤或地表水中，贮存起来作为冬天采暖的热源；

5）广泛地采用高电光转换效率的照明光源，如 LED 照明光源，同等的消耗电能情况下，发出更多的光能；

6）运用机械损耗小、电效率高的设备如高效水泵、非晶体变压器等，可以大量地减少运行过程中产生的损耗，提高能量的有效利用。

2. 节能的途径

节能的途径基本可以归纳为设定能耗指标、制定方案、具体实施、验证考核。

（1）设定能耗指标

无论是新建或既有建筑，每个阶段都应该有能耗的指标，并与类似的建筑作一个横向比较。通过耗能数据的统计，分析建筑运行能耗的基本分布、用途，然后设定一个目标值。

（2）制定方案

一个或数个有针对性的方案对建筑能耗的降低是必要的，无论是新建筑的设计建设，还是既有建筑的节能管理、改造都是必需的。因此在建筑节能领域，实施节能工作都应该有节能方案。在既有建筑中，节能方案的编制应该是建立在能耗统计的数据基础上，要确定重点用能区域或部位、采取何种管理措施、技术改造措施、需要投入多少资源、采用何种技术路线、利用哪些政府的优惠条件、达到何种程度的节能目标等内容。

（3）具体实施

在制定了节能方案后需要管理者督促相关人员、相关单位具体实施，并对实施过程进行阶段性的研究和调整，解决实施过程中遇到的问题，朝着达成目标的方向努力。

（4）验证考核

措施完成后需要运行一段时间，根据方案确定的时间段，统计相应的能耗数据与未采取节能措施前相应时间段内的能耗数据进行比较，评价节能工作的效果是否符合设计或制定的目标值。此评价可以作为商务活动的一个重要组成部分。

节能和能源管理是物业管理工作中一个重要的组成部分，贯穿在建筑物全寿命管理期间所有的阶段，是衡量一个物业管理企业管理能力的一个重要指标，也是企业生存、发展的重要途径。

【本章小结】

物业设施设备是指附属于建筑物、构筑物的各类设施设备的简称。

物业设施设备管理的主要目的：保持设备完好；追求设备周期费用的最经济性；保障设备"安全、可靠、经济、合理"运行；延长设备自然寿命，实现设备资产保值。

物业设备设施运维的管理主要包括：强电系统的运维、升降系统的运维、空调系统的运维、给水排水系统的运维、消防系统的运维、弱电系统的运维和建筑的运维。

物业设备设施的维修管理主要包括：建筑设施设备维修计划的制订、故障的处理和设施设备的更换。

物业设施设备运维的管理主要包括：物业设施设备运维的质量管理；物业设施设备运维的安全管理；物业设施设备运维的资料管理；物业设备设施运维的应急预案与演练；年度预防性维护计划和执行。

【课后练习题】

一、复习思考题

1. 简述物业设备管理的含义和作用。

2. 物业设备主要有哪些系统构成？

3. 给水排水设备系统的组成有哪些？

4. 暖通空调系统的组成有哪些？

5. 简述房屋接管与运行管理。

6. 简述物业设备基础管理的内容。

7. 简述物业设备维修管理的内容。

8. 如何理解计划维修与维护保养的关系。

9. 简述预防性维修与保养计划的含义及制定步骤。

10. 简述制定能源管理计划的基本步骤。

11. 如何理解能源与能量的含义？

12. 简述主要的节能方式与途径。

二、自测题

扫码答题

4 物业空间管理服务

教学课件

【知识拓扑图】

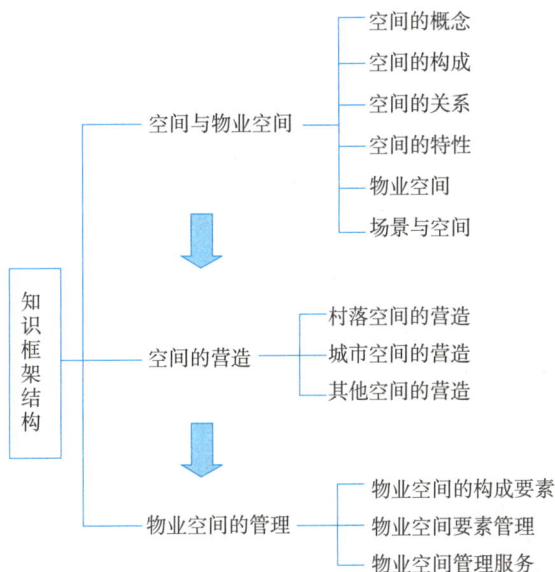

【本章要点和学习目标】

本章对空间、物业空间、空间的营造和物业空间的管理作了系统的阐述，主要介绍了空间的概念、构成、关系、特性及物业空间管理的构成要素和服务管理。

通过本章的学习，了解空间和物业空间相关内容，掌握物业空间营造管理服务的要求，有助于开展物业空间管理服务活动现代化，促进物业空间管理服务水准及行业规范与国际化发展趋势相适应。

4.1 空间与物业空间

4.1.1 空间的概念

"空间"是一个非常复杂的概念，三言两语很难说得清楚。但是，"空间"确实是时时刻刻都伴随着我们，或者说我们时时刻刻都能感受到我们生活、活动在某个空间里，甚至我们自己本身就是一种空间的存在形态。

按照一种便于理解的词典解释：空间是指物质存在的一种客观形式，由长度、宽度、高度表现出来。在自然界中，星空大地、山川湖海、林木花草、各种动物，都是物质的多种多样的存在形式，也就是空间的多种多样的存在形态。在人类社会，人与人之间、人与物之间也都构成不同的空间形态。

我们通常理解的空间，指的是由不同人群之间、各种事物之间、不同时段之间、不同地段之间的不同程度间隔开的存在形态。例如，我们总是说人与人之间要保留一定的空间，一个人要有一定的活动空间。一幢建筑物构成一种空间形态，一幢建筑物内部由墙体和各种设备之间，构成各种空间形态。建筑物与建筑物之间、建筑物与植物之间、建筑物与自然生态之间、自然生态彼此之间，都构成了不同形态的空间。按照经典物理学的解释，宇宙中物质实体之外的部分称为空间；按照相对物理学的解释，宇宙物质实体运动所发生的部分称为空间。

随着人们对空间的体验越来越丰富多彩，创造出来的空间概念也越来越多，诸如社会空间、思维空间、文化空间、艺术空间、情意空间、网络空间、信息空间、数学空间等。空间是无界的，空间中的任何一点都是任意方位的出发点；空间也是永恒存在的，空间永远出现在当前时刻。空间的外延也是无限多样的，它是所有事物占位大小和相对位置的度量。

4.1.2 空间的构成

我们想象一个空间，比如说一间教室，它由四边墙面、天花板、地面围合而形成的，教室里面有某种统一样式的课桌椅、有讲台、有教学设备，里面坐着 30 位学生，正在专注地听老师讲课，学生们感觉到这堂课收获满满。

如果我们对这个空间作进一步的分析归类，它其实是由墙面、天花板、地面、桌椅、讲台、设备这些"物"和学生与老师这些"人"，以及学生的"感受"三个要素构成的。所以，空间是由物、人以及沟通物与人之间相互关系的人的感觉而构成的。换句话说，我们所感受到的空间是我们营造出来的，或者说是人创造出来的。空间里面有什么？——有物、有人、有人的感觉。因为空间中存在着人的感性意识，所以空间是人所赋予意义的空间，也就是说，空间是有意义的空间，这个意义是人所赋予的。但是，一个被营造出来的空间并不是固定不变的，它会随着构成空间要素的消失而消失。另外，甚至也可以说，构成空间三要素中，只要有一个要素发生变化，那么，这个空间就不再是原来的空间了。

4.1.3　空间的关系

1. 人与人之间的空间关系

人与人之间的空间关系可分为公共空间关系和私人空间关系。公共空间是由多人共同支配的空间，包括社交空间、工作空间、公共生活空间等空间关系，这些空间关系都是人们在社会交往、共同工作和公共生活中营造出来的。私人空间是属于自己的，不被任何人了解、知道的属于个人的空间，包括私人的室内生活空间和私人独处时所营造的空间，有人会把房间、日记、自己的内心某一个角落称为"私人空间"。公共空间和私人空间是可以相互转化的，当个人从公共空间中营造出属于可供自己支配的空间时，就形成了一个私人空间，比如当一个人独处在一间教室里时，此刻教室便成了私人空间。另外，当约上若干人来家里聚会时，就有可能形成了公共空间。

2. 人与物之间的空间关系

空间基本上是由一个物体同感觉它的人之间产生的相互关系所形成的，人与物之间可以形成多种多样的空间。想象一下，一个人坐在办公桌前工作，这个人与办公桌和办公场所之间便构成了一个工作空间。如果办公桌椅设计得更加符合人体工学要求，工作场所布置得令人愉悦，这个工作空间可能会令人感到舒适、静心而更加专注，提高工作效率。

3. 物与物之间的空间关系

物与物之间的空间关系可简单分为自然界的物的空间关系和人为营造的物的空间关系。自然界的山川河湖、森林草地、沙丘戈壁等构成异彩纷呈的自然空间景观。人类也营造出了无穷多样的物与物之间的空间关系，小到一间房间的营造，大到一幢建筑、一个住宅小区、一个乡村聚落、一座城市。物与物之间所构成的空间关系对人的心理、情感、意识都会产生深刻的影响，尤其是人为营造的物与物之间的空间，更是体现了空间营造者的精神追求。

4. 物质性空间与精神性空间关系

物质性空间是由物与物之间构成的空间，精神性空间是由人的感觉、印象、情绪、思想、意识等所构成的空间。物质性空间和精神性空间相互影响，相互作用，彼此赋予对方意义。比如我们面向高山或大海，内心自然会涌起辽阔和雄浑的情感体验。一间布置有梅兰竹菊画卷或绿植的房间，会使人产生超凡脱俗的感受。

4.1.4 空间的特性

1. 空间的客观性

空间是客观存在的，自然空间是客观的，人工营造的空间也是客观存在的。我们每时每刻都生活在一定的空间中，我们既生活在给定的空间中，如我们的城市、城市的生活、我们所居住的小区都是预先给定的，同时，我们也在营造着空间，我们自身就是一个存在着的空间。

2. 空间形态的多样性

空间的形态多种多样，万千多样的自然空间自不必说，人工营造的空间同样不可胜数。我们去往每一个城市、进入每一个小区、每一幢大楼、走在每一条街道上，都会发现空间的不同的表现特征，每一个地方的人的活动方式、社会特征、经济特征都存在着差异，构成不同的空间形态。

3. 空间的可塑造性

空间不是一成不变的，而是可塑造的。我们可以通过城市规划，对以往就形成了的城市空间进行更新改造，形成新的城市空间形态。对一间办公室进行重新布置，使其更加能够体现使用者的个性特征、精神内涵和价值追求。

4. 空间构成要素的复杂性

空间的构成要素极其复杂，就一个城市空间而言，形态各异、种类繁多的城市建筑、公共设施、自然的和人工的景观、生活在城市内的不同阶层的人群、城市的复杂的社会和经济要素等，都体现了一个城市空间的构成要素的复杂性。同样，对于任何一个住宅小区所形成的空间，"物"的要素、"人"的要素以及人们的感受，也是各不相同，非常复杂。

4.1.5 物业空间

这里所说的物业空间，指的是由一幢建筑物、一个住宅小区、一个商业综合体、一个园区等各种不同的物业所构成的空间，它们是纳入物业管理的对象。物业空间的形态极其丰富，每一个物业空间都有自己的空间特性，因为构成每一个物业空间的"物"，以及在这个空间内活动的人，还有人们对这个空间的感受都是不同的。物业空间是人们生活和开展各种活动的场所，人们在这里生活和工作，开展各种活动，进行信息处理、交换、创造价值。随着社会的不断发展，物业空间的内涵也日益丰富。

4.1.6 场景与空间

1. 场景

"场景"这个名词越来越广泛地被使用着，人们在各种场合下使用这个名词，但是它究竟指的是什么，却不容易说清楚。从"场景"这个名词的字面意义上说，它指的是一个场面或一个情景。一般认为，"场景"主要指基于特定时间、空间和行为及心理，人为营造出来的一种空间氛围。人们营造一种场景，目的是要展现具有自身特色的空间形态，同时为场景中的人提供良好的体验。

2. 场景与空间的关系

空间是场景的载体，任何场景一定是在某个独特的空间中营造出来的；场景是空间的表现形态，任何空间都表现为某种场景。一个场景可能形成一个空间形态，一个空间也可能由多个场景构成。

4.2 空间的营造

空间的营造包括村落空间的营造、城市空间的营造以及自然保护区、旅游景点等的其他空间的营造。

4.2.1 村落空间的营造

传统的村落是人们在长期的历史过程中形成的，每一个村落都具有自身的空间特色和文化传承。随着新农村的建设，打造美丽乡村，人们正在对传统村落进行空间重构，梳理传统空间，修复残破空间，利用废弃空间，整合存量空间，并分别进行空间属性（结构、形态、尺度等）和空间要素（道路、边界、节点、标志、区域等）的保护、恢复和整治。

4.2.2 城市空间的营造

城市空间的营造包括在城市总体规划指导下所开展的城市总体空间的营造，在详细规划指导下所开展的城市建筑空间的营造，以及街道、公园、广场、水系等空间的营造。其中，物业空间的营造，指的是城市各类建筑空间在长期的使用过程中，为更好地满足业主或物业使用人的需要，为使业主或物业使用人能够获得更好的体验，所开展的物业空间营造活动。

4.2.3　其他空间的营造

这里主要是指对于自然保护区、旅游景点等自然空间施加人为因素，使其能够得到更好的保护和利用。

【案例4-1】云南丽江古城

【案例4-2】皖南民居

4.3　物业空间的管理

4.3.1　物业空间的构成要素

1. 物的要素

一般来说，物业空间的"物"的要素主要有建筑物及设备设施、物业范围内的道路、广场、花园等场地，以及绿植、水体等。

2. 人的要素

人的要素是最复杂的，但是我们仍然需要尽可能地了解物业的业主及物业使用人的特点，更重要的是要了解业主和物业使用人的需求，以便能够更好地营造空间使用体验。

3. 场景要素

一些酒店、宾馆、写字楼、商业综合体、图书馆、博物馆、科技馆等物业空间特别注重场景的营造，以表现空间的特色和价值。场景要素包括声、光、气味、色彩、装饰物、字体、图案、标识等各种造成视觉、听觉、嗅觉、触觉等效果的要素，以便增强人们的感受和情感。

4.3.2　物业空间要素管理

1. 房屋及设施设备的管理

房屋及设施设备的管理主要包括及时发现房屋及设施设备的故障和易损部位，并能够进行及时的维修养护，制定并实施设施设备管理节能措施；制定并执行房屋及设施设备运行、检查、养护、维修计划，观测设施设备运行状态，分析常见设施设备运行数据；制定并实施房屋及设施设备运维管理的制度、标准和计划；制定并实施房屋及设施设备维修、改造及绿色运行方案等工作内容。

2. 物业绿色空间管理

物业绿色空间指的是由物业空间范围内由乔木、灌木、草地、水体构成的生态系统，以及物业区域周边的公共绿地构成的生态系统。在物业空间内，绿色空间对于营造健康、优美、舒适、宜人的生活工作环境，起着关键性的作用。对绿色空间的营造和维护，是物业空间管理中的一项不可或缺的重要工作，也是衡量物业空间管理工作和物业环境好坏的一项十分重要的评价指标。

物业绿色空间可以起到遮阳、隔声的功效，能够增加物业空间范围内局部区域空气中的相对湿度，降低温度，改善局部小气候环境。植物能够吸收空气中的有害气体，如二氧化碳、二氧化硫、氨气等，能够对局部区域空气起到净化作用，还能够起到防风、防尘、杀菌、消毒的作用。

构成城市绿色空间的绿地有：供人们游览、休憩、娱乐，开展社交活动的公园绿地，改善城市自然条件和卫生条件而设的防护绿地，以游憩、纪念、集会和避险等功能为主的广场绿地，居住绿地、公共管理与公共服务设施绿地、商业服务业设施绿地、工业绿地、物流仓储绿地、道路与交通设施绿地、公用设施绿地，风景游憩绿地、风景名胜区、森林公园、湿地公园、郊野公园、野生动植物园、遗址公园、地质公园、生态保育绿地、区域设施防护绿地、生产绿地。

物业绿色空间营造包括绿化方案设计、植物选择与配置、绿地营造施工三个阶段。

（1）绿化方案设计

根据物业空间特点、美观设计等因素，进行三维空间布局，丰富多彩的植物和精巧的亭、台、廊、榭、雕塑、座椅、水池等园林小品相互搭配，形成清新优美的环境，为人们营造宜人的休憩娱乐的绿色空间。

（2）植物选择与配置

根据绿地配置的功能要求，以及植物生长的地区适应性特点，选择绿地空间所应种植的植物。在道路两侧应选择树冠浓密宽大的大乔木，遮阴避暑，美化道路。在河边和水池边，宜选种落叶少、飞絮少的植物，减少水面污染。做好乔木、灌木、草坪、花卉品种和颜色的配置，以及绿化的艺术表现方式，营造层次和色彩宜人的绿地空间。常用的植物包括松柏科植物、杉科植物、杨树、槐树、樟树、女贞、紫薇、丁香、银杏、悬铃木、合欢树等。在物业空间内，不宜选择带刺、有害、抗性弱的植物，以免造成伤害。植物选择和配置确定后，应编制绿化苗木明细单，用于后续绿化施工和养护管理。

（3）绿地营造施工

一个好的绿色空间的营造，除了要有好的设计方案和植物选择和配置以外，还需要有好的绿色空间营造施工建设过程，这也是物业绿色空间营造的重要环节，它直接影响绿色空间营造的品质和后续的管理养护，影响花木的生长及美化的效果和各种功能的发挥。

绿色空间管理需要制定绿化养护工作计划，包括年度工作计划、月度工作计划，养护人员的培训计划，明确绿化养护工作的范围、内容、标准、规范、责任人等内容，保证各岗位工作人员能够明确岗位工作内容和工作标准。

按照养护人员培训计划对绿化养护人员进行技术培训，使绿化养护人员熟悉绿化养护基本知识、技术要求、工作程序，以及对新技术、新工艺、新方法等的掌握，提高绿化养护人员的技术水平。绿地养护的技术要求主要体现在绿化种植完成后的浇水、施肥、修剪、除草、病虫害防治、防寒防灾等养护环节的要求方面。

绿化养护人员按照工作安排进行日常绿化养护工作，并填写相关绿化养护工作记录表。绿化日常养护工作主要包括：浇水、施肥、修剪、除草、虫害防治、灾害预防等。做好日常养护工作的检查，并做好检查情况的记录工作。对于日常检查过程中发现的问题，或操作不规范不合要求的情况，要及时纠正，以免发生事故。

3. 物业清洁空间管理

物业清洁空间管理是对物业空间范围内清洁空间的营造与维护。物业空间范围内的清洁空间包括楼宇内部的公共空间和楼宇外部的公共空间，对这些空间部位进行长期有计划的清洁卫生管理，消除环境污染，给业主营造更加健康洁净的生活、工作、学习空间，使物业得到保值和增值，最终促进城市的物质和精神文明建设。物业清洁空间管理主要有楼外保洁和楼内保洁等。

（1）楼外保洁

楼外保洁包括物业空间内，楼宇前后左右的公共地方、道路、广场、楼宇底层，到顶层屋面上下空间的共用部位、楼梯走道、电梯间、大厅平台等的清扫保洁。其清洁工作的好坏，直接影响到物业空间的形象，对空间生活及美化具有很大的影响。

楼外保洁要注意时间安排，楼外公共区域要求每天在早上业主出门前先全面清扫一次主要道路，避免在业主出门时清洁道路对业主造成影响。在业主出门活动后主要对道路上新产生的垃圾等进行及时的跟踪保洁，并对绿地、游乐场所、水池景观、停车场、天面、排水沟等不易对业主造成影响的地方进行清洁。

在清洁频次上，楼外公共道路应根据不同物业空间管理等级要求确定不同的频次及时进行清洁，并对道路及绿化地等进行跟踪巡查，及时清除道路及绿地上的垃圾杂物，对于铺装道路应定期用水进行清洗，而沉沙井、雨污水井及天面等也应根据合同要求定期进行全面清洁。

（2）楼内保洁

楼内保洁范围包括大堂清洁、楼梯及公共走道清洁、墙面清洁、电梯及卫生间清洁等。保洁要注意了解不同材质理化性质：楼内公共区域的清洁对象，涉及玻璃、地毯、各种石材、各种金属木材、水泥及其他各种建筑装饰材料等。各种材料的物理化学性质不一样，它们的污染性质及对清洁剂的要求与承受能力也不一样，因而清洁的工艺及原理也各不相同。另外，还需要针对不同材质清洁保养：楼内公共区域清洁除了常规的清扫、清抹外，更多的是对清洁对象如石材、木地板、地毯等的保养工作，因而楼内清洁工作涉及打蜡、抛光、晶面处理、洗地、地毯清洗、玻璃清洁、金属制品清洁等多个工艺。

（3）垃圾收集与处理

垃圾收集与处理，包括了日常垃圾的收集、装修及施工垃圾的收集、垃圾分类、垃圾清运等工作。对于集中装修的新入住小区，可由物业服务企业在小区较偏僻的位置划出一块地方，各家装修垃圾统一清运到该处，然后由物业服务企业安排清运。物业服务企业应做好空间范围内的垃圾分类处理工作。

（4）管道疏通

管道疏通是物业清洁空间管理工作的重要内容之一，它包括雨水管道疏通、公共污水排水管道疏通、化粪池、隔油池的清理等。

雨水管道要求雨季期间最少每月全面检查疏通一次，及时清除管道内积存的泥沙杂物、杂生植物等，确保下大雨时雨水能及时排出。公共污水排水管疏通主要是各楼排污主管的弯头、排污管落地处到污水井间及物业空间范围内污水系统到市政污水系统间等管道的清疏。

（5）化粪池清掏

小区内的化粪池，应每月进行检查，并每半年清掏一次。由于化粪池的处理会对周围居民造成一定影响，因此清掏时必须迅速，并且事先向相关居民发出通知，让居民做好相关准备。

（6）外墙清洗

外墙的装修材料有花岗岩、陶瓷绵砖、玻璃、铝合金、不锈钢，各种外墙涂料的这些装饰材料，在长期的日晒雨淋、有害气体腐蚀及灰尘吸附之下，会逐渐氧化、变脏、变色等，从而失去原有的光泽，老化导致物业的贬值，为了使其保持亮丽的外观，保持物业的保值升值，应定期对外墙装饰面进行清洁保养。

（7）泳池清洁

有些物业空间内建设有泳池，对于泳池的清洁，一般通过循环过滤系统及日常清洁加药消毒等对游泳池及水质进行卫生保洁处理，确保水质清澈、卫生。由于游泳池卫生要求高、水处理专业性强，为了保持泳池水质量能达到国家标准，必须每天定期对泳池水进行 pH 值、余氯、水温、浑浊度等检查。每月对大肠杆菌进行检测，发现不符合标准应及时进行纠正。

（8）清洁拓荒

清洁拓荒是指在施工结束后正式交付使用前，由清洁公司对整个物业空间区域进行一次彻底的全面清洁，使物业空间达到日常使用的清洁水平，从工地状态转为日常使用状态的一个清洁过程。清洁拓荒往往时间比较紧迫，工作量大，涉及各类清洁对象及各种污渍，有些还需要对清洁对象进行首次保养，对清洁技术的要求比较高。

4. 物业安全空间管理

物业安全空间管理是指物业服务企业接受业主委托，在物业空间管理区域内营造和维护安全环境的服务活动。物业安全管理包括物业管理区域范围内的公共安全防范管理、消防管理、交通与停车管理，由此营造一个安全的物业空间。

（1）公共安全防范管理

物业公共安全防范管理，是指预防和控制影响业主和物业使用人进行正常的生活、工作、学习、娱乐和交往所需要的稳定的外部环境和秩序的风险因素，为业主和物业使用人营造和维护安全环境的活动。

公共安全防范管理的内容，包括出入管理、公共安全秩序维护、灾害防治、服务社区治理、施工现场的管理等。有人认为，安防系统的使用、维护和管理应属于安全防范的一项工作内容。实际上，安全防范涉及人防、技防、物防三个方面。"人防"是指通过人力进行防范的措施，如人员巡逻、站岗等；"技防"是运用科学技术手段进行安全防范；"物防"是利用技术防范专用设备进行安全防范。能够使用技术手段和设备开展安全防范工作，是属于安全防范人员的技能，所以应该包含在出入管理、公共安全秩序维护等各项工作内容之中。

（2）消防管理

消防管理是安全空间管理的一项重要工作，为了做好物业的消防安全管理工作，物业服务企业应着重加强对辖区内业主的消防安全知识宣传教育及消防安全检查，并建立义务消防队伍，完善消防管理制度，加强消防设备设施的完善与维护保养工作。

首先是要做好火灾预防工作。物业空间内的火灾预防是消防管理工作的首要任务，物业服务企业应根据国家法规，消防主管部门的指导要求，制定完善的消防管理制度，认真做好物业项目的火灾隐患（危险源、危险载体）识别工作，编制完善的火灾应急预案，建立消防设施设备专人维护与保养制度，同时还应积极开展物业项目范围内业主的消防安全知识宣传教育工作。

其次要做好火灾应对工作，包括：

1）报警：自动报警装置显示火警信号或接到火警报告，应立即确认火警发生部位。

2）确认：值班人员通知巡逻岗前往现场观察，确认火情后立即上报主管人员，启动应急预案，同时立即拨打119报警，通知消防主管部门。

3）疏散：启动消防广播系统，通知相关人员撤离火灾现场，救援疏散组，第一时间对现场人员进行疏散。

4）灭火：在疏散的同时，灭火组应及时启用就近的灭火器材进行灭火，如火势过大，应在保证安全的前提下，以尽量控制火势蔓延为主要任务，为消防部门的灭火救援，争取时间。

最后，要做好灭火后的恢复工作，火灾扑灭后，物业服务企业应及时做好恢复工作，主要包括：

1）现场警戒隔离，协助相关部门做好现场取证工作；

2）如购置相应保险，应启动保险申报赔偿工作；

3）现场清洁修复工作；

4）总结经验教训，完善防范措施；

5）编制报告上报上级部门及甲方。

（3）交通与停车管理

物业空间内的交通与停车管理是物业安全空间管理的一项基本工作内容，也是一项难度比较大的工作内容，主要包括空间区域内的交通动线和车位规划、车辆出入管理、车辆停放管理、停车场收费管理。

交通动线规划是指在物业服务区内对人流和车流的流线和出入口的设置进行规划。很多新建物业都会考虑车辆双向行驶动线，有的还进行了人车分流。但是很多时间比较长的老旧物业，尤其是老旧小区，流线不清晰，经常造成在道路交叉口拥堵和剐蹭的事故。

物业服务区域内的车位规划主要有三种形式。一种方式是地面停车式，即利用地面道路空间停放车辆，这是很多老旧物业的车位规划模式。一种是地面地下混合式，即一部分利用地面空间停车，一部分利用地下停车场停车。一种是地下停车式，即全部车辆停放在地下停车场，将地面人流和地下车流分隔开来。

停车位的规划与分配是一个非常重要的问题。随着我国社会经济的快速发展，人民群众的生活水平不断提升，城市居民拥有车辆的数量越来越多，停车问题已经成为社会的热点和难点问题。许多新建物业已经对于停车位的数量和分配方式有了比较充分的考虑，但是仍有大量的物业停车难的问题存在。

随着现代信息技术的发展，大数据、人工智能、物联网、云计算等新兴技术的广泛应用，车辆的出入管理和停车场管理也进入了智能化的时代。大量的物业项目在车辆出入管理和停车场管理方面应用了智能化的系统。车辆出入智能识别管理系统一般具有出入车辆车牌自动识别比对放行、车辆自动计费管理、图像采集、车流量定时统计等多种功能，管理人员通过软件可以实时查看对应车辆信息、进出时间、缴费记录等。

5. 客户服务管理

客户服务管理工作包括有效地与客户进行沟通，识别客户类别，提供针对性的服务。为客户办理入住手续，处理及跟进客户报事、报修与投诉。收集客户生活服务与文化建设活动需求信息，向客户宣传推广社区生活服务与文化建设活动。执行社区生活服务工作流程，按计划组织客户参与社区文化建设活动等。

6. 服务社区治理

社区治理是指政府、社区组织、居民及辖区单位、营利组织、非营利组织等基于市场原则、公共利益和社区认同，协调合作，有效供给社区公共物品，满足社区需求，优化社区秩序的过程与机制。社区治理的主体是多元化的，包括政府、企业、非政府组织、私人机构以及社区居民等。

社区治理的内容涉及社区成员社会生活的多个方面，事关社区成员的切身利益。它包括社区服务与社区照顾；社区安全与综合治理；社区公共卫生与疾病预防；社区环境及物业管理；社区文化和精神文明建设；社区社会保障与社区福利等。要做到社区公共事务的治理就必须最大限度地整合社区内外资源，构建社区治理机制，调动社区居民参与，达成社区事务的良好治理。

物业服务企业作为社区治理的主体之一，应积极服务于社区治理，提供丰富多样的社区服务产品，在共同的社区治理中创造更高的共同价值。

7. 空间要素组合管理

物业空间的要素，除了房屋结构、装饰、清洁、绿色、安全、人员等以外，还包括空气、温度、湿度、声音、光线等造成感觉效果的要素，我们可以根据物业空间的品质及业主和物业使用人的需要与体验，对物业空间要素进行组合管理，营造适宜的场景。

4.3.3　物业空间管理服务

物业空间管理服务是伴随着现代经济和社会高速发展，各种组织面临的任务形态的重大变化，组织未来的发展、工作空间服务以及新工作类型的出现等因素而来的，物业空间管理服务是一项持续性的管理服务过程。组织的绩效通过人在空间中发挥创造力并相互协作得以实现。现代组织致力于对物业空间的改善，使之更加注重人本身的感受，从而促进员工高效工作。从某种程度上讲，物业空间和设施环境已经成为企业吸引人才的重要手段。

空间管理的意义在于更加凸显人的价值，提升人的生活体验和工作中的创造力，并通过人与环境的相互协作最终实现企业绩效。良好的空间管理有利于企业文化建设、品牌形象宣传、优秀人才吸引、财务成本控制等核心竞争力打造。

物业空间管理服务包括以下内容：

（1）物业空间管理需求分析。对空间使用人员在空间内开展业务活动产生的导向性、便捷性、舒适性、安全性以及相关设施配套性的空间需求进行分析。

（2）物业空间管理规划。在考虑布局和工作环境对企业生产力影响的基础上，制订比较全面、长远的工作生活空间发展计划，设计未来整套行动方案的过程。

（3）物业空间使用管理。日常工作中对空间进行分配、制订各种空间使用规则引导用户正确使用，以及小型变更管理，并评估空间使用效率、核算空间使用成本等的过程。

（4）物业空间变化管理。根据企业战略规划和业务发展的需要，对工作场所空间变化相关活动进行系统规划和实施，以提升空间价值和支持企业变革的过程。

【本章小结】

空间指的是由不同人群之间、各种事物之间、不同时段之间、不同地段之间的不同程度间隔开的存在形态。

物业空间，指的是由一幢建筑物、一个住宅小区、一个商业综合体、一个园区等各种不同的物业所构成的空间，它们是纳入物业管理的对象，是人们生活和开展各种活动的场所，人们在这里生活和工作，开展各种活动，进行信息处理、交换、创造价值。

物业空间的构成要素包含物的要素、人的要素和场景要素。

物业空间要素管理包括房屋及设施设备的管理、物业绿色空间管理、物业清洁空间管理、物业安全空间管理、客户服务管理、服务社区治理、空间要素组合管理等。

物业空间管理服务包含物业空间管理需求分析、物业空间管理规划、物业空间使用管理和物业空间变化管理等主要内容。

【课后练习题】

一、复习思考题

1. 什么是物业空间？

2. 物业空间要素管理包含哪些内容？

3. 物业空间管理的服务包含哪些内容？

二、自测题

扫码答题

5 物业管理的服务费与财务管理

教学课件

【知识拓扑图】

```
                                    ┌─ 物业服务收费的依据与原则
                    物业服务收费概述 ─┼─ 物业服务收费的方式和内容
                    │                └─ 物业服务收费的催收与手段
                    │
知识框架结构 ────────┤                ┌─ 物业服务的成本费用构成
                    │  物业服务的成本费用 ─┼─ 物业成本费用的管控
                    │                └─ 物业服务的成本费用测算
                    │
                    │                     ┌─ 物业服务企业会计核算
                    └─ 物业服务企业会计核算与财务管理 ─┼─ 财务管控体系
                                          └─ 财务分析
```

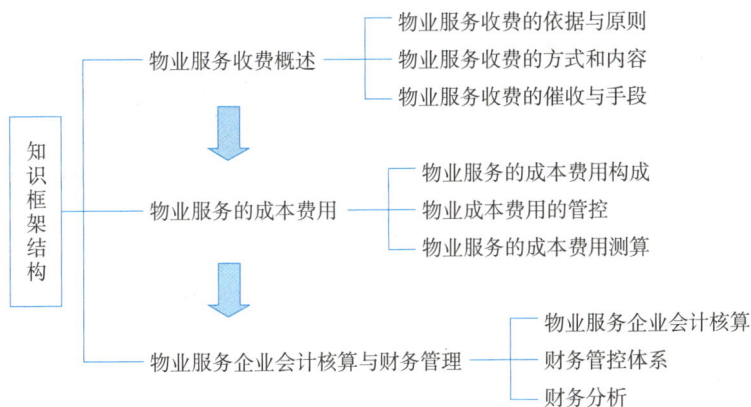

【本章要点和学习目标】

本章主要介绍物业服务收费的依据、原则、物业成本费用、物业财务管理的基础知识。

通过对本章的学习，了解物业服务企业成本构成、服务收费等相关知识，结合国家已颁布实施的相关法律法规及政策，掌握物业财务的基本原理与常识。

5.1 物业服务收费概述

5.1.1 物业服务收费的依据与原则

物业服务收费一般来讲是多维度来考虑的，一般会受到当地政府定价政策、物业服务性质特点以及业主和物业使用人个性化的服务需求等多种因素影响。物业公司所收取的物业服务费标准一方面要受有关国家、政府的政策法规制约；另一方面，物业公司要考虑到业主和物业使用人的意愿、购买物业服务的能力，如果物业公司收费标准过高的话，业主无法承受，从而失去了物业管理的机会；反之，收费标准过低，则物业公司无法获取利润，又违背行业的市场规则。因此，物业服务费的收取需要有所依据，遵循一定的原则。

1. 遵循国家、政府的政策为基本原则

通常情况下，物业服务费收费越高，给物业服务企业带来的经济效益越丰厚。但我国各个地区的经济发展不平衡，物业服务企业在各地的发展情况不一。随着国家相关政策逐步出台，对物业行业的收费标准逐步予以规范。早在 2004 年 1 月 1 日国家发展改革委、建设部发布了《物业服务收费管理办法》，对物业服务收费作了纲领性的指导意见，对物业服务收费作了明确的定义，即"物业服务收费是指物业服务企业按照物业服务合同的约定，对房屋及配套的设施设备和相关场地进行维修、养护、管理，维护相关区域内的环境卫生和秩序，向业主所收取的费用。"

根据《物业服务收费管理办法》，各级政府根据实际情况分等级划分了政府指导的物业收费指导价的标准，当地政府价格主管部门应当会同物业管理的主管部门根据物业管理服务等级标准等因素，制定相应的基准价及其浮动幅度，并定期公布。具体物业服务收费标准由业主与物业服务企业根据规定的基准价和浮动幅度在物业服务合同中约定。

2018 年 11 月 22 日上海市第十五届人民代表大会常务委员会第七次会议通过的《上海市住宅物业管理规定》第四十八条"物业服务收费实行市场调节价，由业主和物业服务企业遵循合理、公开、质价相符的原则进行协商，并在物业服务合同中予以约定……除住宅物业服务标准定期一般应由市房屋行政管理相关部门发布外，相关物业管理行业协会应当定期发布物业服务价格监测信息，供业主和物业服务企业在协商物业服务费用时参考。"因此，物业服务收费应参照政府指导价为基本原则。

2. 应兼顾各方利益为原则

所提供的物业服务档次越高，则物业服务收费标准越高，物业公司往往会根据业主方对物业服务的不同服务质量和服务水平，采用定制个性化的物业服务收费标准。如有些业主方提出 FM（资产管理）纳入物业管理服务；有些业主将所管物业的房产租赁和出售并入物业服务的范围等，因此，越来越多的业主自身的经营与物业服务企业捆绑在一起。

就物业服务企业自身而言，所收取的物业管理服务费用，应是对物业服务企业的自身所提供的劳动价值的补偿。物业服务企业的劳动价值就体现在对建筑物的管理、环境卫生管理、社会治安管理等活动上。提供高质量、高水平的物业服务，应得到高额的利润回报。

而对业主方而言，所付出的物业服务费不仅享受到高质量、高水平的物业服务，而且能带来一定经济效益。

因此，一些传统的物业服务企业那种不追求提高服务质量、服务水平，只追求高收费的做法，以及不考虑业主的需求，一律按同一价格收费的做法，已无法在现代物业服务行业内生存。物业服务收取的费用要考虑到物业自身的利益，在实际物业服务中应坚持能提供多少服务，就收取多少费用，确保收费与服务水平、质量相适应。同时要兼顾业主的需要和承受能力，以确保物业服务费的收取有合理性、可持续性。

3. 合理、公平的原则

随着国家各项法律逐步健全，业主维权意识逐步提高，物业服务企业与业主的关系是受托人和委托人的关系，是提供服务和接受服务的关系。物业服务企业接受业主的委托而进行物业管理服务，向业主或物业使用人提供多种服务。越来越多的业主在物业服务合同中，特别是住宅小区的项目和酬金制收费项目的业主，要求对物业管理收费情况进行询问、了解、检查和监督，因此服务企业应将物业服务收费的详细情况向业主或物业使用人说明，如包括物业收费实行明码标价，收费项目、收费标准和收费办法等应在经营场所或收费地点公布，以及定期向业主或物业使用人公布物业服务费收支情况等。

物业服务收费按合理、公平的原则予以落实，并在业主与物业服务企业签订的物业服务合同中予以约定，有利于物业服务企业与业主相互沟通，有利于得到业主的理解和支持，也有利于保证物业服务费收取的顺利实施。

5.1.2　物业服务收费的方式和内容

按照目前国家政策相关政策法规的规定，业主与物业服务企业可以采取酬金制和包干制等收费形式。

（1）酬金制，是指在预收的物业服务资金中按约定比例或者约定数额提取酬金支付给物业服务企业，其余全部用于物业服务合同约定的支出，结余或者不足均由业主享有或者承担的物业服务计费方式。

实行酬金制物业服务企业一般只能获得物业合同约定的固定或变动的酬金，扣除酬金之后结余的资金归业主所有，物业服务企业不承担亏损。对于业主而言，物业服务费的收支情况较为透明，避免了收费与服务不相符情况的出现，保护了业主的合法权益；对于物业服务企业而言，由于酬金制是按照预收的物业管理服务费提取，具有相对的稳定性，可以在一定程度上规避收支不平衡的经营风险。实行酬金制，物业服务企业应当向全体业主或者业主大会公布物业管理服务资金年度预算，同时每年至少公布一次物业管理服务资金的收支情况。

酬金制的运作流程包括：制订年度工作计划、编制年度管理预算、提交委托方审核，执行计划、预算、公布费用使用情况，年终决算、结算。

（2）包干制，是指由业主向物业服务企业支付固定物业服务费用，盈余或者亏损均由物业服务企业享有或者承担的物业服务计费方式。

包干制将物业费与物业服务质量一起包干给物业服务企业，物业服务企业自负盈亏、风险自担、结余归己。物业服务企业在实施物业管理过程中有更大的自主权，但交易透明度不高，但业主可以对物业服务企业是否按照合同约定的内容和质量标准提供服务进行监督，对物业服务工作提出改进建议。物业服务企业应本着诚信公平的原则，主动接受业主的监督，保证服务质量并不断提升。

从业主角度来说，包干制方式约定的物业服务费是固定的，不会因市场短期波动、物业项目运作情况而发生变化；从物业服务企业角度来说，管理服务的利润不再是固定的，需要承担一定的经营风险。所以企业需要不断挖掘管理潜力，通过科学的管理运作实现服务质量和经营效益的同步增长，可以同时兼顾业主利益和企业发展，两种方式的区别见表5-1。

酬金制与包干制的区别   表5-1

内容	方式	
	酬金制	包干制
物业费用构成	物业服务支出、物业管理酬金	物业服务成本费用、法定税金、物业企业的利润
物业费使用与授权	一般按合同约定或按业主方审批同意的年度预算内支付物业开支	物业公司可以根据管理需要自行安排
物业费的核算	一般各项目独立建账核算	可以独立核算也可以合并
物业收支是否公告	需要公示年度物业收支预、决算及审计报告；每年至少公示一次服务资金收支情况	一般不需要
物业收支是否审计	需要第三方审计	仅物业收费标准调整时需要审计
物业管理实施	受业主方的监督和制约，甚至对物业的外包、大额开支都需要审批	物业公司有权自主选择
经营风险的承担	业主承担经营风险	物业企业承担经营风险

（3）无论是酬金制还是包干制，在物业服务开展过程中，涉及物业公司所需要收取的费用内容主要分为如下几个方面。

1）物业管理服务费

物业管理服务费是指为根据所在物业合同服务条款的约定，在物业管理区域内提供的对房屋及配套的设施设备和相关场地进行维修、养护、管理，维护相关区域内的环境卫生和秩序的活动而产生的物业服务收费。

业主按照物业管理服务费单价乘以房屋产权面积每月向物业服务企业交费。物业服务企业使用业主交纳的物业服务费，用于开支所管项目的保安服务费、保洁服务费、绿化养护费、共用设施设备的维修养护费、共用设施设备能耗及公共区域照明的能耗费，以及物业服务管理人员的人工成本及办公费用，当然还包括法定的税费。

2）公众代办性的物业收费

公众代办性的物业收费主要包括物业服务区域内，受业主委托物业服务企业代办水、电、气维修等服务收取的费用。在营业税改增值税（简称"营改增"）之前属于代收代付业务，营改增之后构成属于税务意义上的转售业务，故成为物业管理收费项目之一，按实缴纳增值税。

3）特约服务收费

特约服务收费通常指由物业服务企业依据业主或物业使用人实际需求所提供的超出物业服务合同约定以外的服务活动收费。如物业合同以外的室内保洁服务、秩序维护服务、物业修理服务等。

4）公共收益性质的收费

公共收益性质的收费主要是指物业公司利用所管项目公共部分进行经营获得收益的收费，该收益一般应归物业产权人的所有人共有。如：公共区域的广告收益（电梯轿厢广告、户外广告）、公共区域的停车位收益、公共区域内租赁的摊位收益、利用公共配套（如活动场地、会所、游泳池等）经营收入、通信运营基站的管理费、公共区域租赁快递柜收益以及业主授权的房出租收益等。

特别要强调的是，公共收益的收费收益归属业主共有而非物业服务企业所有。政府相关法律法规对该收益归属有明确规定，如《民法典》第二百七十一条规定："业主对建筑物内的住宅、经营性用房等专有部分享有所有权，对专有部分以外的共有部分享有共有和共同管理的权利"。《民法典》第二百七十五条规定："占用业主共有的道路或者其他场地用于停放汽车的车位，属于业主共有。"

5）其他代收代付项目

其他代收代付项目主要是指受业主委托或者物业合同约定暂时收取的各类代收代付性质费收费，如装修管理费、各类押金、暂存款等。

5.1.3　物业服务收费的催收与手段

政府相关法律法规对物业服务费收取和缴纳的约定是明确的，并具有一定的强制性。如约定：前期物业服务合同生效之日至出售房屋交付之日的当月发生的物业服务费用，由建设单位承担。出售房屋交付之日的次月至前期物业服务合同终止之日的当月发生的物业服务费用，由物业买受人按照房屋销售合同约定的前期物业服务收费标准承担；房屋销售合同未约定的，由建设单位承担。业主应当根据物业服务合同约定，按时交纳物业服务费；业主逾期不交纳物业服务费的，业主委员会应当督促其交纳；物业服务企业可以依法向人民法院起诉。业主转让物业时，应当与物业服务企业结清物业服务费；未结清的，买卖双方应当对物业服务费的结算作出约定，并告知物业服务企业。

然而在现实物业管理服务中，物业服务企业遇到欠费的情况还是普遍存在的，主要原因有：

（1）对物业收费缴纳产生误区

物业公司与业主或物业使用人完成了物业服务协议、物业服务公约等约定后，在法律层面上已明确了双方权利和义务，这是物业服务企业收取管理费和业主享受服务的法律依据。但是尚有部分业主或者物业实际使用人，或者相当一部分的物业服务人员也未必很清楚，物业服务企业所收取的服务费用从本质上讲，应该用于被服务物业项目全体业主共有的服务支出，如果某个业主不按规定交管理费，那他侵犯的是全体业主的利益，影响的将是整个物业项目的物业管理服务。

（2）物业服务企业收费不透明

这里主要是指酬金制物业收费模式的项目，由于该种收费性质决定了物业收费的依据、标准应予以公布，应该让业主有知情权。不管是政府批准的或规定的，还是双方协议的，都应给予公布、透明；让业主清楚地知道物业收费的来历，知晓物业服务企业每项收费都有依有据，不是在乱收费，使业主感觉到所有的物业收费都是在他们的监督之下进行的。

（3）物业服务质量低下

物业服务企业受人工成本增加、物业费收缴困难、服务人员意识淡薄等因素影响，造成物业公司的服务质量深受业主诟病，并由此导致物业服务企业与业主之间关系的紧张。特别是一些住宅项目的业主对物业服务企业在服务方面存在的问题，通常采取拒交物业费的办法进行抗争，结果导致物业服务企业的服务质量更差，物业费的收缴亦更加困难，形成了恶性循环。

业主和物业服务企业往往是一对矛盾体。作为物业服务企业，服务是手段，盈利是目的；而作为业主，不管物业公司提供了什么样的服务，收钱越少越好，这是一种最直接的心态，关键是要让业主感觉到物业服务企业的服务品质。

因此，要破除物业服务收费过程中遇到的瓶颈，有效提升物业服务费的收缴率，对物业服务费催收的方式可以做如下几方面的尝试：

（1）分析欠费原因，提升服务质量

比如有些住宅类的物业项目，因房屋质量存在问题而拒交物业费的，物业服务企业应该跟进整改，及时联络开发商或施工方进行维修，并且随时反馈，必要时可以表达难处，获得业主的同情以及取得客户的信任。有些因物业服务质量产生质疑，甚至投诉，物业服务企业可以成立专门工作小组，针对日常服务中的客户定期回访、客户满意度调查等拉近业主与物业服务企业之间的关系，有重点、有步骤、有针对性地提出解决方案并有效地推进与处理，让业主感受到物业服务企业的努力，认可物业企业的服务。

（2）加强物业服务的宣传

物业服务企业可以通过利用现代化信息手段，多渠道、多方式不断拉近与业主的联系，增强业主对物业服务的认可，提升缴纳物业服务费的意识。如一些住宅类物业项目，物业企业可以张贴公告或推送相关物业服务的宣传，包括公布物业费使用去向、月度或季度的工作汇报展示等，让业主了解物业服务工作有哪些成果，缴纳相关费用是为了小区的建设与管理。

此外，各个岗位的物业员工在日常的服务中，应积极主动地与业主交心，一个问候、一个微笑，通过点滴的物业服务表达，从而提高业主对物业服务的认知度。

（3）提高物业服务企业服务人员的收费技能

物业公司应加强对物业服务费催收人员的培训，提高员工服务意识与收费意识的积极性并落实到责任人，从而提升物业服务费的收缴率。如经常组织物业服务人员对物业服务催缴工作的情况进行分析、分享物业服务催收工作的经验等，通过相互交流和学习提升每位物业服务人员的素质。加强岗位培训、提升服务水平、提高员工素质，是物业服务费收费率提升的根本保障。

（4）利用合法手段予以保障

物业合同的签订是业主与物业服务企业在权利、义务的明确，也是对物业服务企业收取物业服务收费的一种保障。因此在物业服务合同约定中，在明确物业服务费支付的期限同时也可约定支付违约而产生滞纳金费用的条款，对业主产生一定的约束力和经济成本；此外物业服务企业可以根据实际情况，结合物业服务合同的约定支付周期积极与业主方沟通，对欠费达三个月或半年的业主，可通过下发公司催费函的方式进行催收，促使其交纳所欠的物业服务费；甚至对遇恶意拖欠物业服务费的业主，可发律师函并向法院提起诉讼。

5.2　物业服务的成本费用

5.2.1　物业服务的成本费用构成

在最新的企业会计准则中，把"费用"定义为企业在日常活动中发生的、会导致所有者权益减少的、与向所有者分配利润无关的经济利益的总流出。通过成本、费用、损失和税金进行了划分和范围的确定，这是财务核算上的定义。

结合物业服务收费的定义，我们将物业服务的成本费用内容划分为如下几个方面：

1. 物业服务人员费用

物业服务人员费用是指物业企业按规定发放给在物业服务项目的从业人员工资、福利、各项社会保障费用、工作餐及其他各类补贴。其中社会保障费用是指根据国家有关制度规定应当缴纳的养老、医疗、失业、工伤、生育保险以及住房公积金等。

2. 物业共用部位与共用设施设备日常运行及维护费

物业共用部位与共用设施设备日常运行及维护费是指为保障物业所管理区域内消防、排污、监控、道路、照明等共用部位与公共设施设备的正常运转、维护保养所需的日常运行费用，不包括保修期内应由建设单位履行保修责任而支出的维修费及应由物业维修专项资金支出的中修、大修和更新、改造费用。

3. 秩序维护费

秩序维护费，也称安保费用主要指物业服务项目内与秩序维护所发生的器具材装备费、保安服装费、保安外包费用及相应相关人员费用。其中器材装备不包括共用设备中的监控设备。

4. 清理清洁费

清理清洁费指物业服务项目内经常性的卫生打扫、保洁所需费用，包括购置清洁工具、清洁防护用品、消毒清洁用料、垃圾清运、保洁外包等相关费用和相关人员费用。

5. 绿化养护费

绿化养护费指物业服务项目内的养护绿化管理所需的费用，包括绿化工具购置费、绿化养护费用、绿化摆放费、绿化外包费用及相关人员费用。

6. 行政及办公费

行政及办公费指物业服务项目内的保证物业服务及管理活动而所需的各类费用，包括办公用品费、交通费、水电费、通信费、书报费、行政管理分摊费、财务费用、公众责任保险费、固定资产折旧费等各类行政费用。行政管理分摊费，指物业服务企业总部行政费用由物业项目承担的管理费用。

7. 经业主或业主大会授权使用的费用

经业主或业主大会授权使用的费用指按政府规定或物业合同约定，经业主或业主大会批准同意由物业服务费开支的费用。

5.2.2　物业成本费用的管控

随着物业管理行业进入高速发展和迅速扩张的时期，其发展前景是相当广阔的，面临的机遇是十分难得的。成本费用的管控是企业发展的永恒话题，是企业增加盈利的根本途径。成本费用控制从财务管理定义上讲，是指企业在生产经营过程中，按照既定的成本费用目标，对构成成本费用的诸要素进行的规划、限制和调节，及时纠正偏差，控制成本费用超支，把实际耗费控制在成本费用计划范围内。

物业企业的成本费用管控的必然性，主要来自于以下四个方面：

其一，来自于市场同行的竞争。物业行业的起步门槛较低，国家取消了物业服务企业资质等级后，物业行业的市场竞争日趋激烈，竞争的手段也趋于多样化，但降价竞争依然是主要的手段，物业公司要争取市场份额必然挤压物业管理的成本费用。

其二，来自于业主维权的压力。随着业主维权的法治化、理性化、专业化，对物业服务企业的成本费用构成的合理性和合规性，日益成为业主维权的重点。

其三，来自于服务品质的矛盾。物业的服务品质是除价格竞争外，又一个不可缺少的竞争条件。物业服务企业的服务品质提升固然引起成本费用的同比上升，故对于物业公司必须研究服务品质与成本投入的关系，寻求平衡点。

其四，来自于综合成本的上涨。人员费用、物料费用、能耗费用的标准逐年呈刚性上涨，对于物业公司来讲如果没有开源节流的方法，无法在行业内生存。

物业服务企业在市场拓展的同时，抓好企业内部管理的一个重要任务，就是不断地控制成本费用。一般来讲，成本费用管控贯穿企业管理的全过程，企业要做到事前有目标，事中有控制，事后有考核；同时还要根据现代企业管理制度的要求，树立全新的成本管理理念，明晰物业管理产权，保证物业管理资产的独立运作，让物业服务企业真正成为市场主体，独立运作，实现自我发展。

根据前述物业成本费用的内容，对物业成本费用管控，应该做好如下工作：

1. 科学系统分析，合理降低成本

随着市场竞争的加剧，物业服务收费上涨越发困难，然而多种因素会导致成本不断上升。降低成本费用不是物业企业应对物价上涨等因素的权宜之计，而应是持续不断地管理与控制。物业公司的成本费用控制必须走科学的分析道路，从企业内部着手，比如集中采购物资，实行统一定点、定价、定时结算；加强设施设备的日常维护，减少大修费用；利用区域化管理，减少每个项目不必要的机构、部门或岗位；严格按预算控制物资采购、固定资产添置以及日常费用开支等。同时，物业服务企业降低成本费用不能仅考虑自身的运营成本，还应考虑供应链的成本费用。随着物业服务企业人员外包队伍逐渐壮大，其与外包服务公司已是水乳交融。如果物业公司仅考虑自身的成本费用降低了，而转嫁给供应商，这并不能给物业公司带来长远的利益。

此外，通过科学的财务大数据分析物业服务企业的总成本费用与物业管理面积、经营能力等比例关系。随着物业服务企业不断地市场拓展，管理面积与人力、财力等配置同比不断增加，总成本费用也会随业务的扩大而增加；但是经营获利能力提高了，单位管理面积所需要的成本费用应呈下降趋势。

2. 结合业主与市场需求，追求合理的盈利

优质服务不仅能够赢得满意和忠实的业主，而且能创造越来越大的利润。物业企业的一切经营活动必须以业主为中心，为业主提供价值对等的优质服务，才能赢得业主的尊重。物业管理的对象是物业，服务的对象是人，是集管理、服务、经营一体的有偿劳动。物业管理的性质决定了物业服务企业的经营方针必须是保本求利，服务大众。

物业服务是一种企业行为，企业是以营利为目的的经济组织，所以物业管理不能只讲社会效益、环境效益，而忽视经济效益。经济效益是企业赖以生存的基础。如果一个企业长期经营亏损，其生存将会受到严重威胁，那么也就无从谈论提供优质服务。如果其所管理的物业服务项目业主满意度很低，大多数业主对物业服务有意见，带来的直接效应是多数业主与物业针锋相对，矛盾层出不穷，难以收取管理费用，也是无形中增加管理成本。所以物业公司也应以业主为中心，提供质价相等的服务，追求合理的盈利。

物业服务企业在经营过程中降低成本不仅可以提高企业的竞争能力，而且可以提高企业增强生存能力。在保证服务品质的前提下，不断地研究物业同行的定价策略，把成本费用控制在同业的先进水平之上，才是硬道理。由于竞争对手不断改进和提高经营策略，促使每个物业服务企业要为提高效益而不断降低成本，并进行长期不懈的努力。

3. 加强预算管理，完善控制细节

人工成本、维修费用、物料费用、水电费是物业管理成本控制的重点，这些成本占总成本的比重约85%，所以必须推行全面预算管理。

对人工成本控制，如建立岗位责任制度，定岗、定编、定员；对维修费用控制，如建立和完善严格的维修费用报销审批制度；对物料费用和能耗的控制，可以由各班组建立日常消耗和费用台账，做好日常登记与监控。

物业管理是微利企业，所以在服务过程中就必须完善细节管理，更多地关注成本管理的细节，要将成本管理的重点锁定在管理和服务中的每一个细节。因为，物业服务企业的每个项目、每个部门、每个环节、每个岗位、每个人所从事的工作都是一个成本点，节约一度电、一滴水、一张纸、一个垃圾袋、一个灯泡，在总成本中的比重微乎其微，短时间内或许看不出结果，但长此以往，日积月累，也成为物业服务企业大额负

担。因此物业管理实施过程中的一个环节、一项工作或一项指令如不到位，都会影响到其整体成本与效益的高低。

同时，为保证全年目标成本费用能按预算执行，物业服务企业可以对各管理处实行定期考核，并通过成本管理责任制考核，使各管理项目的预算成本费用执行情况与单位、个人利益结合起来。还要把对各管理处领导的考核任免同加强成本费用管理结合起来，充分发挥机制的约束和激励作用，从而推进物业服务企业成本费用管理水平不断提升。

4. 引入现代化科技，降低人力成本

现阶段物业管理很大一部分仍是一种粗放型的管理，管理层次低，智能化水平低，基本处于简单的手工操作阶段。物业服务企业的性质决定了其成本费用主要是人力资源成本费用支出，需要耗费大量的人力、物力。因此应用现代化的手段，增加物业管理的科技含量，提高物业管理服务质量。

随着网络技术、信息技术的快速发展，人们的生活已经与现代科技息息相关。科技引领生活，科技提升物业服务品质，这是大势所趋。物业服务企业可以充分利用社会信息服务平台，构建物业管理的综合信息平台，推进物业管理数据标准化和信息公开化；物业服务企业可以因地制宜地引入现代科技成果，降低劳动强度，提高劳动效率。比如利用公众号，有针对性地为业主提供收费、报修等物业服务；使用智能传感器实施设备监控、利用电子监控设备及工单系统实现巡检功能等，减少岗位设置，降低人力资源成本。

5. 加强员工培训，提高管理水平

物业行业属于劳动密集型行业，高年龄、低学历依然在物业人员中占有很大的比例。员工素质的高低是决定成本控制工作成败的一个关键因素。物业服务企业一方面要注重引进高素质、高层次的实用人才；另一方面要立足现有的员工队伍，充分利用企业现有资源，搭建良好的员工成长平台，通过职业培训等手段大力提高员工的业务素质。培训是提高员工职业道德和劳动技能的主要手段，也是企业培养、储备人才最廉价、最有效的方法，不同工种的作业流程和操作方法的提高，将会直接影响劳动效率。

企业人力资源部门要通过多种形式、采取多种途径的培训方式，对不同层级的员工进行培训。制作不同岗位的微视频培训课件，极大地方便了员工培训，不仅降低了培训成本，也非常直观地提高了员工劳动技能。写字楼、智能化小区的层出不穷使物业管理对技术化、知识化的要求越来越高。因此，对人员的管理就成为企业控制成本的重要组成部分。

5.2.3　物业服务的成本费用测算

1. 物业服务人员费用测算

（1）根据项目的建筑面积、业主方的需求，确定项目管理处的组织架构，从而确定配置人员数量。

（2）结合当地工资水平确定各个岗位编制的人员工资标准、奖金、社会保险费用、公积金、工作餐、服装费、劳动防护费用等福利性费用。

2. 设备日常运行及维护费测算

（1）设备维护费用主要包括：电梯、机械车位、供配电、公共照明、供暖、给水排水（含水景水泵）、消防、监控安防等各项设备系统的日常维护维修费用。

（2）电梯日常维护维修费用一般采用半包维保形式（物业服务企业出大额材料费用，支付给维保单位的维保费包含人工及小额材料费用）；电梯年审费用按当地政府质监局规定计算。

（3）除电梯外的供配电、公共照明、供暖设备、给水排水、消防、监控及安防等各项设备系统一般采用自行维保的形式。

（4）若有单项设备系统外委维保的根据当地市场外包价格水平估算。

具体测算示例见表 5-2。

设备日常运行及维护费测算示例　　　　　　　　　　　　表 5-2

项目名称：××项目　　　　　　　　　　　　　　　　　　单位：元

项目	内容	月度费用	年度费用	备注
1	35kV 高压电气设备检测	1667.00	20004.00	1 次 / 年，暂估
2	10kV 高压电气设备检测	833.00	9996.00	1 次 /3 年
3	高、低压器具检测	333.00	3996.00	2 次 / 年，高压绝缘毯、操作工具等
4	压力容器及压力表具测试	150.00	1800.00	1 次 / 年，45 元 / 个
5	垂直电梯系统检测	479.00	5748.00	1 次 / 年，23 台，250 元 / 台
6	垂直电梯限速器检测	240.00	2880.00	1 次 /2 年，23 台，250 元 / 台
7	热水锅炉检测	208.00	2496.00	1 次 / 年，暂估
8	消防检测	7821.00	93852.00	1 次 / 年，1 元 /m²，按 93853m² 计
9	避雷检测	2100.00	25200.00	60 元 / 点 / 年，暂估 420 个点
	设备日常运行小计	13831.00	165972.00	
1	工程物耗	10000.00	120000.00	单价 2000 元以下小修、小补等更换零星材料费用
2	生活水泵保养	2500.00	30000.00	清包
3	消防系统维保	7000.00	84000.00	清包
4	35kV 强电系统维保	2100.00	25200.00	清包
5	10kV 强电系统维保	1200.00	14400.00	清包
6	低压配电系统维保	2000.00	24000.00	清包
7	柴油发电机组	1350.00	16200.00	清包
8	安全防范系统	4200.00	50400.00	清包

项目	内容	月度费用	年度费用	备注
9	BA 系统	3000.00	36000.00	清包
10	VRV 机组维保	7700.00	92400.00	清包，46 台
11	VAV 系统维保	1670.00	20040.00	清包
12	双工况螺杆式冷水机组	1670.00	20040.00	清包
13	冰蓄冷机组	3000.00	36000.00	清包
14	空调水质处理系统	3350.00	40200.00	清包
15	空调风管清洗	8350.00	100200.00	清包，1 次 /3 年
16	照明系统	1250.00	15000.00	清包（含泛光照明、亮化照明等）
17	高空 LOGO 照明	1000.00	12000.00	清包
18	垂直电梯维保	12650.00	151800.00	清包（550 元 / 台 / 月，23 台）
19	热水锅炉	420.00	5040.00	清包（1 次 / 年）
设备保养维护小计		74410.00	892920.00	
设备日常运行及维护费合计		88241.00	1058892.00	

3. 秩序维护费测算

秩序维护费用主要包括：警用器材装备（巡更棒、对讲机、灭火器、雪糕筒、隔离带、消防作战服、防毒面具、录像机硬盘、夜间反光衣等）的维护及更新费用等，根据保安岗位数量及相关设备配置数量进行估算，测算示例详见表 5-3。

秩序维护费测算示例　　　　　　　　　　　　　　表 5-3

项目名称：×× 项目　　　　　　　　　　　　　　　　　　　　单位：元

项目	内容	月度费用	年度费用	备注
1	秩序维护外包费用	212000.00	2544000.00	测算 40 人，平均 5300 元 / 月
2	警用器材装备	3000.00	36000.00	巡更棒、灭火器、雪糕筒、隔离带、消防作战服、防毒面具、录像机硬盘、夜间反光衣等
3	秩序维护物耗	500.00	6000.00	电池、耳机、手套、对讲机更新等
小计		215500.00	2586000.00	

4. 清理清洁费测算

（1）清理清洁费主要包括：保洁人员外包、垃圾清运、日常消杀、清洁物品等费用。

（2）根据当地市场价格水平，按平均每人每月费用乘以清洁人数，计算清洁人员外包费用；清洁外包一般按包工包料（人工、清洁物料、清洁用具、清洁机器购置全部包含）计算费用标准。

（3）根据规划入住户数估算每月生活垃圾清运费用，一般可按标准计算。

（4）日常消杀（不包含白蚁专项消杀防治）一般多少次，多少费用；白蚁专项防治费用。

（5）清洁物品采购费用为单价 × 数量。

具体测算示例见表5-4。

5. 绿化养护费测算

（1）绿化养护费用主要包括：日常绿化维护人工、苗木补种、绿化工具、肥料及农药等费用。

（2）绿化养护一般根据当地市场价格水平，按每平方米平均养护费用（包工包料）乘以园区绿化面积，估算总体绿化养护费用。

（3）绿化养护费用一般按标准进行测算。

具体测算示例见表5-5。

清理清洁费测算示例 表5-4

项目名称：×× 项目

单位：元

项目	内容	月度费用	年度费用	备注
1	保洁人员外包	154800.00	1857600.00	36 人，4300 元／人
2	外墙清洗	17500.00	210000.00	2 次／年，外墙面积暂按 35000m² 计算，3 元／m²·次
3	易耗品消耗	5000.00	60000.00	玻璃刮刀、铝合金伸缩杆、3M 擦片、刮水器、橡胶手套、拖把、毛巾、塑料桶、云石铲刀、尘推等
4	清洁剂消耗	4000.00	48000.00	除垢剂、不锈钢光亮剂、油污清洁剂、墙面清洁剂、打蜡剂等
5	公共卫生间物耗	20000.00	240000.00	洗手液、卷筒纸、擦手纸等
6	公共区域灭虫灭害	4000.00	48000.00	消杀灭害、白蚁防治
7	工器具维修、租赁	500.00	6000.00	擦地机、洗地机、吸水机、吸尘器等自有设备维修保养和大型保洁设备租赁
8	隔油池清洗	1500.00	18000.00	
9	污水井清淤	2000.00	24000.00	2 次／年
10	水箱清洗	1500.00	18000.00	水箱清洗 2 次／年，水质检测 4 次／年
11	垃圾清运	19710.00	236520.00	暂估干垃圾每天 12 桶，每桶 36 元；湿垃圾每天 4 桶，每桶 54 元
小计		230510.00	2766120.00	

绿化养护费测算示例　　表5-5

项目名称：×× 项目　　　　　　　　　　　　　　　　　　　　　　单位：元

项目	内容	月度费用	年度费用	备注
1	绿化维护人工	20000.00	240000.00	5人，4000元/人
2	室外绿化养护	2500.00	30000.00	按3000m^2估算绿化面积，10元/m^2
3	室内绿化租摆	8000.00	96000.00	公共区域绿化摆放
小计		30500.00	366000.00	

6. 行政及办公费测算

（1）日常办公费用主要包括：办公用水电、电话网络通信、报刊、日常办公用品、社区文化、对外关系、交通差旅、招聘广告、业务接待等费用。

（2）日常办公费用可按项目实际情况结合参考标准进行测算，也可按大约元/人/月的总体办公费用标准，乘以客服中心总人数进行估算。

（3）保险费用测算。物业公司的保险费用一般为小区公众责任险费用，应根据项目建筑面积、规划户数结合当地市场价格水平估算。

（4）固定资产折旧费用测算。固定资产主要包括：办公电脑、打印机、传真机、空调、保险柜、打卡机、办公桌椅、饭堂灶具及宿舍资产等各项日常办公及生活使用的固定用具。固定资产一般根据资产性质按3~5年折旧平均分摊到每月进行费用估算。

（5）通信费测算。物业管理所需的通信费用包括：手机费、电话费、网络通信费、其他通信费用。

（6）交通费用测算。根据管理服务业务的需要，确定每月固定外出办事的车辆费用。

7. 能耗费用测算

（1）公共能耗。主要包括物业管理项目内的共用部位、共用设备和公共设施所发的水、电、燃料等由物业公司承担部分的能耗。如包括设备系统、锅炉系统、升降系统、给水排水系统、空调系统、消防系统、照明系统等使用的各类能耗。一般通过功率、使用天数、使用频率、费用单价等因素进行测算。

（2）自用能耗。一般由物业公司代为收取，主要指业主或使用人专有部分发生的水、电、燃料等由业主或使用人承担的能耗。如办公楼、商铺等室内的水、电、燃料。由于不是物业费的组成部分，故不再测算考虑。具体测算示例见表5-6。

能耗费用测算示例　　　　　　　　　　　　　表 5-6

项目名称：×× 项目　　　　　　　　　　　　　　　　　　　　　　　　单位：元

设备系统	设备名称	功率（kW）	同时运行最大台数	运行时间		频率系数	单价（kW/元）	月度费用	年度费用
				天/月	时/天				
锅炉系统	真空锅炉	6.5	2	30	12	0.9	0.85	3580.00	42960.00
升降系统	消防货梯（XT01）	13	1	30	24	0.8	0.85	6365.00	76380.00
	消防货梯（XT02、XT03A、XT04）	12.6	3	30	24	0.8	0.85	18507.00	222084.00
	客梯（DT01/02/03/04/05/06）	12.7	6	30	24	0.8	0.85	37308.00	447696.00
	客梯（DT08、DT09）	10.7	2	30	24	0.8	0.85	10477.00	125724.00
	无障碍客梯（DT16）	10.8	1	30	24	0.8	0.85	5288.00	63456.00
	客梯（DT17）	10.8	1	30	24	0.8	0.85	5288.00	63456.00
给水排水系统	生活给水高区变频泵组	11	3	30	24	0.3	0.85	6059.00	72708.00
	冷却塔给水水泵	18.5	1	30	24	0.3	0.85	3397.00	40764.00
	自动喷淋稳压泵	1.5	1	30	24	0.3	0.85	275.00	3300.00
	回用雨水收集处理回用系统	15	1	30	24	0.3	0.85	2754.00	33048.00
	潜水泵	7.5	7	30	24	0.3	0.85	9639.00	115668.00
	事故泵	45	3	30	24	0.3	0.85	24786.00	297432.00
	密闭污水提升泵	4	1	30	24	0.3	0.85	734.00	8808.00
	1 号成品油脂分离器 – 密闭提升器	4.4	1	30	24	0.3	0.85	808.00	9696.00
空调系统	冷冻机组	220	2	30	12	0.9	0.85	121176.00	1454112.00
	冷却水泵	30	1	30	12	0.9	0.85	8262.00	99144.00
	乙二醇循环泵	37	1	30	12	0.9	0.85	10190.00	122280.00
	空调热水泵	22	2	30	12	0.9	0.85	12118.00	145416.00
消防系统	消防报警系统	20	1	30	24	0.1	0.85	1224.00	14688.00
	室内消火栓稳压泵	0.75	1	30	24	0.1	0.85	46.00	552.00
	自动喷淋主泵	90	1	30	24	0.1	0.85	5508.00	66096.00
	自动喷淋稳压泵	1.5	1	30	24	0.1	0.85	92.00	1104.00
照明系统	荧光灯 T5 荧光灯（防潮、防爆、壁装、吊装等）	0.028	1500	30	24	0.9	0.85	23134.00	277608.00
	防误入地下室标志灯	0.002	16	30	24	0.9	0.85	18.00	216.00
	吸顶灯	0.018	700	30	24	0.9	0.85	6940.00	83280.00

续表

设备系统	设备名称	功率（kW）	同时运行最大台数	运行时间 天/月	运行时间 时/天	频率系数	单价（kW/元）	月度费用	年度费用
楼宇自控系统	自控设备箱	0.15	115	30	24	0.9	0.85	9501.00	114012.00
计算机网络系统	B1层信息机房	2	1	30	24	0.9	0.85	1102.00	13224.00
电费小计								334576.00	4014912.00
水费小计	预估值							25000.00	300000.00
燃气费小计	预估值（锅炉每年开启6个月）							20000.00	240000.00
柴油费小计	预估值							500.00	6000.00
能耗合计								380076.00	4560912.00

8. 税金费用测算

（1）物业公司税金主要是增值税。

（2）附加税12%。

（3）企业所得税。

5.3　物业服务企业会计核算与财务管理

5.3.1　物业服务企业会计核算

1. 物业公司的基本记账模式

物业服务企业的核算特点就是对所管辖的物业项目按照合同约定收取各类费用，如物业费、水电费、停车费等每月都会存在应收账款的情况。往往物业公司需要设立收费台账或借助于专业的软件进行辅助管理，否则难以确认对当前所收到的收入进行应收账款、预收账款的拆分。

（1）收付实现制

传统的物业服务企业简单地采取收付实现制的核算模式，即本期实际收支款项的费用，无论是否应归属于本期，均作为本期的收入和费用处理。这就存在一个问题，把预收未来的费用都算作了当期的收入，导致当期的利润是很不真实的。

收付实现制亦称"收付实现基础"或"现收现付制",是相对于"权责发生制"而言。在会计核算中,是以款项是否已经收到或付出作为计算标准,来确定本期收益和费用的一种方法。凡在本期内实际收到或付出的一切款项,无论其发生时间早晚或是否应该由本期承担,均作为本期的收益和费用处理。如:本期支付而由后期受益的费用,一律由本期核销进入本期成本,不再分摊。采用这种方法,优点是期末无需对本期的收益和费用进行调整,核算手续比较简单但不能正确地反映各期的成本和盈亏情况。

(2)权责发生制

权责发生制又称"应收应付制",它是以本会计期间发生的费用和收入是否应计入本期损益为标准,处理有关经济业务的一种制度。凡在本期发生应从本期收入中获得补偿的费用,不论是否在本期已实际支付或未付的货币资金,均应作为本期的费用处理;凡在本期发生应归属于本期的收入,不论是否在本期已实际收到或未收到的货币资金,均应作为本期的收入处理。实行这种制度,有利于正确反映各期的费用水平和盈亏状况。

随着企业会计准则对企业核算明确了新的要求,以及物业管理信息化软件的功能完善和升级,各物业服务企业开始逐步实现了权责发生制核算模式。由于物业管理服务合同标的的不确定性,物业费采取包干制和酬金制两种收费模式,故造成了对收入、成本费用的确认与权责发生制产生了一定矛盾。在实际物业服务企业核算中,往往还会参照稳健性原则(又称谨慎性原则),它是针对经济活动中的不确定性因素,要求人们在会计处理上持谨慎小心的态度,要充分估计到风险和损失,尽量少计或不计可能发生的收益,使会计信息使用者、决策者提高警惕,以应对纷繁复杂的外部经济环境的变化,把风险损失缩小到或限制在极小的范围内。

2. 物业服务企业的会计核算原则和科目

(1)会计核算原则

物业服务企业的会计核算的原则是指对会计工作和会计信息的基本要求,以及对会计事项、经济活动的确认、计量和报告的基本原则。

1)谨慎性原则,又称稳健性原则,是指会计核算对尚未取得的收益,不得估计入账;对可能发生的费用和损失要合理核算,并按照国家规定估计入账,但不得虚列支出,隐匿收入。

2)实质性原则。企业应该按照交易或者事项的经济实质进行会计核算,而不应该仅按照它们的法律形式作为会计核算的依据。

3)客观性原则,也称真实性原则和可靠性原则,是指会计核算应该以实际发生的经济业务为依据,如实反映财务状况和经营成果。

4)可比性原则,又称统一性原则,是指会计核算应该按照规定的会计处理方法进行，会计指标应该口径一致，相互可比。

5）一致性原则，又称一贯性原则，是指同一企业在不同时期采用的会计处理方法和程序要一致，不能随意改动。

6）相关性原则，又称有用性原则，是指会计核算提供的信息须与会计信息使用相关联，满足企业有关的多方面需要。

7）及时性原则，是指会计核算工作要讲究时效，业务处理要及时进行，不得拖延，以便会计信息能及时被使用。

8）清晰性原则，又称明晰性原则，是指记录和报表应该清晰明了，便于理解和使用。

（2）核算科目

物业服务企业与其他企业的资产、负债、所有者权益、损益类科目都一样，不同的是收入和成本的二三级明细科目的设计，需要设计得清晰和详细，才能为公司的经营管理提供准确的数据支撑，见表5-7。

二级明细科目设计示例　　　　　　　　　　　　表5-7

分类	二级科目设置	明细科目
收入类	物业管理费收入	办公楼物业收入
		住宅物业收入
		公众物业收入
		车辆物业管理收入
		其他物业管理收入
	物业管理酬金收入	
	物业多种经营收入	
	能耗费收入	电费收入
		水费收入
		燃气燃料费收入
	公共收益收入	广告租赁收入
		公共设施租赁收入
		其他公共收益
	停车费收入	地下停车费收入
		地上停车费收入
		临时停车费收入
	其他物业服务收入	食堂服务收入
		顾问咨询费收入

分类	二级科目设置	明细科目
成本费用类	人员费用	基本工资及奖金
		社保保障金
		员工福利费
		退职补偿
	保洁费用	外包保洁费用
		保洁物品费用
	保安费用	外包保安费用
		保安物品费用
	能耗费用	公共能耗
		自用能耗
	办公费用	
往来科目	管理费押金	
	投标保证金	
	代收代付能耗	
	暂存款	

表 5-7 中科目的末级科目后面还可以继续往下细分明细科目，以实际业务需求为准。如物业服务企业代收代付的水电费等能耗费用，不作转售、使用往来科目核算，否则会虚增物业服务企业的收入和成本。转售行为，主要指物业服务企业营业税改为增值税后，按税务局要求需要确保增值税链条完整，物业服务企业以自己的名义开具增值税发票给业主、客户的行为。

5.3.2　财务管控体系

财务管控是企业财务管理工作的重要内容，是企业从内部实施的一种自我监督和完善措施。简单地讲就是组织公司财务活动、处理财务关系的一项经济管理工作。

随着近年来物业服务企业逐步向多元化发展，其经营规模不断扩大，所涉及的业务量、资金量都呈上升趋势，不再是传统意义上的仅收取物业费的模式，故财务管控体系逐步在物业服务企业中引起关注。财务管理内控贯穿于物业服务企业整个经营活动之中，为确保物业服务企业经济利益得到保障，需要物业服企业财务相关环节制定财务管理制度予以规范。结合物业服务企业日常经营管理流程，其需要关注的财务控制环节，具体如图 5-1 所示。

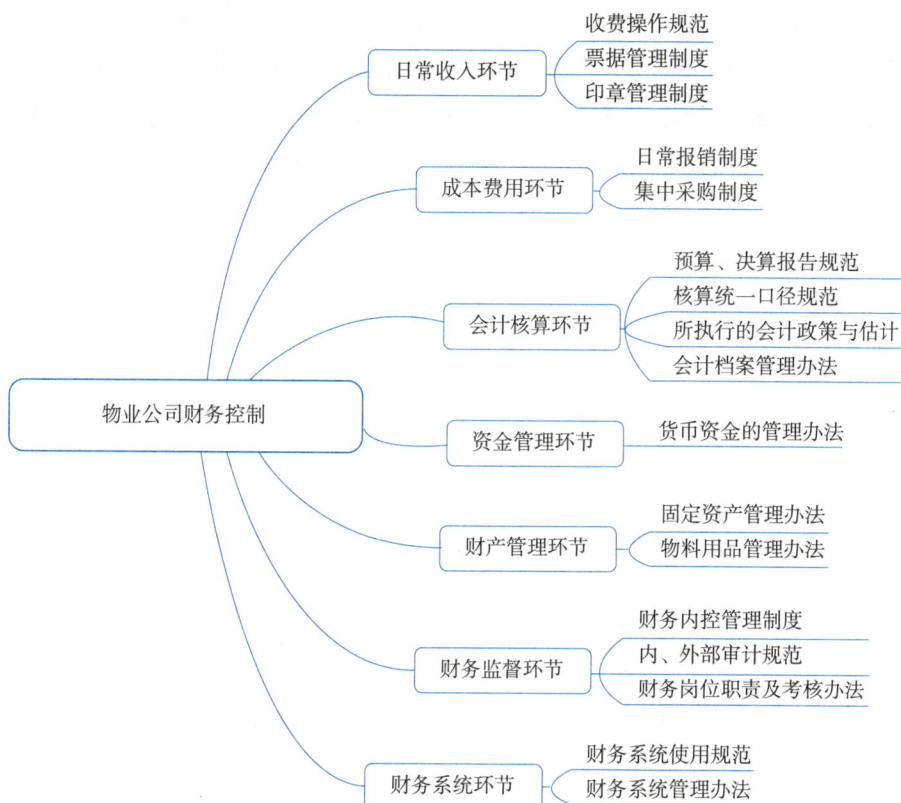

图 5-1　财务控制环节

5.3.3　财务分析

　　财务分析是财务决策的基础，只有在透彻的财务分析的基础上才能作出财务管理的最优决策，财务分析在企业决策的过程中显得尤其重要。物业服务企业的财务分析需要以财务报告反映的财务指标为主要依据，对物业公司的财务状况和经营成果进行评价和剖析，其目的是业主方、物业管理方查找物业管理中的利弊得失，了解掌握的财务状况及发展趋势，进而将重要的财务信息应用到财务管理工作和决策过程中。

1. 财务分析的意义

　　财务分析既是已完成财务活动的总结，又是财务预测的前提，起着承上启下的作用，做好财务分析具有以下意义：

　　（1）财务分析是评价财务状况、衡量经营业绩的重要依据。做好财务报表分析就能较为准确地掌握企业所具备的偿债能力、营运能力和营利能力，从而对经营业绩和经营效果作出较为客观的综合评价。

　　（2）财务分析是改进工作、实现经营目标的重要手段。通过对财务指标的分析，可以清晰查明各项财务指标的优劣程度。从而找出物业管理中的优势进行总结归纳，便于

156

继续保持，以促进各方面朝着良性循环的方向发展。

（3）财务分析为企业经营者实施投资决策提供重要依据。通过财务分析，可以清楚了解企业的资金流通能力、投资能力和筹资能力、偿债能力，从而把握企业的收益水平和财务风险水平，帮助企业经营者在投资决策中有效地运用客观评价指标对投资项目的可行性进行论证。

2. 财务分析的方法

开展财务分析，需要运用一定的方法。通常财务分析的方法包括趋势分析法、比率分析法和因素分析法。

（1）趋势分析法，又称水平分析法

它是将两期或连续数期财务报告中相同指标进行对比，确定其增减变动的方向、数额和幅度，以说明企业财务状况和经营成果的变动趋势的一种方法。

1）定基动态比率。它是以某一时期的数额为固定的基期数额而计算出来的动态比率。其计算公式为：

$$定基动态比率 = 分析期数额 / 固定基期数额 \times 100\% \quad （5-1）$$

如：物业人员费用执行情况 = 当月累计物业人员费用 / 全年物业人员预算指标

2）环比动态比率。它是以每一分析期的前期数额为基期数额而计算出来的动态比率。其计算公式为：

$$环比动态比率 = 分析期数额 / 前期数额 \times 100\% \quad （5-2）$$

如：物业费同比增长情况 = 当月物业费收入 / 上月物业费收入

3）会计报表项目构成的比较。这是在会计报表比较的基础上发展而来的。它是以会计报表中的某个总体指标作为100%，再计算出其各组成项目占该总体指标的百分比，从而来比较各个项目百分比的增减变动，以此来判断有关财务活动的变化趋势。

如：销售净利率 = 净利 / 主营业务收入 × 100%

（2）比率分析法

它是把某些彼此存在关联的项目加以对比，计算出比率，据以确定经济活动变动程度的分析方法。比率是相对数，采用这种方法，能够把某些条件下的不可比指标变为可以比较的指标，以利于进行分析。

比率指标主要有以下3类：

1）构成比率。构成比率又称结构比率，它是某项经济指标的各个组成部分与总体的比率，反映部分与总体的关系，其计算公式为：

$$构成比率 = 某组成部分数额 / 总体数额 \times 100\% \quad （5-3）$$

如：物业费收缴率 = 月累计已收物业费 / 全年应收物业费 × 100%

物业服务费收缴率 = 实收物业服务费 / 应收物业服务费 × 100%

2）效率比率。它是某项经济活动中所费与所得的比率，反映投入与产出的关系。利用效率比率指标，可以进行得失比较，考察经营结果，评价经济效益。如将利润项目与销售成本、销售收入、资本等项目加以对比，可计算出成本利润率、销售利润率以及资本利润率等利润率指标，可以从不同角度观察比较企业获利能力的高低及其增减变化情况。

如：资产收益率 = 税后利润 / 资产平均占用额 × 100%

成本费用利润率 = 利润总额 / 成本费用总额 × 100%

其中：成本费用总额 = 主营业务成本 + 销售费用 + 管理费用 + 财务费用

净资产收益率 = 净利润 / 平均净资产 × 100%

其中：资产平均占用额 =（期初资产总额 + 期末资产总额）/2

3）相关比率。它是以某个项目和与其有关但又不同的项目加以对比所得的比率，反映有关经济活动的相互关系。利用相关比率指标，可以考察有联系的相关业务安排得是否合理，以保障企业经济活动顺畅进行。

如：流动比率 = 流动资产 / 流动负债 × 100%

（3）因素分析法，也称因素替换法、连环替代法

它是用来确定几个相互联系的因素对分析对象——综合财务指标或经济指标的影响程度的一种分析方法。采用这种方法的出发点在于，当有若干因素对分析对象发生影响作用时，假定其他各个因素都无变化，顺序确定每一个因素单独变化所产生的影响。

3. 财务分析样本

财务分析样本包含如下内容：

（1）项目概况：管理地址、管理面积、楼宇情况、可收面积、收费单价、车辆管理等情况。

（2）总体经营：主营业务收入情况、成本费用情况、利润情况以及同比、环比情况、预算完成率。

（3）各类收入情况：收缴率、欠费率、预收率、收入占比分析，应收账款账龄分析。

（4）成本费用情况：成本费用超节支情况、成本费用占比分析。

（5）结余情况及其他：物业费结余情况、资金结余情况、代收付情况。

4. 财务分析的使用者

从信息使用的角度来看，除了企业经营管理者对财务信息需求之外，还有以下几类信息使用者：

（1）企业所有者。其关注目标是资本的保值增值能力、投资回收能力、股息红利的发放等。

（2）企业债权人。其关注目标是企业的支付能力、偿还本息的可靠性与及时性以及

破产财产的追偿能力等。

（3）政府管理机构。其关注目标在于企业的收入能力、资产使用效率、纳税能力、社会贡献能力等。

【本章小结】

物业服务收费一般会受到当地政府定价政策、物业服务性质特点以及业主和物业使用人个性化的服务需求等多种因素影响。

物业服务费的收取需要有所依据，遵循一定的原则：遵循国家、政府的政策为基本原则；应兼顾各方利益为原则；合理、公平的原则。

物业服务收费的方式，按照目前国家政策相关政策法规的规定，业主与物业服务企业可以采取酬金制和包干制等形式。

酬金制是指在预收的物业服务资金中按约定比例或者约定数额提取酬金支付给物业服务企业，其余全部用于物业服务合同约定的支出，结余或者不足均由业主享有或者承担的物业服务计费方式。

包干制是指由业主向物业服务企业支付固定物业服务费用，盈余或者亏损均由物业服务企业享有或者承担的物业服务计费方式。

物业服务公司所需要收取的费用内容主要包含：物业管理服务费、公众代办性的物业收费、特约服务收费、公共收益性质的收费及其他代收代付项目。

物业服务的成本费用内容主要包括：物业服务人员费用；物业共用部位与共用设施设备日常运行及维护费；秩序维护费；清理清洁费；绿化养护费；行政及办公费以及经业主或业主大会授权使用的费用。

【课后练习题】

一、复习思考题

1.物业服务收费的依据和原则有哪些？

2.请简述物业服务的成本费用有哪些？

3.按照目前国家政策相关规定，物业服务收费的方式有哪些？分别如何定义的？

二、自测题

扫码答题

6 物业管理服务的风险管理及规避

教学课件

【知识拓扑图】

```
                        ┌─ 风险和物业服务风险
        物业服务风险管理 ─┤─ 物业服务风险的类型
                        └─ 物业服务风险产生的原因
                              ↓
知识                        ┌─ 物业服务风险规避的特点
框架 ── 物业服务风险规避 ─┤─ 物业服务风险规避的机制
结构                        └─ 物业服务风险规避的策略
                              ↓
                        ┌─ 物业服务应急情况
        物业管理应急预案 ─┤─ 应急情况处置
                        └─ 应急处置预案
```

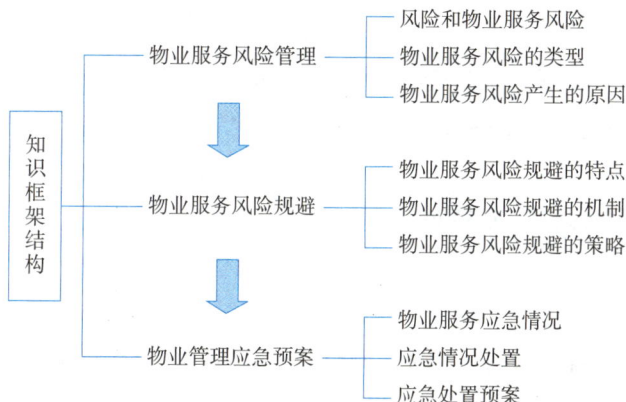

【本章要点和学习目标】

  本章对物业管理服务常见风险管理及规避的基础知识作了系统的阐述，主要介绍了物业服务风险的类型、产生原因、规避策略、控制机制以及物业管理应急预案。

  通过本章的学习，掌握物业管理风险管控的基本知识、原则和操作方法，有助于物业服务企业更正确地审视自身面临的各种风险，并以积极的态度主动建立风险规避机制，提高应对各种风险考验的能力。

6.1　物业服务风险管理

　　任何行业、任何企业在各自不同的发展阶段，都会面临各种各样的风险，物业管理也不例外。对于物业服务企业而言，风险可谓无处不在。一方面是由于物业管理服务涉及秩序、环境、设备设施、建筑本体等多个专业门类；另一方面，物业管理服务需要面对业主群体、政府部门、市政单位等关联性客户群，承载着很多社会责任和义务。各种各样的风险，将直接威胁物业服务企业的生存与发展。

　　随着经济、科学技术的发展，建筑功能的高端化以及业主对专业服务需求的进一步细化，并要求物业管理愈发贴近被服务者的核心业务，使这个迅速发展的朝阳行业，日趋朝着服务对象的不同行业领域的专业化方向深入和扩展，其面临的风险将变得越发难以预料，企业管理者不得不在获得机遇的同时，更多地审视自身面临的各种风险，并将以积极的态度主动建立风险规避管理体系，在不断提高盈利水平的同时，获得规避和应对将要面临的各种风险考验的能力。

6.1.1　风险和物业服务风险

1. 风险

　　风险是未来的不确定性对实现目标的影响。因此，从事后的结果看，这种影响可能对实现我们的既定目标有好处，也可能有坏处。也就是说，风险的存在可能使结果比既定目标更好，也可能使结果没有达到既定目标。

　　国外有些资料把风险的负面影响定义为威胁，把风险的正面影响定义为机会。把风险看作是纯粹的负面的东西，有利于我们专注于防范风险带来的负面效应，但同时有可能使我们忽略风险中蕴藏的机会。

　　风险分析的正负面不分开的重要原因在于人们对正负面的考虑往往是结合在一起的，正负面是同一个情形的两个侧面。人们在考虑风险的时候必须同时考虑这两方面的因素。这就和"没有风险就没有回报，高回报蕴含着高风险"，是一样的道理。

2. 物业服务风险

　　物业服务企业在实现其目标的经营活动中，会遇到各种不确定性事件，很多事件发生的概率及其影响程度是无法事先预知的，这些事件将对经营活动产生影响，从而影响企业目标实现的程度。这种在一定环境下和一定期限内客观存在的、影响企业目标实现的各种不确定性事件就是风险。

　　物业服务风险是指物业服务过程中，由于企业或企业以外的自然或社会因素所导致的，应由物业企业自身承担的意外损失。

在物业管理项目中，我们最怕的是遇到恶性事故，如：高空坠物的伤害、火灾、失窃和管道堵塞或爆裂后的水淹等，但是这些事故总是有规律可循，有的与群体公共道德有关，有的与管理有关，有的与设施设备老化程度及维护保养有关，当然还有一些风险实际上是无法预估的，比如社会动乱、战争和某些不可抗力的自然现象等。

3. 物业服务风险的特点

物业服务风险具有负面性、突发性、不确定性、偶然性、可测性、可控性、客观性、普遍性等特点。

（1）负面性

风险是与损失或不利事件相联系的，没有损失就没有风险和风险管理。

（2）突发性、不确定性和偶然性

风险是与偶然事件相联系的，即发生不利事件或损失是不确定的，可能发生也可能不发生。

物业经营风险发生的原因错综复杂，物业管理人员无法作出非常精准的预判。

（3）可测性和可控性

凡是风险都是与特定的时间和空间条件相联系，因此，有些风险事故的发生是可以测定的。

物业服务企业可通过总结案例，提前进行风险判断，如某阶段、某类天气、某种状况下可能会发生某些问题。而这些问题完全可以通过安全检查、持续改进、风险改善等措施，减少风险发生的频率和概率。

如：酷暑前提前安排室外作业人员的防暑降温问题；台风季来临前对屋顶排水口进行检查清理以防杂物堵塞等。这种可测性也就是数学或统计学所说的概率。所以，风险可以通过大量的观测结果来揭示出它潜在的必然性。

（4）客观性和普遍性

由于物业项目的物理环境、物业的复杂程度、业主素质等客观原因，使得物业管理的风险是不以人的意志为转移而普遍存在的。物业管理的主体双方只能通过借鉴相关资料，掌握某些事物运动变化的规律，在有限的时间和空间范围内认识风险因素，并通过对物业管理风险因素的控制，规避、防范风险造成的损失，而不可能完全排除物业服务经营的风险。

6.1.2　物业服务风险的类型

1. 按风险产生的原因划分，物业服务风险可分为自然风险和社会风险。

（1）自然风险

所谓自然风险系指由于物理和实质危险因素所导致财产毁损的风险，例如水灾、火灾、地震等。自然风险是不以物业服务企业的意志为转移的，是处在自然状况和客观条件下的风险。

（2）社会风险

社会风险系指由于个人行为的反常或不可预料的集体行动所造成的风险。例如盗窃、抢劫等。社会风险的发生将给物业服务企业服务范围内的业主或住户（使用人）造成人身损害、财产损失。这类风险造成的影响面极大，也是物业服务企业最为关注的。

2. 按照风险的变化程度来划分，物业服务风险可以分为静态风险和动态风险。

（1）静态风险

静态风险系指由于自然力量的不规则变动或由于个人错误所导致的风险。这种风险将使物业服务企业在管理服务过程中遭遇危险事故（地震、火灾、车祸等）发生的结果，它只有损失的可能而无获利的机会，通常会使物业服务企业遭受财产、人身及责任上的损失，也被称为纯粹风险。

静态风险一般有：企业财产损失风险、员工伤亡损失风险、法律责任或契约行为损失风险、员工犯罪损失风险、企业间接损失风险等。

（2）动态风险

动态风险系指由于经济、社会、政治等环境以及人类的技术、组织等变动而产生的风险。例如：物业服务企业服务流程再造、国家颁布的服务质量标准和收费指导价以及国家机关法律的颁布等。这种风险将使物业服务企业在管理服务过程中遭遇事故发生的结果，除了使企业有损失的风险，同时也存在获利的机会。所以动态风险属于投机风险。

物业服务企业动态风险一般有：管理服务风险、财务收支风险、服务创新风险、政治法律风险等。

3. 按照风险形成的时间划分，物业服务风险可分为早期介入风险、前期物业服务风险、日常物业服务风险。

（1）早期介入风险

早期介入风险系指物业服务企业充当房地产前期可行性研究或规划设计、施工等阶段的顾问工作所承担的风险。早期介入风险主要包括介入的风险、项目接管的不确定带来的风险、专业咨询的风险等。

（2）前期物业服务风险

前期物业服务风险系指自房屋出售之日起至业主大会的召开、业主委员会成立并与物业服务企业重新签订物业管理服务委托合同这段时间内，物业服务企业所承担的风险。前期物业服务风险主要包括：物业管理服务合同订立、执行的风险，承接查验阶段风险，与房地产开发企业配合销售、各种配套设施设备完善工作中所遇到的风险等。

（3）日常物业服务风险

日常物业服务风险系指物业服务企业与业主大会和业主委员会签订了物业管理服务

合同之后，所开展的正常服务过程中所承担的风险。日常物业管理风险主要包括：业主（物业使用人）违规装饰装修带来的风险、物业管理服务费收缴风险、各类物业及配套使用中带来的风险、管理项目外包存在的风险以及法律概念不清导致的风险等。

4. 按损失的形态不同而划分，物业服务风险可分为财产风险、人身风险、责任风险。

（1）财产风险

财产风险系指财产发生毁损、灭失和贬值的风险。如房屋有遭受火灾、地震等损失之风险。

（2）人身风险

人身风险是指在日常生活以及经济活动过程中，人的生命或身体遭受各种形式的损害，造成人的经济生产能力降低或丧失的风险，包括死亡、残疾、疾病、生育、年老等损失形态。如物业服务企业内部员工因病、伤亡等带来的风险。

（3）责任风险

责任风险系指对于他人所遭受的身体伤害或财产损失应负法律赔偿责任，或无法履行契约导致对方受损失应负的契约责任风险。如物业管理工作中由于管理服务人员的擅自离岗、缺位，导致业主家庭财产受损而承担责任风险；又如高空抛物导致路人伤亡，抛物者承担着责任风险。

5. 按风险承担者的不同而划分，物业服务风险可分为物业服务企业风险、业主（物业使用人）风险、物业建设单位风险、专业分包单位风险等。

（1）物业服务企业风险

该风险系指物业服务企业在物业服务管理活动中，由于企业员工管理的缺位或服务质量不到位而使业主（物业使用人）造成的损失而带来的风险。

（2）业主（物业使用人）风险

该风险系指广大业主（物业使用人）由于信息不对称，对物业服务企业及物业管理内容缺乏了解，选择的物业服务企业提供的服务和内容并未达到标准，即出现质价不符，使广大业主（物业使用人）承受到精神与经济损失的风险。

（3）物业建设单位风险

该风险主要系指物业管理的前期介入和前期物业管理选择的物业服务企业所提供的服务并未使楼盘建设及楼盘销售达到自己预期目标而带来的风险。

（4）专业分包单位风险

该风险系指物业服务企业把一些独立的服务分包给专业公司去做（例如保洁、绿化、维修、安全护卫等）。他们面临的风险是资金的压力、服务质量、价格的竞争等。

6. 物业服务风险的类型也可以依据管理服务的具体内容而确定，常见风险包括：社区治安类风险、消防安全类风险、物业隐患类风险、公共秩序类风险、作业安全类风险、公共设施设备类风险、车辆的损坏灭失风险、自然灾害类风险、财务收缴类风险及其他风险等。

（1）社区治安类风险

社区治安类风险指治安事故风险。细分风险项包含偷盗、抢劫、自杀、欺骗、斗殴等风险事项。主要是指由于外界第三人的过错和违法行为，给物业管理服务范围内的业主或物业使用人造成人身损害、丧失生命和财产损失等，导致了物业管理服务风险。

《物业管理条例》第四十六条："物业服务企业应当协助做好物业管理区域内的安全防范工作"。如：物业服务人员在管理服务中存在过错，是要承担赔偿责任的。社会上有些小区的盗窃、抢夺、抢劫和故意伤害、故意杀人等事件也屡见不鲜，给物业管理服务工作带来极大的压力和风险。

对于这类治安事件，物业服务企业是否承担责任取决于其是否完全履行了法定或合同约定的安保义务。若物业服务企业完全依据法律规定或合同约定，保证监控设备的良好运行、保安按时巡逻、外来人员严格登记等物业管理工作，则物业服务企业无需承担责任。因为此类事故具有突发性甚至是违法犯罪，物业服务企业事实上不可能具备完全避免上述事情发生的能力，故在其履行完毕相应法定或约定的安保义务后，即无需承担责任。尽管物业服务企业不直接承担法律责任，但在物业管理区域内发生这样的事件，最终使业主对物业管理的安全保障能力和服务水平产生质疑，甚至可能会上升到法律层面，起诉物业服务企业的不作为等。

（2）消防安全类风险

消防安全类风险指火灾风险。细分风险项包含燃气、电路、电器、装修、明火等引起的火灾预防风险事项。

消防事故和隐患是物业公共设施管理服务的风险之一，但由于消防设施自身的特殊性，同时消防往往影响广大业主重大生命财产安全。消防设施的日常维护和养护以及确保火灾发生时，消防设施能够发挥正常功效满足消防部门处理消防事故的要求。消防设施的维护保养不善、无消防用水供应、消防报警系统失灵，都有可能导致重大人身和巨大财产损失。物业服务企业面临如此的风险，不仅要承担经济赔偿的民事法律责任，而且直接责任人和单位主要负责人还可能因此将承担刑事法律责任。

（3）物业隐患类风险

物业隐患类风险指物业共用部分容易引起的伤害事故隐患事项。细分风险项包含锐角、护栏、水池、阳台、屋顶、悬挂物、障碍物等管理不善和标识不清导致的事故风险事项。

依据《民法典》第一千二百五十三条："建筑物、构筑物或者其他设施及其搁置物、悬挂物发生脱落、坠落造成他人损害，所有人、管理人或者使用人不能证明自己没有过错的，应当承担侵权责任。所有人、管理人或者使用人赔偿后，有其他责任人的，有权向其他责任人追偿。"物业服务企业根据上述规定，应首先明确自己的服务责任范围，因其决定风险责任承担的范围。如住宅物业建筑物基本可以分为两部分，一部分属业主自己入住的由业主自己维修和养护的范围，相应的责任和费用都由业主承担；如业主阳台放置的物品或者悬挂的物品坠落造成他人人身或财产损失的，由业主承担全部的赔偿责任；如果证明是受害人的故意行为造成的由受害人承担责任。另一部分属共用部分，物业服务企业对物业的共用部位、共用设施承担管理维护责任，如果这些部位的设施存在隐患的话也就相应给物业服务企业带来风险。

对此，物业服务企业在接手物业时，应对其现状与各方面进行书面确认，并在物业合同中细化维修费用的承担主体。在履行物业合同过程中及时检查、修复设施、设备，保证相关设备保持良好的状态并做好维修记录。若一时难以修复，应采取相应的警示及防护措施。对于需要大中修的设施设备应及时制定维修计划并报业主大会批准，及时修复以做到防患于未然。

（4）公共秩序类风险

公共秩序类风险指公约秩序类引发的冲突风险。细分风险项包含宠物、噪声、共用区域占用、装修等公约秩序冲突风险事项。

近年来高空抛物伤人事件时有发生，一旦发生，虽然从法律意义上，由抛物者或抛物楼层群体负责民事赔偿，但也会对物业服务企业的品牌形象造成负面影响。因此物业服务企业在日常管理过程中也要关注可能出现的高空抛物行为，做到及时教育、引导和提示，改变住户不良习惯。

《民法典》第一千二百五十四条："禁止从建筑物中抛掷物品。从建筑物中抛掷物品或者从建筑物上坠落的物品造成他人损害的，由侵权人依法承担侵权责任；经调查难以确定具体侵权人的，除能够证明自己不是侵权人的外，由可能加害的建筑物使用人给予补偿。可能加害的建筑物使用人补偿后，有权向侵权人追偿。物业服务企业等建筑物管理人应当采取必要的安全保障措施防止规定情形的发生；未采取必要的安全保障措施的，应当依法承担未履行安全保障义务的侵权责任。发生本条第一款规定的情形的，公安等机关应当依法及时调查，查清责任人。"

（5）作业安全类风险

作业安全类风险指员工操作事故风险。细分风险项包含设备运行、维修、清洁、绿化、消杀、消毒等作业给客户及员工带来的伤害事故风险及物品损坏风险事项。

比如物业服务企业在进行外墙清洁时，一定要做好员工防护措施。尤其是物业服务企业在进行绿化、消杀时，应在相应范围设置安全的障碍物，并在障碍物前设置明显的提醒行人注意的标识，警示行人注意和绕行。在消杀前应公示实施消杀的时间安排，提示要注意未成年人和宠物的安全，消杀完成后的一定时间，仍需在作业区域周围设置明显的警示标识，以避免造成业主或物业使用人的人身、财产损害。

另外，还要注意对地面的及时清洁，注意室内外的防滑工作，特别是在暴风、暴雨过后应及时检查服务区内是否存在安全隐患，避免造成人员意外摔倒划伤事故。

（6）公共设施设备类风险

公共设施设备类风险指共用物业及设施设备引起的伤害事故。隐患事项主要包含因电梯载人时停电或断电、游泳救生、会所体育设施设备安全、小区内部车流交通等造成的风险事项。

细分风险项包含：一是公用设施、设备安全隐患，如电梯故障致人损害、供电设备发生故障等；二是小区景观构造、休闲设施安全隐患，如健身器材脱落、断裂致人损害等；三是物品堆放、设备安装、施工安全隐患，如因道路、雨水井、化粪池等维修开挖作业未加有效防护或提醒，而致行人坠落受伤等。

《物业管理条例》第二十七条规定："业主依法享有的物业共用部位、共用设施设备的所有权或者使用权，建设单位不得擅自处分。"物业本身及公共设备和设施的管理是物业服务企业的主要工作内容。物业公共设施、共用设备管理以及维护方面隐患也是物业服务风险的主要方面。因物业公共设备的多样性和分布的分散性特点，这类风险发生频率或事故严重程度各有不同，但对于物业管理者，要最大限度地考虑这些风险的存在。

《民法典》第一千二百五十六条规定："在公共道路上堆放、倾倒、遗撒妨碍通行的物品造成他人损害的，由行为人承担侵权责任。公共道路管理人不能证明已经尽到清理、防护、警示等义务的，应当承担相应的责任"；《民法典》第一千二百五十七条规定："因林木折断、倾倒或者果实坠落等造成他人损害，林木的所有人或者管理人不能证明自己没有过错的，应当承担侵权责任"；《民法典》第一千二百五十八条规定："在公共场所或者道路上挖掘、修缮安装地下设施等造成他人损害，施工人不能证明已经设置明显标志和采取安全措施的，应当承担侵权责任。窨井等地下设施造成他人损害，管理人不能证明尽到管理职责的，应当承担侵权责任。"

（7）车辆的损坏灭失风险

车辆管理中车辆的损坏灭失风险指在物业小区内的停车场经营车辆停放服务过程中，车辆发生车身受损、车辆灭失等损坏的风险。

车辆停放服务通常由物业服务企业接受开发商或小区业主委员会的委托进行停车场的经营管理，并收取车辆停放服务费。车辆停放期间车辆外表可能被儿童包括其他第三人用器具划伤，也可能会被其他停放车辆有意或无意碰撞而损坏，也有可能在停放期间被盗窃或抢劫。该类事件和诉讼争议也是长期以来物业服务企业面临赔付金额较大的风险。

（8）自然灾害类风险

自然灾害类风险指自然灾害造成的事故预防风险。细分风险项包含因地震、高温、台风、暴雨、冰冻、雷电、地质灾害等自然因素造成的伤害或损坏的风险事项。

物业服务企业不具备抵抗大的自然灾害的能力，但具有预报、通知、采取积极防御措施的义务和责任。在自然灾害可能来临之前，物业服务企业要积极听取当地天气预报，了解预警信号，并全面考虑可能的不安全隐患。在自然灾害来临之前，树立防御意识，用排查的方式拟订自然灾害防御计划或防御措施。

（9）财务收缴类风险

财务收缴类风险指费用收缴管理处理不当引起的风险。细分风险项包含因收费标准、行为、账目、现金等管理失误或误会造成的事故或冲突风险事项。

在物业合同中，应明确物业服务企业提供各项服务的等级及收费标准，对此的约定应尊重客观事实，物业服务企业不应作出超出自身服务能力的承诺。否则，业主可能以物业服务不符合约定，主张服务费过高。另外，应在合同中将有偿收费项目细化，以免双方因某项服务是否应另行收费发生纠纷。

在出现业主拖欠物业费的情况时，物业服务企业应及时发放书面催缴通知，以免超过诉讼时效。对于物业服务企业代收费的事项，物业服务企业不可向业主收取手续费等其他费用，同时应注意保留好记录，以免造成日后追缴的举证难等问题。

（10）其他风险

对于有些专业服务内容，物业服务企业可委托给专业公司，但是在选择专业公司时要注意选择具有相应资质的公司。否则，物业服务企业将因选择不当对相关事故承担赔偿责任等。

6.1.3　物业服务风险产生的原因

根据《物业管理条例》第三十五条"物业服务企业应当按照物业服务合同的约定，提供相应的服务。物业服务企业未能履行物业服务合同的约定，导致业主人身、财产安全受到损害的，应当依法承担相应法律责任"，由于义务人未能全面履行法定和约定的义务，给权利人造成直接和间接经济损失和人身损害的，即产生了相应的法律风险和赔偿的法律责任。

对于物业服务企业而言，因为从业人员素质、工作环境等诸多因素的影响，风险可谓无处不在。

1. 签订物业合同过程中风险的产生

（1）缺乏对另一方合同签订主体的资质及资信的审查。例如，在物业管理委托合同中，开发商是否具有一定的资质，是否具有良好的资信，对以后双方的合作有着至关重要的影响。在专项管理分包合同中，例如，在与电梯维修保养专业公司签订相关合同时，如果此类公司不具备专业资质从事承包工作，不仅是违反法律规定，被法律所禁止，同时分包给没有专业资质的公司，物业服务企业即负有明显的主观过错。如果设备造成业主和非业主使用人的人身和财产损害后果，物业管理单位将依法承担赔偿责任。

（2）物业服务承诺的内容和水平过高，与物业管理收费标准所对等的服务内容和水平不相符。物业服务企业的收费，应当依据所提供的服务项目的不同而划分为不同等级的收费水平，不能一味地不根据实际而只采取降低收费提高服务的竞争方式。因为对企业来说，降低收费和提高服务，意味着经营利润的降低甚至亏损，这对于本来利润空间就低的物业服务企业，无疑是加重了经营压力。同时，如果服务内容和水平达不到对业主的承诺，物业服务企业必定将面对大量的业主投诉甚至招致诉讼，由此造成的经济损失和负面影响对物业服务企业来说，无疑是雪上加霜。

（3）合同内容约定不明或是条款有疏漏，对此造成的风险，加强相关人员对《民法典》的学习，物业服务企业一般能对此有一个较正确的认识。

2. 承接物业过程中风险的产生

（1）物业共有部位、共有设施设备有明显或者暗藏的质量问题。

按照《物业管理条例》第二十八条的规定，"物业服务企业承接物业时，应当对物业共有部位、共有设施设备进行查验。"

但是在实践中，物业服务企业往往对此不够重视，有些企业认为物业在工程竣工时，已经经过了建设单位及相关政府管理部门组织的竣工验收，有相关的验收合格证件，查验也只是一种形式而已。这些验收与物业服务企业组织的验收，是两种性质完全不同的验收，从法律角度来看，其后果有着不同的责任承担主体。建设单位及相关政府管理部门的竣工验收，如果验收不合格，承担责任的主体是施工单位和建设单位，如果物业服务企业不认真查验而通过了此类的验收，承担责任的主体就会转为物业服务企业。实际上，通过建设单位和相关政府管理部门的竣工验收的物业，并不代表就是物业管理意义上完全合格的物业。如果物业服务企业不以认真的态度对待查验工作，对该验收的项目不验收，对不合格的项目按照合格验收等，那么本该由建设单位或者施工单位承担的责任，转由物业服务企业承担，这就增大了企业的经营风险。

（2）建设单位或前期物业服务企业与业主之间的遗留问题没有得到处理解决。

这对于结束了前期物业管理之后才获取物业管理权的物业服务企业来说，是特别应当注意的问题。在建设单位或者物业服务企业与业主之间，往往有一些关于建筑质量或者物业管理服务质量的遗留问题，需要在承接时明确责任，及时予以解决。这些遗留的问题，应由承建商或者前期物业服务企业承担责任，而且往往引发的原因是比较复杂的，解决起来困难很多。所以这些问题如果不在承接时得以解决，对建设单位及物业服务企业的工作不满的部分业主，不仅不会配合的物业服务企业开展工作，甚至有部分业主直接拒交物业管理费，这些无疑加大了物业服务企业的经营风险。

3. 实施物业管理过程中风险的产生

（1）对业主或者第三人在物业管理区域内所遭受的财产损失和人身伤害所承担的风险。以物业管理区域内发生的业主物品或财产丢失案为例，从各地法院审理的此类案件的审理结果上来看，各有不同，既有判决物业服务企业承担对业主的赔偿责任的，也有认定物业服务企业已尽到管理职责而无需承担赔偿责任的。但是，越来越多的案例，已经把物业服务企业在管理中，对业主的财产或物品，认定为保管关系，这样的关系认定，使得物业服务企业的经营风险增大。

（2）对物业管理区域内的消防事故和安全隐患所承担的风险。物业企业对管理区域内的消防设施进行管理维护，不仅是基于物业企业与业主之间的委托合同，更是一种法定的义务。

←【案例6-1】业主家中失火，殃及邻居，物业企业承担连带责任•

家住某小区的李某因家中电源线短路造成火灾，除自家损失巨大外，7户邻居也受到不同程度的波及。李某认为，物业公司也存在过错，邻居家受到的损害应由两者共同承担，并起诉至法院。法院经现场勘查后认定，距离起火点较近的小区大门被物业企业关闭；李某居住的单元楼门前的小区道路两侧均停放了机动车，剩余空间只能缓慢通行一辆机动车，导致火灾发生时消防车不能迅速驶入。

该小区日常物业管理确实存在一定瑕疵，这违反了物业企业应承担的法定义务，同时确实扩大了火灾的波及面。综合考虑火灾事故原因、原被告之间的物业服务合同关系、物业管理上的问题、原告遭受的损失情况等因素，法院认为物业企业需要对火灾所造成的结果承担次要责任，分担李某的部分损害赔偿责任。

从以上案件可以看出，物业企业管理不当导致消防设施本身或消防配套设施缺失、损害导致火灾蔓延，其需要依据物业服务合同、法定义务承担相应的责任，赔偿被害人的损失。

在实践中，也不乏楼道堆满杂物引发火灾的案例，根据相关规定，业主对其专有部分（建筑物内的住宅、经营性用房等）以外的共有部分享有共有的权利。公共楼道（包括专门的消防通道）属于全体业主共有，业主无权擅自堆放杂物，这不仅会堵塞通道，同时也是潜在的消防安全隐患。

《物业管理条例》第四十五条规定："对物业管理区域内违反有关治安、环保、物业装饰装修和使用等方面法律、法规规定的行为，物业服务企业应该制止，并及时向有关行政管理部门报告。"物业服务企业对楼道堆放物品的行为应该进行监督、劝止，排除隐患。

因此，如果楼道堆放杂物导致火灾，直接责任人、擅自堆放杂物者和物业服务企业要依据各自的过错程度承担相应的赔偿责任。

（3）对物业管理工作人员的工作违章违纪等失职行为所承担的风险。近年来，屡见保安与业主发生冲突，甚至保安与业主互相殴打的恶劣事件。这类事件虽然直接责任人是相关工作人员，但是从后果承担角度来说，物业服务企业存在极大的风险。因为从法律责任的角度来说，由员工的职务行为所导致的侵权责任，是由企业来承担其法律后果的。

4. 物业管理相关的法律法规不健全导致的风险

目前，我们国家的物业管理相关的法律法规相对还不是很健全，在物业管理各主体之间的法律关系不明确，出现问题后无法追究相关责任方的责任时，往往由物业服务企业承担一部分责任，这给物业服务企业带来的风险不容小觑。

业主维权是业主应有的权利，一旦出现此类事件，物业服务企业无权干涉或阻止。但从另一角度来说，业主维权意识的高涨，意味着物业服务企业所要面临的风险也会相应地增大。如果在业主维权、投诉问题上处理稍有不当，肯定会给物业服务企业带来一系列经济上、声誉上的损失，甚至可能被解聘。

6.2　物业服务风险规避

物业服务企业在经营过程中会面临各种经营风险，这也是每个物业服务企业必须面对和亟待解决的一个重大问题。风险管控关乎企业的生死存亡，各种风险造成的影响或损失，会对物业服务企业的生存、发展带来干扰和阻碍。

每个物业服务企业都渴望能在安全稳定的环境下得以存在和发展。每个物业管理者都不希望自己千辛万苦获得的管理项目有什么坏事情发生，更不愿意看到发展起来的项目位于崩溃的边缘。

物业纠纷日渐频繁，纠纷类型也呈现多样化，且物业企业败诉的案例也越来越多。风险可以预测和计算，只要能够清晰辨识、合理掌控，就能够有效规避。物业服务企业如果有能力管控好风险，将有利于物业服务企业持续、健康、稳健地发展。

6.2.1　物业服务风险规避的特点

1983年，美国风险与保险管理协会召开年会，讨论并通过了"101条风险管理准则"，这在风险管理发展史上具有划时代的意义，也为各国企业进行风险管理提供了一般准则。

风险管控是企业战略发展的保证，是企业内控内炼的基础。在物业服务企业趋向于规模化、集团化和跨界经营化，企业生产发展面临越来越多的不确定性，因此，物业服务企业的风险管控必不可少，绝对不能忽视。

1. 项目性

由于物业服务企业的营运管理是以项目为基础的，因此，物业服务企业的风险管理的落脚点应该在于项目管理。项目经营风险管理成为物业服务企业风险管理的运营支点。

2. 复杂性

无论是专业复合性角度还是服务过程性角度，与工业品生产管理的风险比较起来，物业管理服务的风险管理所涉及的环节和因素更加复杂，需要进行全面规划，否则就缺乏系统性和可操作性。

3. 能动性

物业服务企业的风险在于各个项目的各个环节，而这些环节都是由物业服务基层员工所承载，风险管理必须落实到各个环节的服务员工身上。

因此，物业服务的项目风险管理，不仅需要企业中高层领导给予高度关注，而且需要将各阶层员工组织起来，利用有效的风险管理激励体系，强化风险识别的全面性和员工风险管理的参与性，否则风险管理就只能成为纸上谈兵。

4. 主动性

物业管理受托于人，服务于人，打理业主的物业经营和管理。业主及物业使用人成为物业服务风险管理的关键因素之一，物业公司与业主之间的互动质量，包括业主对物业管理法规与作业管理的了解程度、服务质量感知程度，业主及物业使用人自身的风险意识和风险防范能力、业主遵循管理公约的程度，都将直接影响物业公司风险管理的绩效。

6.2.2　物业服务风险规避的机制

通过对风险的认识、衡量和分析，设计或选择减少或避免损失的处理方案，以最低的成本达到最大安全保障的有组织有计划的活动。

1. 建立完善的制度

制度建设的重要性已被越来越多的企业所认识，企业的发展壮大与成功都离不开一套系统、科学、严密、规范的内部管理制度。物业服务企业防范安全管理风险的基本立足点，也应是建立严格的各项工作管理、考核与评价制度，做到管理工作有章可循，无遗漏、无缺陷、无失误。制度得到全面落实，是减少安全风险的重要保障。

目前，我国大多数的物业服务企业内部的现实情况主要表现为，内部制度比较完善，但是制定制度的人并没有对制度操作的可行性充分进行考虑，造成员工面对制度无处可用，有的制度虽然可行性比较强，但是后期缺乏比较强大的执行力，导致即使管理制度完善也并未发挥其真正的作用。

为了更好地将内部管理当中出现的风险解决，最理想的解决方法就是要按照行业的质量标准系统规定，综合企业内外部的现实情况，制定完善健全、科学、合理、简单、高效、持续进步的管理制度，从上到下的每一员工都能够贯彻落实。

制度建设一定要注重推行和检查评估环节，进行重点落实、推进，并不定期地对执行情况进行检查、纠正、提醒员工违反制度的行为，按照"谁主管，谁负责"的原则，落实安全防范管理责任和逐级岗位责任。完善的制度可以带动员工的工作热情，明确其责任，约束其行为。

2. 加强内部控制

从风险管理的角度而言，内部控制包括环境控制、风险评价、信息沟通三方面内容。

（1）环境控制，是指营造企业氛围和对企业员工进行有效的管理，这是内部控制的核心因素。通过企业文化的建设来营造优良的企业环境，通过建立完善的规章制度对员工进行有效的管理。加强员工培训，提高员工素质的同时，使员工对企业产生归属感、认同感，减少人员流动，也降低了企业的风险。

（2）风险评价，是指企业建立风险评价机制，相关人员能够随时对可能会遇到的风险进行有效的评估和预测，为企业作出决策时提供有价值的参考。对风险可能给企业造成的损失也能作出评价，以便企业能及时作出应对措施。

（3）信息沟通，是指对相关的信息，如企业可能遇到的风险、风险对企业的影响程度，以及风险的防范措施等，都必须让企业的员工了解和熟悉，增强其风险意识，并认真履行其工作职责，提高抵御风险的能力。

3. 建立三级风险管理体制

物业管理服务过程的风险管理，要从全体员工和意识领域着手，按照严密的事件发生、发展和造成后果的思路，制定严密的管理细则和流程，只有事前预防并采取积极措施，才能从根本上消除风险，防患于未然。

物业服务企业应建立三级风险管理体制：

一级风险管理是管理处的日常自我风险管理。由管理处在自我管理的日检、周检、月检中对风险因素进行识别和控制。管理处根据公司编制的《风险管理手册》，针对项目的管理实际，对风险管理的事项、职责进一步细化和明确，纳入日常管理规程。

二级风险管理是由企业运营管理部门统一进行的项目外包管理以及月度性主题风险检查、控制管理，还有季节性、节日性专题风险检查控制管理。根据各类风险发生的特点和规律，将各类风险的管理分解到适当的时刻进行管理。

三级风险管理是由企业及项目管理共同组成的应急性风险预防管理和风险事故处置管理。

可以说，只要风险意识比较强烈，而且能够进行全面的风险梳理，编制操作性强的风险管理手册，对企业相关人员强化培训、指导和管理控制，风险管理对于物业服务企业来说，就不会是一件十分困难的事。

4. 制定风险管理计划

完善的风险管理计划是企业进行风险管理的前提和基础，也使企业面对各类风险时能及时推出有效的防范措施。

根据企业实际情况制定比较完善的中长期风险管理计划，中期计划以一年为限，可结合企业年度工作计划，对照工作计划的相关项目和内容进行风险评估并提出相关的应对措施；长期计划以五年或十年为期，可结合公司长期发展规划进行制定。

通常风险管理计划主要包含以下内容：

（1）建立组织架构。根据物业服务企业组织架构的实际情况，在企业内部建立专门的风险管理机构，也可以由物业运营部或市场策划部门兼任此项职责。如能设立专门的风险管理部门是更好的选择。

（2）建立专项经费预算。建立风险管理的相关经费预算，物业服务企业可从上年收益中拨出一笔专项资金，像物业管理的本体维修基金一样，设立专门账户，进行专项的管理和使用。

（3）风险因素识别。了解企业客观存在的各类风险，并仔细分析引起风险的各种因素。物业服务企业应识别物业管理区域可能发生的突发事件，识别途径通常包括：

1）政府公开信息（如天气预报、地质灾害预报、食品安全事故通报、疾病防控信息等）。

2）公用事业单位信息（如电力、供水、燃气供应、通信等）。

3）物业管理区域内存在的风险隐患（如火警火灾、高空坠物、电梯困人、水浸等）。

对风险管理中的各种情况进行定性定量分析，对可能遇到的各种风险进行综合评价，综合测评企业对各类风险的承受能力并以此制定相应的防范措施。

6.2.3　物业服务风险规避的策略

要做到对物业管理风险的防范，必须对"物业"和"物业服务"进行充分的了解。只有对我们所从事的工作有了充分的认识之后，提高物业管理的水平，才能有效地规避物业管理风险。物业管理水平的高和低，是可以量化的，要让所有能够体验物业管理水平的人，都能从头到脚感到物业服务的好与差，甚至愿意选择物业服务企业在这里安家落户。

1. 提高企业自我防范的水平

提升企业自身保护的能力，加强企业专业领域和基层一线关键风险过程管控，提升企业治理水平；加强风险管控知识培训与风险文化宣传，促进物业服务企业战略、风险、绩效协同发展，增强企业自我风险防范能力。

2. 合同约定规避风险

把好合同关，明确相关方的权利、义务和责任。谨慎签订物业服务合同，是规避物业管理风险的有力保障。

根据《物业管理条例》第三十五条规定："物业服务企业应当按照物业服务合同的约定，提供相应的服务。物业服务企业未能履行物业服务合同的约定，导致业主人身、财产安全受到损害的，应当依法承担相应的法律责任。"因此，在签订《委托物业管理合同》时，一定要考虑：

（1）认真审核主体资质及资信。除了审查由合同签订对方所提供的证件，必要时，应到相应的工商登记部门进行调查了解，以掌握主体的详细登记情况。

（2）合同约定要具体、明确、完整，避免疏漏，避免对条文的理解出现歧义（特别是对于时间、价格、违约金的约定等问题要注意）。

（3）注意免责条款的约定。如在合同中约定物业服务企业在以下情况时不负责承担相关责任：因不可抗力导致物业管理服务中断的；物业服务企业已履行合同约定义务，但物业本身固有瑕疵造成损失的；因维修养护物业共用部位、共用设施设备需事先告知业主和物业使用人，暂时停水、停电、停止共用设施设备等造成损失的；因非物业服务企业责任出现供水、供电、供气、供热、通信、有线电视及其他共用设施设备运行障碍造成损失的；为维护公众、业主、使用人的切身利益，在不可预见情况下，如发生燃气泄漏、火灾、水管破裂、救助人命、协助公安机关执行任务等突发事件，物业服务企业因采取紧急措施造成相关财产损失的。

（4）合同约定的服务内容与水平要与公司实际履约能力相一致。在国家或行业的强制规定的范围之外，管理方案的拟订必须与物业管理的测算成本相结合，不可超出服务成本的可控范围，不可轻易承诺可能产生风险的服务内容或标准，避免出现力不从心的现象，导致风险的发生。

（5）对物业共用部位、共用设施设备进行查验，与原建设单位或业主委员会、原物业服务企业进行交接过程中，应对物业共用部位、共用设施设备的现状和存在的问题进行交底和记录，了解以往曾出现的故障和隐患，各方进行书面确认，这些记录和情况作为以后防范风险的参考资料。对于交接过程中发现的重大损坏和人为原因造成的事故，根据不同情况，确定责任和修复费用的承担主体。

（6）权利与义务在合同中必须明确体现，避免责任不清的事实发生。在物业服务中，经常会碰到，例如物业服务企业是否存在"管理疏忽与失误"的纠纷。因此要规避风险，在与业主签订物业服务合同时尽量避免使用结果意义的用词，如"保障人身财产安全"之类的词语。

3.服务过程中全方位、多层次的"预防性提示服务"

物业服务企业应尽可能考虑到一切不安全因素和隐患，能整改消除的当然更好，不能及时整改的，也必须向业主或其他相关方（包括物业服务企业内部员工）明示，在与建设单位签订前期物业服务合同中，在与业主委员会签订物业服务合同以及小区文明管理条约、小区公众管理规定或须知中，在物业服务企业内部各项服务作业流程、安全操作规程中，在所有针对不安全因素的提示和警示中，必须明确哪些不能做、哪些区域有危险、做哪些事应注意什么等。例如在人员复杂的写字楼每个租户门口贴上"写字楼人员复杂，离开时请务必断电断水，锁好门窗"等防火防盗警示语，在未设专人看守的单车停放处设置"本单车停放处仅提供免费停车场地，请车主保管好自己的车辆"提示牌，在小区游泳池旁放置"请照管好您的孩子，小孩不得进入深水区"标示等。

────── 【案例6-2】服务到位，才能降低管理风险 ──────

家住某小区的王先生新买的一辆助动车每晚停在小区的免费停车棚，3月12日发现车被盗了。王先生立即找到物业并报警，他认为物业应承担安全保障义务，保安没有尽到安全巡视职责才导致自己车辆被盗，他要求物业公司赔偿其财产损失2900余元。为此双方产生了矛盾，王先生便从此开始拒绝交纳物业费。

业主停在小区内的非机动车被盗，取决于业主与物业是否构成车辆保管合同和物业在安保过程中是否存在过失。

一般来说，小区设有门岗、安装有监控、物业保安队员定时巡逻，并且设有提醒标语，物业履行了一般意义上的安防义务，那么物业将不承担相应的赔偿责任。反之就将构成违约，应该赔偿。

就本案例而言，业主王先生将车停在了无专人看管的免费停车棚，且车棚内有监控设施及标语，就车辆管理也并未与物业发生保管关系；而物业保安对小区进行安全巡视，并有当天值班保安的巡逻记录。

因此，律师不主张王先生的赔偿诉求。而王先生采取拒交物业费来抗议的做法，律师也并不认同。经过调解，王先生支付了拖欠的物业费，物业公司以帮助王先生免去三次日常修理人工费的方式，双方达成了和解。

4.转嫁风险

（1）引入市场化的风险分担机制，如购买物业管理责任险。

随着近年来物业管理行业的不断发展，在物业服务过程中出现的与业主的纠纷也越来越多，业主的维权意识也日益增强，物业服务企业与业主之间的法律纠纷也与日俱增。"管理疏忽与失误"是作为判断物业服务企业是否承担法律责任的根据，但再优秀的物业服务企业也很难避免工作中的疏忽和失误。对业主造成人身安全和财产损害，将使物业服务企业产生很大的经济赔偿风险。

为了接管物业共用部位和共用设备设施购买保险将风险转移降低，预防因为管理流程中的疏忽和过错导致经济损失出现。例如为接管物业购买公共责任保险，一旦出现了楼宇外墙墙皮脱落伤害到行人或者砸坏车辆等意外事故，要由保险公司承担对应的赔偿责任。尝试和保险公司合作赠送业主家庭财产保险，防止出现损失就要求物业公司进行赔偿的事件。

（2）监督和使用好专项维修基金，充分发挥维修基金的作用，也是转嫁风险的又一个有效方法。物业管理公司要监督维修基金及时到位，监督业主管理好维修基金、使用好维修基金。维修基金属于全体业主，可用于公共设备设施大中修，这是降低物业服务企业财务风险的又一有效途径。

（3）部分业务分包。对物业服务企业来说，可以将一些不太好把握，又不擅长的工作规划或业务，或者一些专业性较强、安全风险较大的业务，如外墙清洗、电梯维修、化粪池清掏等，以外包委托的方式包给专业公司打理，有效转移企业的安全风险。

5. 风险管控可运用信息系统自动实现

风险管理信息系统是运用信息技术对风险进行管控的系统，它是管理信息系统的重要组成部分。管理人员可借用信息技术工具嵌入业务流程，实时收集相关信息，从而对风险进行识别、分析、评估、预警，识别并制订对应的风险管控策略，处理现实的或者潜在的风险，控制并降低风险所带来的不利影响。

6. 风险组合

物业服务企业可以对一些相关业务进行组合，或通过与其他企业合作，进行优势互补，达到降低风险的目的。以企业的对外拓展为例，在对外物业项目的拓展上，尤其是外地物业项目的拓展，在企业自身条件不完全具备，可以通过与项目所在的物业服务企业合作的方式进行物业承接。再比如在小区的管理中，对小区内一些有声望的业主、住户，可以聘其为物业服务企业的顾问，这样在处理小区业主的相关问题，尤其出现业主投诉或维权行动时，充分利用这些业主在小区内的影响力，能有效降低企业风险。

总而言之，对物业管理当中的风险，随着法律的不断健全完善，物业管理服务质量的快速提升以及物业服务企业的经验不断积累，物业管理工作当中的风险也可以被控制，风险是不会消失，只有经过不断积累经验，预防好风险，意识到风险的同时确定对应的预防措施，进行妥善解决，才能够更好地将物业管理水平提高，确保业主和居民的生活品质。

6.3　物业管理应急预案

6.3.1　物业服务应急情况

1. 处理范围

物业服务应急情况处理范围包含发生火灾、地震、台风、暴雨、治安事件等特有的突发性不可抗拒的偶然性事件。

2. 处理原则

（1）安全第一

物业服务应急情况处理坚持以人为本，将保障人身安全放在第一位，最大限度地保护人民群众的生命和财产安全。

（2）预防为主

以预防为主，培养强烈的安全意识，落实安全投入，明确安全责任和安全管理制度，预防安全事故和突发事件的发生。

（3）及时响应

物业管理服务区内发生突发事件，应当迅速启动应急预案，采取有效措施，防止事故扩大和次生灾害的发生，减少人员伤亡和财产损失。

6.3.2　应急情况处置

1. 应急处理方法

遇有特殊情况和重大事件时，应正确分析和判断情况，根据事件的性质按应急方案处置。根据事件的不同性质，采取不同的方法进行处理。

（1）坚持以人为本，最大限度地保护业主的生命和财产安全；

（2）服务应急工作坚持统一领导、分级管理、条块结合、以块为主的原则；

（3）应急工作坚持预防为主、快速反应的原则；

（4）应急工作实行项目经理负责制，统一指挥，分部门负责，各部门密切配合、分工协作，资源整合、信息共享，形成应急合力；

（5）不同性质的问题，采取不同的方法进行处理。对业主（客户）之间一般违反公司规定和不配合物业管理工作的内部矛盾的问题，可通过在充分尊重对方又不违反企业原则的条件下劝说、沟通、了解的办法解决，主要是分清是非，耐心劝导，礼貌待人。对一时解决不了又有扩大趋势的问题，应采取"可散不可聚、可解不可结、可缓不可急、可顺不可逆"的处理原则，尽力劝开，耐心调解，把问题引向缓解，千万不要让矛盾激化，不利于问题解决；

（6）在处理问题时，坚持在充分尊重对方又不违反企业原则的前提下劝说、沟通、协调相结合的原则。如违反管理规定情节轻微，不构成损失的、可在考虑尊重对方的原则下当场予以劝说或通知其所在单位、家属进行教育。如需要给治安处罚的，交公安机关处理；

（7）对于犯罪问题，应立即报警，协助公安机关及时予以制止，并采取积极措施予以抢救、排险，尽量减少损失。

2. 应急响应

（1）应急处置

突发事件发生时，应根据事件的性质和发展态势，第一时间报告或报警，并组织应急救援队伍和工作人员，分级启动应急预案，营救受害人员，疏散、撤离、安置受到威胁的人员，控制危险源，标明危险区域，封锁危险场所，并采取其他防止危害扩大的必要措施。当相关主管部门和社会专业救援力量抵达后做好协助处置工作。

（2）事后恢复

突发事件的威胁和危害得到控制或者消除后，应进行事后恢复工作。事后恢复工作通常包括以下四个方面：使物业管理区域生活、工作秩序和环境恢复到正常状态；协助事故调查；协助评估事故损失；协助保险受理和赔偿等。

（3）评估与总结

在突发事件应急响应结束后，应对应急预案的有效性及应急救援的效果进行评估与总结，形成书面报告。对存在的问题进行跟踪整改，必要时修编应急预案，不断提高应急能力。

评估与总结的内容通常包括：事件发生时间、地点、现场情况；事件的起因，应急处置、应急救援的过程和效果，事件造成的损失和后续影响；应急预案的有效性和改进建议；应急保障的充分性和完善建议。

3. 记录

对突发事件全过程的记录（包括各类图像、录音、录像、文字报告）进行归档保存。

6.3.3 应急处置预案

根据《中华人民共和国突发事件应对法》《物业管理条例》等相关法律法规，制定应急处置预案。制定应急处置预案的目的，确保发生紧急、突发事件时，以最有效的方法、在最短的时间内控制事态的发展，将物业管理的风险降到最低限度。

1. 应急预案的编制程序

（1）成立应急预案编制工作组；

（2）收集应急预案编制所需的法律法规、技术标准、国内外同行业事故总结及应急工作经验等资料；

（3）分析可能发生的突发事件类型、危害程度、影响范围及应对措施；

（4）基于应急队伍、装备、物资等应急资源状况，客观评价本物业服务企业的应急能力，充分利用社会应急资源；

（5）编制应急预案，要注重系统性和可操作性，做到与地方政府、上级主管单位以及相关部门的预案相衔接；

（6）对应急预案的实用性和有效性进行评审，对评审后的应急预案予以发布；

（7）根据物业管理区域的变化，相关法律、法规、规章和标准的变化以及实际应急处置过程中发现的问题等情况，定期对应急预案进行修订和更新。

2. 应急预案的内容

应急预案应包含编制的目的、依据、适用范围、机构、职责、应急处置等内容。

（1）编制目的：说明应急预案编制的目的；

（2）编制依据：简述应急预案编制所依据的法律、法规、标准等文件；

（3）适用范围：说明应急预案适用的工作范围和突发事件类型、级别；

（4）应急组织机构及职责：明确应急救援队伍的成员和具体分工、职责；

（5）预警：根据物业服务企业监测监控系统数据变化或有关部门提供的预警信息进行预警，明确预警的条件、方式、方法和信息发布的程序；

（6）信息报告程序：

1）明确24h应急值守电话、突发事件信息接收、通报程序和责任人；

2）明确突发事件发生后向上级主管部门、上级单位报告突发事件信息的流程、内容、时限和责任人；

3）明确突发事件发生后向本单位以外的有关部门或单位通报突发事件信息的方法、程序和责任人。

（7）应急处置：根据突发事件的类型和级别，明确应急处置的程序和措施；

（8）应急物资与装备：明确执行相关应急处置所需的物资和装备的类型、数量、性能、存放位置、使用条件等内容。

3. 应急预案的宣传和培训

制定应急预案的培训计划，明确培训对象、方式、频次和要求，评估培训效果。使有关人员了解应急预案内容，熟悉应急职责、应急处置程序和措施以及相关注意事项。如应急预案涉及业主和物业使用人，应做好宣传教育、告知等工作。

4. 应急预案的演练

制定应急预案的演练计划，明确不同类型应急预案的演练形式、范围、频次、内容。落实演练计划，进行演练效果评估和总结工作。

5. 应急保障

（1）资金保障。设立应对突发事件的预备资金或资金紧急调用预案，以应对突发事件的紧急需求。

（2）物资保障。根据应急预案和相关规定配置应急物资，建立应急物资管理制度，明确应急物资的类型、数量、性能、存放位置、运输及使用条件、管理责任人等内容。对应急物资进行定期维护及检查，保证应急物资处于完好待用状态。

6. 建立危机管理预警系统

（1）物业服务企业应急预案架构图（图6-1）

（2）管理处应急预案组织架构图（图6-2）

（3）应急预案处理流程图（图6-3）

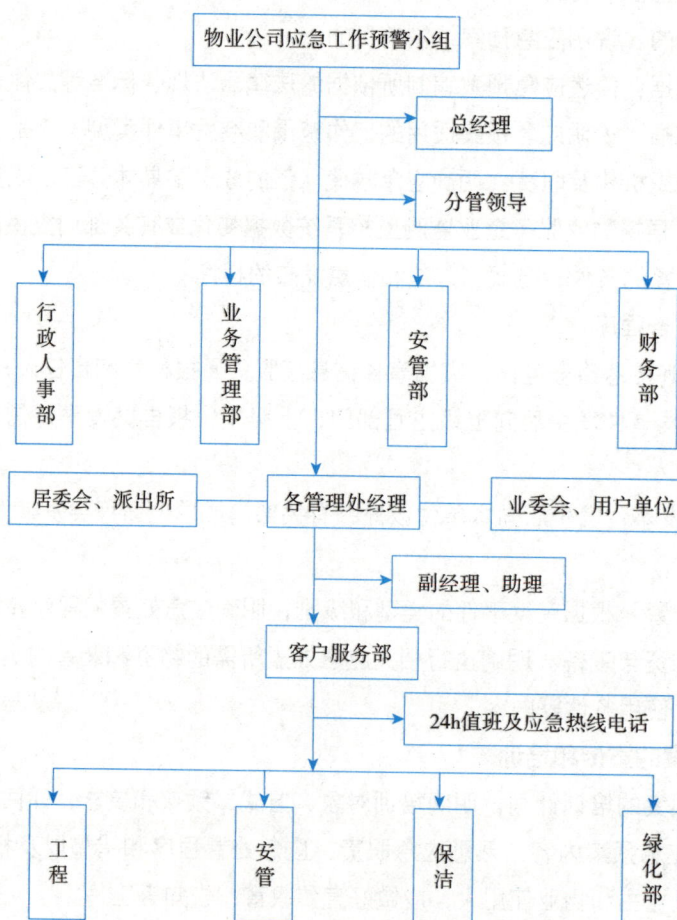

图6-1　物业服务企业应急预案架构图

```
                    ┌──────────────────┐
                    │  安全管理预警小组  │
                    └──────────────────┘
                              │
  ┌──────────────────────┐   │   ┌──────────────┐
  │ 向客户单位和公司领导汇报 │◄──┼──►│   管理处经理   │
  └──────────────────────┘   │   └──────────────┘
                              │
                              │   ┌────────────────────────┐
                              ├──►│ 管理处副经理、助理、品管员 │
                              │   └────────────────────────┘
```

```
┌──────┐  ┌──────┐  ┌──────┐  ┌──────┐  ┌──────┐
│机电  │  │应急  │  │秩序  │  │事后  │  │机动  │
│电设  │  │救援  │  │维护  │  │清洁  │  │调遣  │
│备保  │  │疏散  │  │组    │  │处理  │  │组    │
│障组  │  │组    │  │      │  │组    │  │      │
└──────┘  └──────┘  └──────┘  └──────┘  └──────┘
```

事后总结、查找原因、写报告材料，完善管理处应急防范体系，防止类似事件的发生

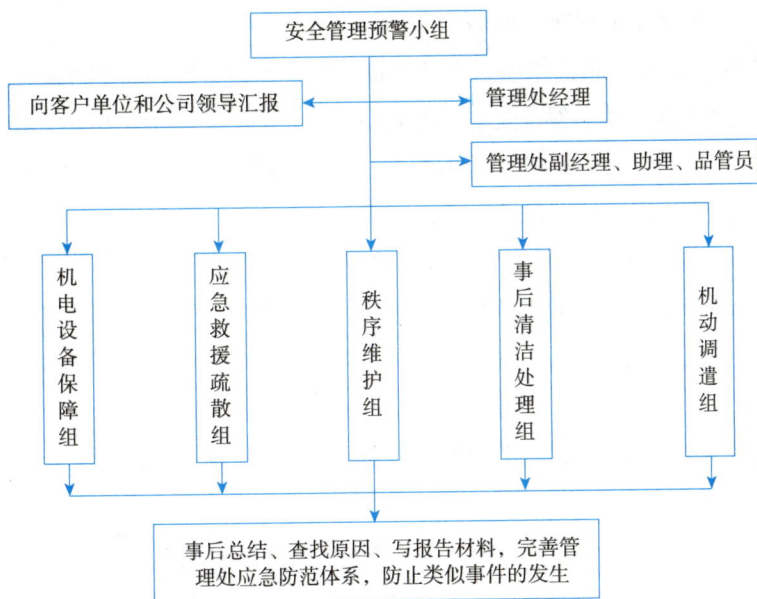

图 6-2　管理处应急预案组织架构图

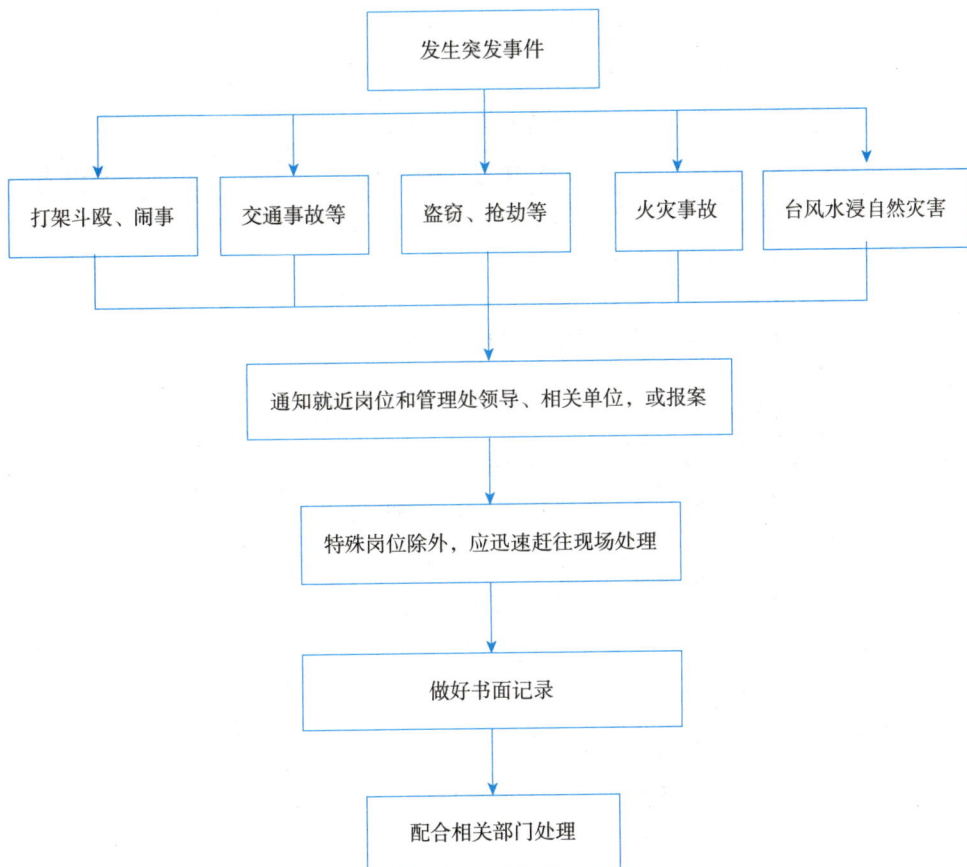

```
              ┌──────────────┐
              │  发生突发事件  │
              └──────────────┘
```

| 打架斗殴、闹事 | 交通事故等 | 盗窃、抢劫等 | 火灾事故 | 台风水浸自然灾害 |

通知就近岗位和管理处领导、相关单位，或报案

特殊岗位除外，应迅速赶往现场处理

做好书面记录

配合相关部门处理

图 6-3　应急预案处理流程图

（4）架构说明及应急措施、装备

1）物业服务企业应急工作小组由其负责人领导，以各部门主管和骨干员工为主组成。同时在物业管理项目（管理处、监控中心）设立24h应急服务电话，按照应急服务进行模拟训练，以提高应急服务管理小组的快速反应能力，强化应急服务管理意识，并检测自己拟定的危机应变计划是否充实、可行。

2）物业管理处下属的各职能部门人员是应急服务的主要人力储备，以经理为核心，包括管理处下属的安管员、保洁员和维修人员。所以管理处平时必须对客户服务部、安管部、工程部、保洁部所属员工做统筹安排，调配值班与准值班岗位，保证每天24h随时有人能响应总值班室的应急呼唤。

3）为了保证应急服务过程中能够尽快排除故障和险情，物业管理处必须对应急的物料有充分的储备。常用的应急服务物料有：灭火器、排水泵、手电筒、应急钥匙、急救药品和各种工具等。应急服务物料必须定期检查，有时效的物料必须定期更换，确保物料的可用性。

应急服务物料必须存放在固定的地点，方便拿取，并标有明显的"应急服务物料"字样。平时原则上不准动用，动用后应及时补充，以保证规定储备量。

4）应急服务通知顺序表，见表6-1。

应急服务通知顺序表　　　　　　　　　　　　　　　　　表6-1

突发事件型	通知顺序和联系电话	备注
火警	管理处经理、119、安管部主管、工程部主管、保洁部主管、相关领导、业主委员会、居民委员会	
重大治安事件	管理处经理、110或辖区派出所、安管部主管、居民委员会、业主委员会	
供配电故障	管理处经理、供电局、工程部值班室、强电工程师、电工	
电梯困人	管理处经理、保修单位、维修工、电工	
给水排水故障	管理处经理、市政或自来水公司、管道值班室、工程师、管道工	
燃气泄漏	管理处经理、燃气公司、总调度值班室、管道工	
突发卫生事件	总经理、管理处经理、防疫站、疾病预防控制中心派出所、业主委员会、居民委员会	
意外伤亡事件	总经理、管理处经理、社保部门、派出所、业主委员会居民委员会	

7. 项目常见突发事件应急处理预案

（1）突发停电事件应急预案。

（2）突发停水事件应急预案。

（3）突发溢水事件应急预案。

（4）易燃气体泄漏事件应急预案。

（5）电梯浸水事件应急预案。

（6）电梯困人事件应急预案。

（7）客户失窃事件应急预案。

（8）争吵斗殴事件应急预案。

（9）区域内交通事故事件应急预案。

（10）酗酒者闹事事件应急预案。

（11）精神病患者闹事事件应急预案。

（12）焰火鞭炮施放引起火灾事件应急预案。

（13）装修施工噪声扰民事件应急预案。

（14）违章搭建事件应急预案。

（15）暴雨造成积水事件应急预案。

（16）人员中暑事件应急预案。

（17）冰冻暴雪天气事件应急预案。

（18）突发传染病事件应急预案。

（19）人员突发急病事件应急预案。

（20）人员触电事件应急预案。

（21）人员溺水事件应急预案。

（22）高空坠物伤人事件应急预案。

（23）人员滑倒受伤事件应急预案。

（24）人员高空坠落事件应急预案。

（25）大风、台风和暴雨应急预案。

（26）突发地震应急预案。

（27）火灾事件应急预案。

（28）绑架勒索事件应急预案。

（29）突发抢劫事件应急预案。

（30）恐怖袭击事件应急预案。

•——【案例6-3】《某学校项目管理处火灾事故紧急处理预案》——•

8. 相关记录

应急预案的目的是当在管理区域内发生紧急情况时能及时、有效地为业主提供应急服务。当每一件应急服务处理后，均需做详细的应急处理记录，以备后查和借鉴。

应急服务记录表见表6-2。

应急服务记录表

表6-2

类别		发生时间	
发生地点		发现人	
监控中心当班安管员 （或管理处接报人）			
接报时间			
通知何人处理		通知时间	

发现情况：

处理经过：

备注	

◆ 【本章小结】 ————————————————————————————————————●

对于物业服务企业而言，风险可谓无处不在。一方面是由于物业管理服务涉及秩序、环境、设备、设施、建筑本体等多个专业门类；另一方面，物业管理服务需要面对业主群体、政府部门、市政单位等关联性客户群，承载着很多社会责任和义务。

同时物业管理服务所涉及的空间和时间范围是非常广泛而深远的，与众多的业主和非业主使用人的生活息息相关，上述特点决定了物业管理服务面临的风险可能是无时不在和无处不在。物业管理服务行业风险的承担，可能导致企业正常生产经营活动无法进行，所以风险的防范成为摆在物业管理服务整个行业和各个物业服务企业的头等大事。但风险也是可预可防可控的，只要正确认识风险，识别风险，制定正确的服务风险规避原则和应急处置预案，就能够最大限度防范风险，减少风险带来的损失。

【课后练习题】

一、复习思考题

1. 什么是物业服务风险？

2. 物业服务风险的类型有哪些？

3. 物业服务风险产生的原因有哪些？

4. 物业服务风险规避原则、风险规避策略有哪些？

5. 物业服务会出现哪些应急情况？

6. 请简述应急处置预案如何编制，应急处理阶段应注意哪些事项？

二、自测题

扫码答题

7 物业管理项目招标投标

教学课件

【知识拓扑图】

```
                                           ┌─ 物业管理项目招标投标的概念
                        物业管理项目招标投标概述 ─┼─ 物业管理项目招标投标的特点
                                           └─ 物业管理项目招标投标的原则
              ┌──────────────┐
              │知识          │              ┌─ 物业管理项目招标的条件及方式
              │识 框架 结构   │   物业管理项目招标投标的程序 ─┼─ 物业管理项目招标的程序
              │              │              └─ 物业管理项目投标的程序
              └──────────────┘
                        物业管理项目招标投标文件编制 ─┬─ 物业管理项目招标文件编制
                                           └─ 物业管理项目投标文件编制
```

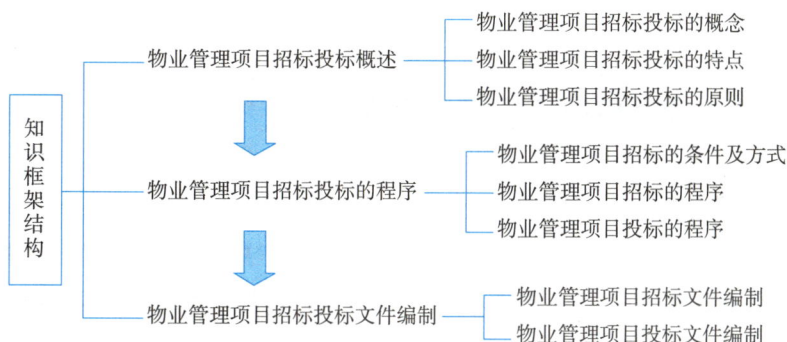

【本章要点和学习目标】

本章对物业管理项目招标投标的基本知识作了系统的阐述，主要介绍了物业管理招标投标的基本概念、特点、原则、招标投标的程序以及招标投标文件的编制方法和要点。

通过本章的学习，掌握物业管理招标投标的基本知识和流程，有助于规范地开展物业管理项目的招标投标活动，促进物业管理市场及行业规范健康地发展。

7.1 物业管理项目招标投标概述

物业管理招标投标实质上是围绕着物业管理权的一种交易形式，是物业管理市场发展到一定阶段的产物，也是国家倡导的物业管理行业的发展方向，是物业管理规范化的必然要求。《物业管理条例》中明确了新建住宅物业的强制性招标投标制度及新建住宅物业的开发建设单位未采取招标投标的法律责任。物业管理招标投标是物业管理社会化、专业化、市场化特征的体现，与其他类型的招标投标相比较，有其自身的特殊性，无论是作为物业管理的招标人、投标人，还是其他与物业相关的组织，都必须深入了解物业管理招标投标的知识和物业管理招标投标实践中的要点，才能更好地参与和实施物业管理招标投标活动。

7.1.1 物业管理项目招标投标的概念

1. 物业管理招标

物业管理招标是指物业管理招标人即建设单位、业主或业主委员会，为即将竣工使用或正在使用中的物业，寻找物业服务企业而制定符合其管理服务要求和标准的招标文件，向社会公开招聘，由多家物业服务企业参加竞投，采取科学方法进行分析和判断，最终从中选择确定最适宜的物业服务企业，并与之订立物业服务合同的全过程，其实质就是业主择优选聘物业管理者。

物业管理招标人有时在特殊的情况下，还可能是物业所在的街道办事处、政府管理部门等，比如，我国经济适用房、廉租住房的前期物业管理招标投标。一般同一物业投入使用前后招标人会发生变化，比如，在开发建设期间和正式成立业主大会之前，一般由开发建设单位作为招标人，而在业主大会成立之后，一般由业主大会委托业主委员会办理招标事宜。而商务办公楼则通常由业主组织办理招标事宜。

物业管理招标由招标人依法组织实施。在具体招标时，招标人自行组织招标活动，也可以委托招标代理机构办理招标事宜。

2. 物业管理投标

物业管理投标是指符合招标文件中要求的物业服务企业，根据公布的招标文件中确定的各项管理服务要求与标准，根据国家相关法律法规以及本企业管理条件和水平，按照招标文件的要求从服务方案（技术标）和商务价格（商务标）两个方面编制投标文件，积极参与投标活动，通过竞标取得物业管理权的整个过程。

招标人和物业服务企业遵守市场经济规则进行双向选择，通过招标投标和签订物业管理服务合同，明确双方的权利、责任和义务，从技术、经济和法律上规范招标投标双方的行为，协调和保障双方的利益。

7.1.2　物业管理项目招标投标的特点

招标投标具有竞争性、程序规范、透明度高、公正客观等特点。由于物业和物业管理属于服务业，属于第三产业，有自身的特殊性，使得物业管理招标投标与其他类型的招标投标相比，有其自身的独特性，具体表现为：

1. 综合性

由于物业管理是综合性的服务，服务内容的内涵范围和领域较广，涉及房屋、设施设备、场地、环境卫生与秩序等。甚至在一个项目中有时会出现几种不同类型的物业，如大型社区物业项目或高校物业项目，由于其物业涉及住宅、公寓、办公楼、教学楼、商业服务区等，要求投标人提供综合性的管理与服务。正由于物业具有地域广、物业类型多、服务领域广等特点，因此，要求投标方所提供的管理与服务应具有综合性。

2. 不确定性

物业管理招标投标具有一定的不确定性，主要体现在以下两个方面：

一方面是招标主体的不确定性。物业管理招标主体可以是业主大会、建设单位、政府机关或事业单位，因此，即使是同一类型的物业，也会因产权人的身份不同而致使招标的主体也不同。同一物业在投入使用前后招标主体也会发生改变，建设期间和成立业主大会之前由建设单位作为招标主体；成立业主大会后则改由业主大会招标主体。另一方面，对于公用设施和政府物业，由于其产权人多为政府资产管理部门，因此，该类物业的物业管理招标投标，须由其产权人组织，若由使用人组织，则需经产权部门的授权委托。

另一方面是物业管理服务内容的不确定性。物业管理不同于一般的服务业，是具有社会公共服务和个体服务特征的群体服务，提供的是全天候、不间断、全方位和多层次的服务产品。通常因为服务对象、服务需求、地域差异导致服务内容相对的不确定性。

3. 超前性

由于物业管理具有早期介入的特点，决定了新建物业管理的招标必须要超前，也就是在新建物业动工兴建或设备安装、隐蔽工程施工前就应该进行物业管理的招标与投标工作。物业服务企业在物业规划设计时介入，可以有效地提高日后的物业管理质量和在设计、施工中将物业管理企业的经验融入项目的建设，是日后物业服务完成确定目标不可或缺的。

4. 阶段性

物业管理服务运营的长期性特点，决定了物业管理招标投标的阶段性。物业建设单位或业主大会在不同时期对物业管理服务有不同的要求，招标文件中的各种管理服务要求、管理服务费用的制定都是具有阶段性的，过了一定的时间，为了各种变化，有可能需要调整。

再有就是物业企业一旦中标，并不意味着可以长期对该物业进行管理，一方面随着物业管理市场竞争的加剧，一定会有更多更优秀的物业管理服务企业参与竞争；另一方面，由于自身的管理水平满足不了业主的需要而自动退出所服务的物业区域。

此外，委托管理是有期限的，一旦到了期限，可由业主及业主大会根据其管理的满意度，通过一定的程序决定是否续聘原物业服务企业。若续聘则重新签订服务合同；若不续聘，则由业主委员会或业主方重新向社会公开招标。当然也存在还未到管理期限，由于原物业服务企业未能很好地履行合同中的责任和义务而遭到解聘的情况，这时业主或业主委员会也需要重新招标，选择物业服务企业来进行管理和服务。

5. 差异性

由于我国幅员辽阔，人口众多，各地经济条件、地理环境、人文环境等方面不尽相同，不同地区的人们对物业管理的认识水平、消费观念、需求标准存在着较大差异；同时，由于物业类型的不同，招标人对项目招标的条件和对投标人的要求也会不同。

因此，物业管理招标投标时，应充分考虑地区差异和物业的业态差异，招标人在招标过程中应根据物业自身的条件和本地区的实际情况客观地制定招标条件和选择招标企业，投标人在分析和策划投标活动时也应该充分考虑项目的地区性特点和要求。

7.1.3　物业管理项目招标投标的原则

物业管理招标投标是一种通过市场化方式实现的双向选择。

根据《招标投标法》规定："招标投标活动应当遵循公开、公平、公正和诚实信用的原则。"物业管理招标投标也必须贯彻公平、公正、公开和诚实信用的原则。建设单位或者业主想要吸引尽可能多的物业服务企业来投标，从竞争投标中得益，就要对所有参加投标者公平、公正、公开。目的就是通过一场竞争，尽可能寻找到最为理想的物业服务企业。

1. 公开原则

招标投标活动严格按照程序要求进行信息的公开。无论是招标公告、资格预审公告，还是投标邀请书，都应当载明能大体满足潜在投标人决定是否参加投标竞争所需要的信息。

另外开标的程序、评标的标准和程序、中标的结果等都应当公开，应使招标投标活动的每一个环节都保持高度透明，使每个投标人获得同等的信息，知悉招标的一切条件和要求，确保招标投标活动能公平、公正地实施。

2. 公平原则

招标投标活动的公平原则，是指在招标文件中向所有物业服务企业提出的投标条件是一致的。要求招标人严格按照规定的条件和程序办事，同等地对待每一个投标竞争者，不得对不同的投标竞争者采用不同的标准。

物业管理招标由招标人依法组织实施。招标人不得以任何方式限制或者排斥本地区、本系统以外的法人或者其他组织参加投标；不得以不合理条件限制或者排斥潜在投标人；不得对潜在投标人进行歧视待遇；不得对潜在投标人提出与招标物业管理项目实际要求不符的过高的资格等要求。

所有参加投标者必须在相同的基础上，在同一条件下进行投标。

3. 公正原则

招标投标活动的公正原则，是指在物业管理招标投标整个活动中要体现公正性，对所有的投标竞争者都应该平等对待，投标评定的准则是衡量所有投标书的尺度，不能产生厚此薄彼的情况。

在评标委员会的组成以及开标、答辩、记分、评标、定标等程序和方法上，应当严格遵循相关法律、法规和招标文件的要求，公正地对待每一个投标单位，禁止任何人、任何单位在招标投标过程中利用特权或优势获得不正当利益。

特别是在评标时，评标标准应当明确、严格，对所有在投标截止日期以后送到的投标书都应拒收，与投标人有利害关系的人员都不得作为评标委员会的成员。

招标人和投标人双方在招标投标活动中的地位平等，任何一方不得向另一方提出不合理的要求。

4. 诚实信用原则

诚实信用原则要求招标投标各方都要诚实守信，不得有欺骗、背信的行为。在物业管理招标投标过程中，招标投标双方应该严格按照招标投标的程序要求和相关法律规范实施招标投标活动，实事求是，守信践诺，准确履行招标投标义务，具体表现在以下几个方面：

（1）招标人不得事先预定中标单位或设定不公平条件，不得在招标过程中以言行影响评标委员会或协助某一投标单位获得竞争优势；

（2）招标人不得违反规定拒绝与中标人签订合同；

（3）投标人不得与招标人或其他投标人串通投标，损害国家利益、社会公共利益或者他人的合法权益；

（4）投标人不得向招标人或者评标委员会成员行贿或以其他不正当手段谋取中标。

总之，在物业管理招标投标活动中，只有严格贯彻公开、公平、公正、诚实信用的原则，才能真正遵循公平竞争、优胜劣汰的市场经济规律，这也是物业管理招标投标的根本宗旨。

7.2　物业管理项目招标投标的程序

7.2.1　物业管理项目招标的条件及方式

1. 物业管理招标的条件

（1）招标主体应具备的条件

要保证物业管理招标的顺利进行，招标主体一般应具备与招标相关的工程技术、经济、管理人员，且有编制招标文件、组织开标、评标、定标等能力。

招标人为业主委员会的，须经业主大会授权，招标投标过程和结果及时向业主公开；招标人为建设单位的，必须符合相应的法律法规规定的其他条件；招标项目为重点基础设施或公共事业的，必须经产权部门批准、授权。

（2）招标项目应具备的条件

为了使物业管理招标工作有序地开展，必须对招标项目进行必要的审查，符合有一定的条件的才可以参加招标。

所招标的物业管理项目必须符合城市规划要求；符合当地政府颁布的规模要求；已落实政府的规定各类维修基金；能够为物业服务企业开展工作提供一定量的物业管理办公用房；并具备招标所需的其他条件等。

2. 物业管理招标方式

物业管理的招标方式有三种：公开招标、邀请招标和协商招标。

（1）公开招标

公开招标又称为非限制性竞争招标或无限竞争性公开招标，是指物业管理招标人通过公共媒介发布招标公告，邀请所有有意愿并符合投标条件的物业服务企业参加投标的招标方式。

物业服务企业根据公告的内容、管理水平、质量的要求、招标条件等相关内容，购买招标资料进行投标，参与竞争。这种招标方式的评选条件及程序是预先设定的，且不允许在程序启动后单方面变更，活动处于公共监督之下，可以为所有符合投标资格条件的物业服务企业提供公平竞争的机会。

公开招标是国际上常见的招标方式，最大的优点就是招标单位有较大的选择范围，能更好地开展竞争，充分获得市场竞争的利益，最大限度地体现了招标的公开、公平、公正的原则，是最系统、最完整、最规范的招标方式。在大型基础设施和公共物业的物业管理一般都采用公开招标方式进行招标。

但采用这种招标方式，投标单位较多，审查投标者资格和标书的工作量很大，招标过程花费的时间长，各种费用的支出成本也相对较高。

由于物业具有地域性的特点，有些地方性的重点项目一般会采取地方公开招标方式进行招标。也就是通过公共媒体发布的招标信息中会注明只选择本地投标人进行投标。对于一些不可能也不适宜吸引全国各地物业服务企业的项目，通过地方公开招标，既节省了招标成本，又不影响招标的公平性。

（2）邀请招标

邀请招标又称有限竞争性招标或选择性招标，是指不公开发布招标公告，由招标人向已经基本了解或通过征询意见的潜在投标人，经过资格审查后，以投标邀请书的方式直接邀请符合资格条件的特定法人或其他组织参加投标，按照法律程序和招标文件规定的评标方法、标准，选择物业服务企业的招标方式。虽然不公开发布公告，不需要招标资格预审文件，但应该组织必要的资格审查。

根据《招标投标法》第十七条规定，"招标人采用邀请招标方式的，应当向三个以上具备承担招标项目的能力、资信良好的特定法人或者其他组织发出投标邀请书。"《北京市物业管理招标投标办法》和《上海市物业管理招标投标管理办法》都作了相应的规定，因此邀请招标方式邀请具有相应资质的物业服务投标人一般不少于3家，一般邀请3~5家为宜。

邀请招标方式是公开招标方式不可或缺的一种补充方式，适用于规模较小、服务管理费用不高的物业服务项目，业主选择的范围较小，如果物业服务企业选择得当，可以在招标的过程中减少了资格预审的工作量，节约了招标开支，深受一些私营业主和建设单位的欢迎。

目前，在物业管理招标中，邀请招标颇受欢迎，特别是一些实力雄厚、信誉高的老牌建设单位经常采用。究其原因，是由于物业管理的地域性特点，建设单位在当地选择投标单位的数量就不大；又由于老牌的建设单位经验丰富，对各类物业服务企业的经营情况和服务质量了如指掌，本身有能力可以选择一批资信好的企业来参加投标，既能节省时间和成本，又可以达到预期的效果。

（3）协商招标（议价、议标）

协商招标是指由招标单位直接选定1~2家物业服务企业，就物业管理工作进行协商，确定物业管理的有关事项的一种特殊招标方式。这种方式属于谈判招标，有的称之为议标，特点就是没有资格预审和开标等阶段，比较容易达成协议。适合小型的物业管理或者已经在与业主方合作管理相关项目而延伸的项目，单项管理服务任务，或者物业服务企业管理期限已满、业主满意度较高、需要续聘等情况。

按照《物业管理条例》和《前期物业管理招标投标管理暂行办法》的规定，住宅及同一物业管理区域内非住宅的建设单位，应当通过招标投标的方式选聘具有相应资质的物业服务企业；投标人少于3个或者住宅规模较小的，经物业所在地的区、县人民政府房地产行政主管部门批准，可以采用协议方式选聘具有相应资质的物业服务企业。必须通过招标投标方式选聘物业服务企业的项目，仅为新开发的住宅及同一物业管理区域内非住宅；新开发的非住宅的项目，以及业主入住后由业主大会选聘物业服务企业的情况下，既可采取招标投标方式，也可采取其他方式。

7.2.2 物业管理项目招标的程序

物业管理招标是按法律法规进行的一项经济活动，其过程均必须严格依照法律的有关规定进行，否则就有可能引起不良的法律和经济后果，所以要按一定的程序进行。

招标的主要工作程序按照时间的先后顺序分为招标准备阶段、招标实施阶段和招标结束阶段，如图7-1所示。

1. 招标准备阶段

招标准备阶段是指从业主或建设单位决定进行物业管理招标到正式对外发布招标公

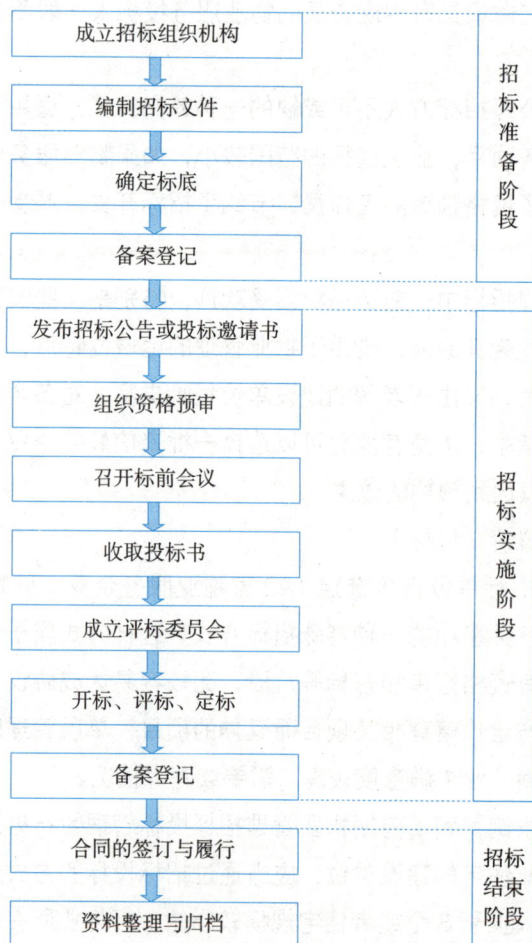

图 7-1 物业管理招标程序

告之前所做的一系列准备工作。

（1）成立招标组织机构

按照招标惯例，无论是建设单位还是业主委员会，任何一项物业管理项目招标都要成立一个专门的招标组织机构，来负责招标活动的整个过程。通常招标机构的主要职责是：

1）确定招标方式、内容、条件、招标申请备案；

2）编制招标文件；

3）组织投标、开标、评标和定标；

4）组织与中标者签订合同。

成立招标组织机构一般有两种途径：一种是物业建设单位或业主大会自行成立招标机构、自行组织招标工作；另一种是招标人委托专门的物业管理招标代理机构进行组织招标。

招标组织机构领导小组一般在政府物业行政主管部门指导下，由委托方成立，机构成员可聘请有关部门人员和物业管理专家组成。

（2）编制招标文件

招标文件是招标机构向投标者提供的为进行招标工作所必需的文件。编制招标文件是招标准备阶段最重要的工作内容，主要包括招标公告或者邀标书、投标人须知、评标办法、招标项目说明书、合同主要条款、技术标准和规范等。

（3）确定标底

标底是招标人对招标项目的一种预期，是招标人为准备招标的内容计算出的一个合理的基本价格，即一种预算价格。标底的价格由成本、利润、税金等组成。一个项目只能制作一个标底。

标底的主要作用是为招标人审核报价、评标和确定中标人提供重要依据。因此标底是招标单位的绝密资料，不能向任何无关人员泄露。特别是我国国内大部分项目招标评标时，均以标底上下的一个区间作为判断投标是否合格的条件，标底保密的重要性就更加明显了。

目前，无论是居住物业或者是非居住物业，以及政府采购项目，逐步采用限价的方法进行招标。也就是对项目招标时已经规定了物业服务费的单价或者总价的限制。投标人在这个价格范围内进行投标，高于限价的投标为无效投标。这就要求投标人在价格范围内编制一个先进、准确、合理、服务最优的投标方案。

（4）备案登记

招标人应当在发布招标公告或者发出投标邀请书的 10 日前，提交相关材料报物业项目所在地的县级以上地方人民政府房地产行政主管部门备案。

具体包括：与物业管理有关的物业项目开发建设的政府批件；招标公告或者投标邀请书；招标文件；法律、法规规定的其他材料。

房地产行政主管部门发现招标有违反法律、法规规定的，应当及时责令招标人改正。

2. 招标实施阶段

招标的实施主要包括以下四个具体步骤：发布招标公告或投标邀请书；组织资格预审；召开标前会议；开标、评标和定标。可见，招标实施阶段是整个招标过程的实质性阶段。

（1）发布招标公告或投标邀请书

我国《招标投标法》和国际惯例都规定，招标人采用公开招标方式招标的，应当通过公共媒介发布招标公告；招标人采用邀请招标方式的，应当向3个以上具备承担招标项目的能力、资信良好的特定的法人或其他组织发出投标邀请书。无论是招标公告还是投标邀请书，其目的是一致的，都是为了向尽可能多的潜在投标者提供均等机会，让其了解招标项目的情况，并对是否参加该项目投标进行考虑和有所准备。

公开招标的物业管理项目，自招标文件发出之日起至投标文件截止之日止，最短时间不得少于20日，招标人对发出的招标文件进行必要的澄清或者修改的，应当在招标文件要求提交文件截止时间至少15日前，以书面形式通知所有投标人。

【案例7-1】某物业服务企业招标公告

某物业管理项目绿化养护服务项目招标公告
（招标编号：QL-Z×××-20231001）

一、招标条件

某物业管理项目绿化养护服务项目已由项目审批／核准／备案机关批准，项目资金来源为自筹资金280万元，招标人为××物业管理有限公司。本项目已具备招标条件，现招标方式为公开招标。

二、项目概况和招标范围

规模：××物业管理项目位于××区××路123号。总建筑面积489060m²，其中地上建筑面积269600m²，地下建筑面积219460m²。详见招标文件。

范围：本招标项目划分为3个标段，本次招标为其中的：（001）某物业管理项目绿化养护服务项目。

三、投标人资格要求

（001）某物业管理项目绿化养护服务项目的投标人资格能力要求：

（1）具有社会统一信息代码的企业法人营业执照，具有独立法人资格，经营范围中含有本项目相关内容；

（2）具有履行合同所必需的能力；

（3）符合国家及地方性法律、行政法规规定的其他条件。

本项目不允许联合体投标。

四、招标文件的获取

获取时间：从 2022 年 12 月 01 日 16 时到 2022 年 12 月 08 日 16 时

获取方式：投标人请于 2022 年 12 月 01 日至 2022 年 12 月 08 日，每天（国定节假日除外）09 时至 16 时（北京时间）携带以下资料复印件（加盖公章）：

（1）具有社会统一信息代码的企业法人营业执照；

（2）法人代表授权书及被授权人身份证。

至 ×× 市 ×× 路 188 号 B2 栋 303 室获取招标文件。

五、投标文件的递交

递交截止时间：2023 年 1 月 23 日 09 时

递交方式：×× 市 ×× 区 ×× 路 188 号 B2 栋 303 室纸质文件递交

六、开标时间及地点

开标时间：2023 年 1 月 23 日 09 时

开标地点：×× 市 ×× 区 ×× 路 188 号 B2 栋 402 室

七、其他

无

八、监督部门

本招标项目的监督部门为 ××。

九、联系方式

招标人：×× 物业管理有限公司

地址：×× 市 ×× 区 ×× 路 123 号

联系人：××

电话：××

电子邮件：××@163.com

招标代理机构：×× 管理咨询有限公司

地址：×× 市 ×× 区 ×× 路 188 号 B2 栋 303 室

联系人：×××

电话：××

电子邮件：××@126.com

招标人或其招标代理机构主要负责人（项目负责人）：　　　　　　（签名）

招标人或其招标代理机构：　　　　　　　　　　　　　　　　　　（盖章）

（2）组织资格预审

物业管理项目资格预审是招标人对准备投标的企业是否具有从事物业管理资格及相应资质的预先审核，是招标实施过程中的一个重要步骤，大型的项目资格预审更是必不可少的。资格预审是投标者的第一轮竞争，也可以说是对所有投标人的一项"粗筛"。

首先，资格预审可以保证实现招标目的，选择到合格的具有类似项目管理经验的投标人。其次，资格预审可以减少招标人的费用。如果投标人数量过多，招标人的管理费用和评标费用就会大大提高，通过资格预审淘汰一部分竞争者则可以减少这笔费用。最后，资格预审能吸引实力雄厚的物业服务企业前来投标，招标人还可以通过资格预审了解投标人对该项目投标兴趣的大小。

经过预审后，招标人应当向资格预审合格的投标申请人发出资格预审合格通知书，告知获取招标文件的时间、地点和方法，并同时向不符合资格的投标申请人告知资格预审结果。

（3）召开标前会议

招标人对投标人资格审查确认后，应尽快通知合格申请人，及时前来购买招标文件，并接受咨询。根据程序，招标机构通常在投标人购买招标文件后安排一次项目现场踏勘和一次投标人会议，即标前会议。《投标人须知》中一般要注明标前会议的日期，如有日期变更，招标人应立即通知已购买招标文件的投标人。

项目现场踏勘是为了让投标单位对项目有实际的直观了解。召开标前会议的目的是解答投标人提出的各类问题。

所有各投标人提出的问题和统一的解答文件应被视为招标文件的组成部分，均应整理成书面文件分发给参加标前会议和缺席的投标人。当标前会议形成的书面文件与原招标文件有不一致之处时，应以会议文件为准。凡已收到书面文件的投标人，不得以未参加标前会议为由对招标文件提出异议，或要求修改标书和报价。

通常参加会议的费用应由各投标人自理。

招标机构也可以要求投标人在规定日期内将问题用书面形式寄给招标人，招标人汇集后向所有投标人给予统一的解答，在这种情况下就无需召开标前会议。

（4）收取投标书

招标人按照招标文件规定的时间和地点收取投标书，并做好投标文件的签收。招标人在遇到特殊情况时可以对招标文件规定的投标截止时间予以顺延，但不可以提前截止。顺延的决定应提前、同时通知所有已收到招标文件的投标人。

招标文件发出之日起至投标人提交文件截止日，一般不少于 20 日。

招标人收到投标文件后，应当签收，并将其封存投标箱内保存，直到开标前不得开启。投标人在投标截止日期之前，可以撤回、补充或者修改已提交的投标文件。

（5）成立评标委员会

评标委员会负责评标过程中一切事项的掌握和处理。评标委员会的专家成员，应当在房地产行政主管部门建立的物业管理评标专家库中，采取随机抽取的方式确定，这样可以保证评标委员会组成的合理性和评标的公正性。评标委员会成员不可以与投标人有利害关系。

评标委员会的人数一般为5人以上的单数，其中招标人代表以外的物业管理方面专家人数不得少于成员总数的2/3。

（6）开标

招标人或招标机构收到物业管理企业的投标书后，经过审查认为各项手续均符合规定后，并在公开招标文件预定的时间、地点开标。

开标由招标人或招标代理机构主持，邀请纪检、政府工作人员担任监督员、法律公正机关公证员、评标委员会成员、投标人代表和相关招标管理部门工作人员代表参加。

开标时，投标方必须有代表参加，否则视为投标方自动放弃。

开标时，由投标人或其推选的代表检查投标文件密封情况，并请评标专家进行检查公证，确认无误后，由工作人员当众将全部投标文件拆封，各投标单位宣读投标文件的主要内容。

开标应当做记录，并存档备案。

（7）评标

评标由招标人代表（占1/3）和专家组成（占2/3）的评标委员会负责。按照规定的标准和办法，招标代表和专家应独立阅读和按照评标要求审查和评议各评标单位的标书，独立对每个标书的各项目进行打分并给出总分，根据分数进行排序。评标委员会通过各位专家的打分按照总分进行排序，从而评选出符合规定条件的最佳投标人。

在评选过程中，应以管理服务质量、管理服务费报价和管理方案先进程度、标书方案、岗位人员配置与项目相协调作为主要的衡量标准。

除现场答辩部分外，评标应当在严格保密的情况下进行。评标委员会评审中若发现标书与招标文件要求发生重大偏离，或者重要项不符合相应招标文件要求（比如有重要项目漏项、应该有法定代表人签字或应该由公司盖章确认的但没有签字或盖章的等）可以宣布该投标文件为无效投标，可以否决该投标人投标。

完成评标后，评标工作人员将根据询标记录和投标企业的书面答复，整理汇总出评标情况报告，推荐不超过3名（1~3）合格中标候选人。

（8）定标

评标工作结束时，评标委员会根据评标委员会的打分汇总结果确定中标人；或者根据招标文件规定提出3家中标候选单位，由招标人最后商定中标人，通常按照中标候选人的排序确定中标人。招标人不得从评标委员会推荐的中标候选人之外的投标人中选定中标人，否则视作中标无效。

招标人确定中标人后应当进行 7 日公示，若公示无异议，即可下发中标通知书，同时将中标结果通知所有未中标的投标人，并返还投标书。

当确定中标的中标候选人因不可抗力无法履行合同或者放弃中标的，招标人可以依序确定其他中标候选人为中标人。同时在公示期若确认中标人有违法、违规行为的，将不能中标，而由第二中标候选人中标。

招标人自确定中标人之日起 15 日内，向物业项目所在地县级以上地方人民政府行政主管部门备案。

中标通知书对招标人和中标人都具有法律效力。中标通知书发出之后，招标人改变中标结果，或者要求有背离合同的实质性内容的其他要求，或者中标人放弃中标项目的，均需依法承担法律责任。

3. 招标结束阶段

招标人在最后选出中标人时，招标工作便进入结束阶段。

（1）合同的签订

《招标投标法》规定："招标人和中标人应当自中标通知书发出之日起 30 日内，按照招标文件和中标人的投标文件订立书面合同"。

在招标与投标中，合同的格式、条款、内容等都已在招标文件中作了明确规定，一般不作更改，然而为了达到招标投标双方在合同条款上认知上的统一，在正式签订合同之前，中标人和招标人通常还要先就合同的具体细节进行谈判磋商，最后才签订新形成的正式合同，这是整个招标投标活动的最后一个程序。

（2）合同的履行

合同的履行，是指合同双方当事人各自按照合同的规定完成其应承担的义务的行为，在此特指中标人应当按照合同约定履行义务，完成中标项目的行为。

（3）资料整理与归档

招标活动是一项十分复杂的活动，涉及大量的合同、文件及信件往来，招标人应对其予以整理。合同签订后，招标人和投标人这时为中标人进入一对一的长期契约合同关系，招标工作也就结束。

由于物业管理服务合同具有相对长期性的特点，为了让业主或建设单位能够长期对中标人的履约行为实行有效的监督，招标人在招标结束后，应对形成合同关系过程中的一系列契约和资料进行妥善保存，以便监督查验。

7.2.3　物业管理项目投标的程序

物业管理项目的投标程序，一般由投标前期工作、投标实施阶段、定标后的工作这三部分组成，如图 7-2 所示。

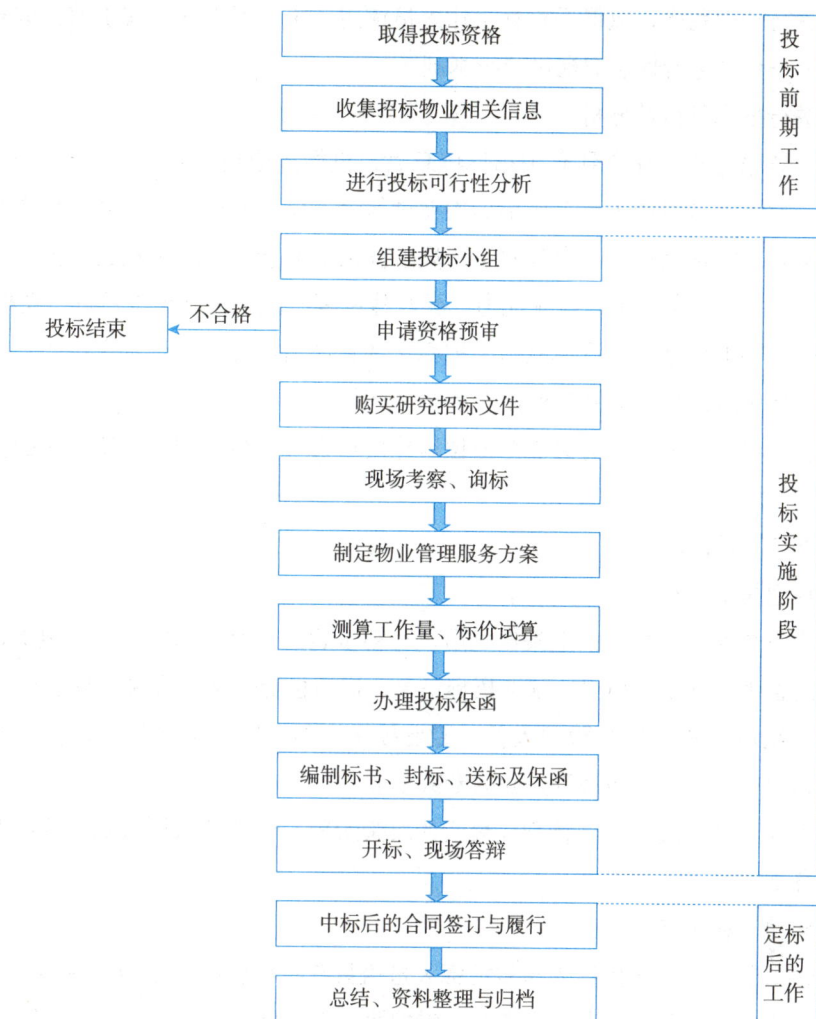

图 7-2　物业管理投标程序

1. 投标前期工作

（1）取得投标资格

物业服务企业参与物业管理投标应该符合招标文件要求，不同的招标人和不同的物业管理项目对参与投标的物业服务企业有着不同的要求。

参与投标的企业至少满足：具有独立的法人资格；经营、财力状况良好；符合招标规模所要求的资格条件；具有一定数量的技术、管理人员；具有该业态物业管理经验和能力等。

（2）收集招标物业相关信息

物业服务企业在投标初期应多渠道多方位全面搜寻招标物业信息。这些相关信息是物业管理企业进行投标可行性研究必不可少的资料。这些资料的范围不仅包括招标人和招标物业的具体情况，还应包括投标竞争对手的情况。工作人员应该按照资料的重要性、类别进行分门别类，以便于投标工作人员使用，由此得出的最有价值的信息，将为投标公司下一步的可行性研究提供分析基础。

（3）进行投标可行性分析

物业管理服务企业在得到有关招标信息后，投标人应当组织相关人员（经营管理、专业技术、财务等方面的人员）对招标物业进行全方位的分析，包括对招标物业项目情况、客户需求、招标人情况、竞争对手、风险评估等分析。然后根据公司自身的物业性质、规模、类型、服务质量、技术能力、配套建设等方面，再确定是否进行竞标。

因为一项物业管理项目投标从购买招标文件到送出投标书，涉及大量的人力物力支出，一旦投标失败，其所有的前期投入都将付之东流。

因此提出投标申请前，有必要全方位地作出可行性分析研究，制定相应的投标策略和风险防控措施。

2. 投标实施阶段

（1）组建投标小组

物业服务企业在考察了以上条件之后，可初步确定是否参与投标。如果决定参与投标，就开始着手成立投标小组，获取招标信息、进行投标决策及开展投标活动。

投标小组应由物业经营管理人员、专业技术人员、财务人员等组成，有条件的企业，可以聘请有关工程、经济等方面的专家参加。

投标小组人员不宜过多，特别是最后的决策阶段，参与的人数应该严格控制，以确保投标信息不外泄。

（2）申请资格预审

资格预审的目的在于招标人核实投标人是否具有投标资格，是否具有能胜任项目管理的能力。企业在申请进行资格预审时，需按要求提交相应的申请文件及证明材料。

一般招标人要求投标人提交的材料有：投标人身份证明、组织机构和业务范围资料、企业财务状况证明，还有需要填写的资格审查的相关表格等。

（3）购买研究招标文件

资格预审通过的投标人，可以按照招标公告中规定的时间和地点向招标人购买招标文件，着手认真详细分析招标文件。投标人应对文件中的各项要求充分了解，若发现有含糊不清，或者某些内容不清楚的情况，可以在规定的投标截止日前以口头或书面的形式向招标人提出澄清要求。

投标人还应注意要对招标文件中的各项规定，如开标时间、定标时间、投标保证书等，尤其是设计说明书、图纸、管理服务标准、要求和范围予以足够重视，作出仔细研究，分析透彻。若投标企业在投标前不加以重视，甚至没有发现问题，将可能影响投标文件的编制，投标价格的制定，以及中标后合同的履行，甚至会影响投标的成功。因此投标企业在这一阶段，应本着仔细谨慎的原则，认真研究招标文件。

（4）现场考察、询标

招标人将根据需要组织参与投标的物业服务企业统一踏勘现场，并向他们作出相关的必要介绍，其目的在于帮助投标人充分了解招标物业情况，以便投标人合理进行方案制定和标价估算。

根据惯例，投标人应对现场条件考察结果自行负责。在考察过程中，招标人还将就投标人代表所提出的有关投标的各种疑问作出口头回答，但这种口头答疑并不具备法律效力。只有在投标人以书面形式提出问题并由招标人做出书面答复时，才能产生法律约束力。

（5）制定管理服务方案

通常投标人根据招标文件中的管理服务范围、要求和物业情况，详细列出完成所要求管理服务任务的方法和方案。管理方案应根据不同的物业业态，按照招标文件的要求，根据投标物业业态的管理重点，全面实质性响应招标文件的服务需求。

物业投标人还应根据自己的管理经验，提出管理创新的建议和方案，为招标人提出可行的、优秀的管理方案。

（6）测算工作量

投标人可根据招标文件中物业性质、管理服务内容及要求，测算出完成该物业管理服务的任务和所需工作量。

（7）标价试算

物业管理服务内容和工作量确定之后就可以进行标价试算了。可用服务单价乘以工作量，得出管理服务费用。但对于单价的确定，不可套用统一收费标准，因为不同物业情况不同，必须具体问题具体分析。确定单价时还必须根据竞争对手的状况，从战略战术上予以研究分析。

对于试算的结果，投标者必须经过再进一步评估才能最后确定标价。现行标价的评估内容大致包括两方面：一是价格类比；二是竞争形势分析。通过评估调整，确定出最终投标价。

（8）办理投标保函

在物业管理招标投标活动中，投标者一旦中标就必须履行受标的义务，为了防止投标人违约，给招标人带来经济上的损失，在递交物业管理投标书时，招标单位通常要求投标人出具一定金额和期限的保证文件，即投标保函，以确保投标人在中标后不能履约时，招标人可用保证金额的全部或部分作为经济损失的赔偿。

若投标人没有中标或没有任何违法行为，招标人应在通知投标无效或未中标之后，及时将投标保证金退还给投标人。中标方的保证金，在签订合同并履约后5日内予以退还。

（9）编制标书

投标人在作出投标报价决策之后，就应按照招标文件的要求正确编制标书，即《投标人须知》中规定的投标人必须提交的全部文件。

（10）封标、送标及保函

投标文件全部编制完好以后，要进行密封，加盖投标人法定代表人印章及单位公章，派专人或通过邮寄，将标书、保函及其他投标文件在规定的投标截止时间之前投送给招标人。

投标文件从投标截止之时起，有效期为 30 天。招标人有权拒绝在投标截止时间后收到的投标文件。在递交投标文件后到投标截止时间前，投标方可以对其投标的文件进行修改和撤销，但不得在开标时间起到投标文件有效期满前撤销投标文件，否则招标方有权没收其投标保证金。

（11）开标、现场答辩

按照招标文件中规定的时间和地点，投标人需参加并监督招标人组织的开标会议，由评标专家组成的评标委员会对投标人递交的标书进行评议后，一般需要投标人进行现场答辩，接受评标委员会的审核。

3. 定标后的工作

（1）中标后的合同签订与履行

经过评标与定标之后，招标人将及时发函通知中标企业。中标企业则可自接到通知之时做好准备，进入合同的签订阶段。

由于在合同签订前双方还将就具体问题进行谈判，中标企业应尽量熟悉合同条款，以便在谈判过程中把握主动，对自己的优劣势、技术资源条件以及客户状况进行充分分析，并避免在合同签订过程中利益受损。

同时，中标企业还应着手组建物业管理服务专案小组，制订工作规划，以便合同签订后及时进驻物业项目。

物业委托管理合同自签订之日起生效，招标人与中标物业服务企业均应依照合同规定行使权利、履行义务。

（2）未中标的总结

未中标企业应在收到通知后及时对本次失利的原因作出分析总结，避免重蹈覆辙。

在进行总结分析的时候，可对管理服务方案、人员配置等进行分析，找出问题所在。要对报价与中标标价之间的差异进行分析，找出存在差异的根源，是工作量测算得不准，还是服务单价确定得偏高，或是计算方法不对，对于分析得出的结果，投标企业应整理并归档，以备下次投标时借鉴参考。也可以通过综合分析，围绕某类物业的竞争水平和各投标企业的实力水平有一个新的认识，对于以后参加招标投标活动都有参考价值。

（3）总结、资料整理与归档

无论投标企业中标与否，在竞标结束后都应将投标过程中的一些重要文件进行分类归档保存，以备核查。比如招标文件、招标文件附件及图纸、投标文件及标书、对招标文件进行澄清和修改的会议记录和书面文件、同招标方的来往信件等。这样一方面可以为竞标失利的企业分析失败原因提供资料，另一方面也可以为中标企业在合同履行中解决争议提供原始依据。

7.3　物业管理项目招标投标文件编制

7.3.1　物业管理项目招标文件编制

物业管理招标文件是物业管理招标人向投标人提供的指导投标工作的规范文件。招标文件编制的好坏，直接关系到招标人和投标人双方面的利益。因此招标文件的内容既要做到详尽周到，以维护招标人的利益，又要做到合理合法，体现招标公平、公正的原则。

1. 招标文件的内容

不同类型的物业管理项目其招标文件的内容也繁简各异，然而按照物业管理服务的需要，招标文件的内容一般大致可以概括为三大部分。

第一部分，投标人须知，即投标所需了解并遵循的规定，具体包括投标邀请书、投标的条件、技术规范及要求；投标人须知前附表，即投标须知的重要情况以表格的形式附在前面，一般包括项目基本情况、招标范围及要求、投标单位资质要求、现场踏勘、招标文件领取地点及时间、投标文件份数、投标文件递交截止时间和地址、开标时间和地点等。

第二部分，投标文件格式，即投标人必须按规定填报的投标书格式，这些格式将组成附件作为招标文件的一部分。

第三部分，物业管理服务合同签订的一般条件、特殊条件及应办理的文件格式。

三大部分的内容具体可归纳为组成招标文件的六个要素，分别为：投标邀请函；投标人须知；技术规范及要求；合同一般条款；合同特殊条款；附件（附表、附图、附文等）。

（1）投标邀请函

投标邀请函又叫投标邀请书，是投标人提出的邀约，用来提供必要的招标信息，以便潜在投标人获悉物业管理项目招标信息后决定是否参加投标。

其主要内容包括：业主名称、项目名称、地点、范围、技术规范及要求的简述、招标文件的售价、投标文件的投报地点、投标截止时间、开标时间、地点等。

【案例 7-2】投标邀请函

物业投标邀请函

××物业服务管理有限公司：

我公司就××小区前期物业管理工程方案，向贵公司发出投标邀请。望通过贵公司的诚意合作，将先进的管理理念带入××小区，配合开发商做好后期的销售工作，为今后入住的广大业主提供良好的服务。

本次招标过程的费用（包括前期勘察现场、制作标书等）由投标方自理，并请于××年××月××日—××月××日来我公司领取招标书。

我公司地址：××路××号

联系人：××

电话：××

××房地产开发有限公司

××年××月××日

投标邀请书可以归入招标文件中，也可以单独寄发。如采用邀请招标方式招标，投标邀请书往往作为投标通知书而单独寄发给潜在投标人，因而不属于招标文件的一部分；但如果采取公开招标方式招标，往往是先发布招标公告和资格预审通告，之后发出的投标邀请书是指招标人向预审合格的潜在投标人发出的正式投标邀请，应作为招标文件的一部分。

（2）投标人须知

投标人须知的目的是为整个招标投标的过程制定规则，是招标文件的重要组成部分，其内容包括：

1）总则。主要对招标文件的适用范围、常用名称的释义、合格的投标人和投标费用进行说明。

2）招标文件说明。主要是对招标文件的构成、招标文件的澄清、招标文件的修改进行说明。

3）投标书的编写。投标人须知中应详细列出对投标书编写的具体要求。如：投标文件的组成、格式、报价、投标有效期、投标保证金等。

4）投标文件的递交。投标文件的递交的内容主要是对投标文件的密封和标记、递交投标文件的截止时间、迟交的投标文件、投标文件的修改和撤销的说明。

5）开标和评标。开标和评标主要包括以下内容：①对开标规则的说明；②组建评标委员会的要求；③对投标文件响应性的确定。即审查投标文件是否符合招标文件的所有条款、条件和规定且没有重大偏离和保留；④投标文件的澄清。即写明投标人在必要时有权澄清其投标文件内容；⑤对投标文件的评估和比较；⑥评标原则及方法；⑦评标过程保密事项等。

6）授予合同。授予合同的内容通常包括：①定标准则，说明定标的准则，包括"业主不约束自己接受最低标价"的申明等；②资格最终审查，即说明招标人会对最低报价的投标人进行履行合同能力的审查；③接受和拒绝任何或所有投标的权力；④中标通知书；⑤授予合同时变更数量的权力，即申明招标人在授予合同时有权对招标项目的规模予以增减；⑥合同协议书的签署，说明合同签订的时间、地点以及合同协议书的格式；⑦履约保证金。

（3）技术规范及要求

技术规范及要求主要是说明招标人对物业管理项目的具体要求，包括管理服务所应达到的标准等。例如对于某商写大厦项目，招标人要求该物业的服务质量标准应达到5A级，这些要求就应在"技术规范及要求"部分进行写明。对于若干子项目的不同服务标准和要求，可以编列一张"技术规范一览表"加以说明。在技术规范部分，应出具对物业情况进行详细说明的物业说明书，以及物业的设计施工图纸。

（4）合同一般条款

依据招标公平、公正的原则，中标后所要签订的合同条款、内容应该公开化和规范化。物业管理服务项目合同的一般条款是物业管理行业约定俗成的条款，通常包括以下内容：

1）定义。对合同汇总的关键名称进行释义。

2）合同的适用范围。

3）技术规格和标准。

4）合同期限。

5）价格。即物业管理费计取，一般应与中标人的投标报价表一致。

6）索赔。索赔条款主要说明在投标人发生违约行为时，招标人有权按照索赔条款规定提出索赔，其具体内容包括索赔的方案和程序。

7）不可抗力。不可抗力条款指在发生预料不到的人力无法抗拒事件的情况下，合同一方难以或者不可能履行合同时，对此引起的法律后果所作的规定。一般包括：不可抗力的内容；遭受不可抗力事件一方的责任；遭受不可抗力事件的一方向另一方提出报告和证明文件等。

8）履约保证金。主要是规定中标人在签订合同后，为了保证合同履行而需提交的履约保证金的比例，以及提供履约保证金的形式。

9）争议的解决。主要内容是预先规定合同双方在合同履行过程中发生争议的解决途径和办法。

10）合同终止。主要内容是说明合同期限和合同终止的条件。

（5）合同特殊条款

合同特殊条款是为了适应具体物业管理服务项目的特殊情况和特殊要求作出的特殊规定，比如对执行合同过程中更改合同要求而发生偏离合同的情况作出某些特殊的规定。此外，还可以对合同一般条款未包括的某些特殊情况作以补充，比如关于延迟开工而赔偿的具体规定以及有关税务方面的具体规定等。

（6）附件

附件是对招标文件主体部分说明的补充，一般包括附表、附图、附文等。主要包括：投标书的格式、授权书的格式、投标保函格式、协议书格式、履约保证金格式、开标一览表、项目说明、物业设计施工图纸等。

2. 编写物业招标文件的注意事项

（1）确保填写无遗漏，无空缺。招标投标文件中的每一空白都需填写，如有空缺，则被认为放弃意见；重要数据未填写，可能被作为无效标处理。因此投标人在填写时务必小心谨慎。

（2）不得任意修改填写内容。所递交的全部文件均应由双方代表或委托代理人签字；若填写中有错误而不得不修改，则应由双方负责人在修改处签字。

（3）填写方式规范。最好用打字方式填写，或者用墨水笔工整填写；除对错处作必要修改外，文件中不允许出现加行、涂抹或改写痕迹。

（4）不得改变标书格式。若投标人认为原有标书格式不能表达投标意图，可另附补充说明，但不得任意修改原标书格式。

（5）计算数字必须准确无误。投标人必须对单价、合计数、分步合计、总标价及其大写数字进行仔细核对。

（6）严守秘密，公平竞争。双方应严格执行各项规定，不得隐瞒事实真相，不得作出损害他人利益的行为。

7.3.2　物业管理项目投标文件编制

物业管理项目投标文件，是物业服务企业为取得目标物业的管理权，依据招标文件要求和相关法律法规，编制并递交给招标组织的应答文件。投标文件除了按格式要求回答招标文件中的问题外，主要内容是介绍物业管理服务内容、服务形式和费用。

1. 物业管理投标文件的主要内容

一份完整的物业管理服务投标文件应该包括封面、投标致函、正文和附件等几部分。

（1）投标书的封面

通常可以冠以招标物业名称+"投标书""竞标方案""计划书""意向书"等字样，并且标明招标编号、招标项目名称、投标人、投标日期、法定代表人等信息。

×× （招标物业项目名称）物业管理服务

投标书

招标编号：

招标项目名称：

投标人名称：

法定代表人：

投标单位电话：

投标单位详细地址：

投标日期：

（2）投标致函

投标致函就是投标者的正式报价信，其主要内容有：

1）表明投标人完全愿意按招标文件中的规定承担物业管理服务任务，并写明自己的总报价金额；

2）表明投标人接受该物业整个合同委托管理期限；

3）表明本投标如被接受，投标人愿意按招标文件规定金额提供履约保证金；

4）说明投标报价的有效期；

5）说明投标人愿意提交投标保证金，且在投标有效期内不撤回已递交的投标书；

6）表明本投标书连同招标者的书面接收通知均具有法律约束力；

7）表明对招标者接受其他投标的理解。

投标致函应由投标的物业服务企业法定代表人或投标致函授权的代表签字，并盖有企业印章。

（3）正文

物业管理投标文件的正文主要是针对投标人物业管理服务的特点和难点，提出解决办法，针对物业管理费用预算和管理措施进行阐述。通常包含以下几项：

1）前言。作为正文引入性部分，可就投标工作进行总体概述，介绍本物业服务企业的概况、经历、以前管理过或正在管理物业情况、管理经验和成果，并阐述对拟投标物业的认识、总体设想与承诺。

2）分析投标物业的管理要点，主要指出此次投标物业的特点和日后管理上的特点、难点，可列举说明，还要分析用户对此类物业及管理上的期望、要求等。

3）介绍本公司将提供的物业管理服务方案，主要包括：物业管理服务目标、物业管理机构设置、管理运作服务的内容和指标承诺、管理人员的配备与培训、服务经费的收支预算方案、管理规章制度的建立与管理等。

（4）附件

附件是对招标文件正文重要内容的补充和细化，附件的数量及内容根据需要确定。

但应注意，各种商务文件、技术文件等均应依据招标文件要求备全，缺少任何必需文件的投标将被排除在中标人之外。这些文件主要包括：

1）投标公司的资格条件、以往业绩等情况。

2）公司法人地位及法定代表人证明。包括资格证明文件、营业执照、税务登记证、企业代码以及行业主管部门颁发的资质等级证书、授权书、代理协议书等。

3）企业的各类获奖证书的复印件。

4）服务费测算依据及测算过程。

5）物业管理组织实施规划、管理运作中的人员安排、工作规划、财务管理等内容。

6）招标文件中要求提交的其他附件以及其他有利于提高中标率的文件、说明、资料等。

2. 编写物业投标文件的注意事项

投标文件体现了投标人对该物业管理项目的兴趣、执行能力与计划，是招标人选择和衡量投标人的重要依据。因此投标文件编制质量的优劣，直接影响着投标竞争的成败。

（1）确保填写无遗漏，无空缺。招标投标文件中的每一空白都需填写。

（2）不得任意修改填写内容。若有不得不修改的内容，需双方负责人在修改处签字。

（3）填写格式规范。

（4）不得改变标书格式。

（5）认真核对关键数字与步骤。

（6）严守秘密，不得损害他人利益。

（7）包装美观整洁，且能按规定对投标文件进行封装。投标文件应积极响应招标文件要求，文本整洁、纸张统一、字迹清楚、装帧设计美观大气，同时在规定的时间内封装并送达。

（8）报价合理。投标人的报价如果高于市场价难以中标，低于成本价或者被视为无效标，或者即使中标也无利可赚。

【本章小结】

　　物业管理招标是指物业管理招标人即建设单位、业主或业主委员会，在为物业选择管理者时，通过制定符合其物业管理服务要求和标准的招标文件，并向社会公开，由多家物业服务企业竞投，从中选择确定最适宜的物业服务企业并与之订立物业服务合同的过程。

　　物业管理投标是指符合招标文件中要求的物业服务企业，根据公布的招标文件中确定的各项管理服务要求与标准，根据国家相关法律法规以及本企业管理条件和水平，编制投标文件，积极参与投标活动的整个过程。物业管理的招标方式有三种：公开招标、邀请招标和协商招标。

　　物业管理项目招标投标特点有综合性、不确定性、超前性、阶段性和差异性。根据《招标投标法》规定："招标投标活动应当遵循公开、公平、公正和诚实信用的原则。"

　　物业管理招标主体一般应具备与招标相关的工程技术、经济、管理人员，且有编制招标文件、组织开标、评标、定标等能力。所招标的物业管理项目必须符合城市规划要求；符合当地政府颁布的规模要求；所招标的项目已落实政府规定的各类维修基金；并能够为物业服务企业开展工作提供一定量的物业管理办公用房。

　　物业管理招标的主要工作程序按照时间的先后顺序有招标准备、编制招标文件、备案登记、资质审查、开标、定标、备案登记、签订物业管理服务合同等。

　　物业管理的投标程序有进行投标可行性分析、组建投标小组、购买研究招标文件、申请资格预审、现场考察、制定管理服务方案、测算工作量、办理投标保函、编制标书、报送标书、开标、现场答辩、中标后的合同签订与履行等。

【课后练习题】

一、复习思考题

1. 物业管理项目招标投标有何特点？

2. 请简述物业管理招标应具备的条件有哪些。

3. 物业管理招标投标应遵循哪些原则？

4. 请简述物业管理项目招标工作分为哪几个阶段？每个阶段的操作都有哪些程序？

5. 物业管理项目招标文件的编制需要注意哪些事项？

二、自测题

扫码答题

8 物业管理服务的业主、合同与管理规约

教学课件

教学课件

【知识拓扑图】

```
                        ┌─ 业主、业主大会、业主委员会
                        │
            业主与业主委员会 ─┼─ 业主委员会的地位和作用
                        │
                        ├─ 处理业主委员会关系
                        │
                        └─ 业主委员会的组建、职能与协调

 知                     ┌─ 物业服务合同的概念
 识                     │
 框    物业服务合同 ──────┼─ 物业服务合同的内容
 架                     │
 结                     └─ 前期物业服务合同
 构
                        ┌─ 管理规约的概念
                        │
            管理规约 ──────┼─ 管理规约制定的原则和依据
                        │
                        └─ 管理规约制定程序
```

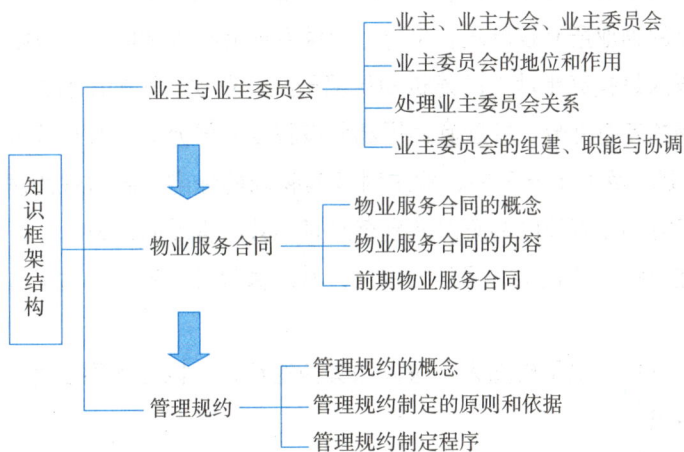

【本章要点和学习目标】

本章介绍了物业服务中涉及的业主、业主大会与业主委员会的概念，详细阐述了物业服务合同、前期物业服务合同和管理规约的概念、特点、内容及编制的依据、原则和程序。

通过本章的学习，掌握物业服务合同及管理规约的订立、效力、履行、违约责任等要点，有助于准确理解运用物业管理法律法规，规范地开展物业管理服务项目。

8.1　业主与业主委员会

8.1.1　业主、业主大会、业主委员会

1. 业主

业主（Client/Owner），是指物业的所有权人。《物业管理条例》中规定："房屋的所有权人为业主。"2009 年 10 月 1 日起实施的《最高人民法院关于审理建筑物区分所有权纠纷案件具体应用法律若干问题的解释》中阐述："依法登记取得或者根据物权法第二章第三节规定取得建筑物专有部分所有权的人，应当认定为物权法第六章所称的业主。"其中物权法部分直接对应《民法典》第二编物权部分的相应章节。

按业主拥有的物业所有权状况，又可分为独立所有权人和区分所有权人。

独立所有权人是指某土地上的建筑物仅属于某一业主；区分所有权人是指数人分别拥有同一建筑物的专有部分，并就其共用部分按其专有部分享有所有权者。

《民法典》第二百七十一条中，业主对建筑物内的住宅、经营性用房等专有部分享有所有权，对专有部分以外的共有部分享有共有和共同管理的权利。

业主转让建筑物内的住宅、经营性用房，其对共有部分享有的共有和共同管理的权利一并转让。

综上可见，业主可以是自然人、法人和其他组织，可以是本国公民或组织，也可以是外国公民或组织。

此外《最高人民法院关于审理建筑物区分所有权纠纷案件具体应用法律若干问题的解释》中规定："基于与建设单位之间的商品房买卖民事法律行为，已经合法占有建筑物专有部分，但尚未依法办理所有权登记的人，可以认定为合法的业主。"

在物业管理招标投标中，有时有大业主和小业主之分。一般大业主特指开发商，小业主则是指物业的所有权人。若没有特别所指，业主是指物业的所有权人。

2. 业主大会

《物业管理条例》中规定"物业管理区域内全体业主组成业主大会。"业主大会（Owner's Congress）是代表和维护物业管理区域内全体业主在物业管理活动中的合法权益、履行相应义务的业主自治管理机构。

一个物业管理区域内成立一个业主大会。但是只有一个业主的，或者业主人数较少且经全体业主一致同意，决定不成立业主大会的，由业主共同履行业主大会、业主委员会的职责。

3. 业主委员会

业主委员会（Owner's Committee）是经业主大会选举产生并在规定时间内（应当自选

举之日起 30 日内）向物业所在地的区、县人民政府房地产行政主管部门和街道办事处、乡镇人民政府登记备案，在物业管理活动中代表和维护全体业主合法权益的组织。

业主委员会是业主大会的常设工作机构，是物业管理区域内代表全体业主对物业实施自治管理的社团性组织，是物业管理活动中法律关系主体之一，履行业主大会赋予的职责，执行业主大会会议决议的事项，接受业主监督的执行机构。

《民法典》第二百七十七条规定："业主可以设立业主大会，选举业主委员会。业主大会、业主委员会成立的具体条件和程序，依照法律、法规的规定。地方人民政府有关部门、居民委员会应当对设立业主大会和选举业主委员会给予指导和协助。"

《业主大会和业主委员会指导规则》（建房〔2009〕274 号，简称《指导规则》）的颁布，从法律上界定了政府基层组织对业主大会和业主委员会的指导与监督工作。

业主委员会委员应当由热心公益事业、责任心强、具有一定组织能力的业主担任，业主委员会主任和副主任应当在业主委员中推选产生。业主委员会是全体业主行使共同管理权的一种特殊形式的权力机构，它对物业管理的健康发展有着重要的意义。

8.1.2　业主委员会的地位和作用

业主委员会是伴随着房地产业和物业管理领域的发展而产生的一个现代化民间组织，它介于物业服务企业和业主之间，代表广大业主的共同意愿，维护着物业产权人、物业使用人的合法权益，它可以向社会各方反映业主意愿和要求，并监督物业服务企业管理运作，在物业管理活动中起着极其重要的作用。广大业主越来越关注对其自身权益的维护，因此对业主委员会的关注程度也日益提高。

业主委员会的诞生彻底改变了过去对住宅物业进行管理的旧观念，充分发挥了业主的自主权与能动性，让业主自己进行自我管理。可以说，业主委员会的存在有利于明确业主与物业服务企业之间的责、权、利关系；有利于促进物业管理市场竞争机制的形成，在物业管理市场中发挥着重大作用。

随着国内物业管理法律法规体系的完善，业主委员会的法律地位也将更加明确，它是中国建立业主自治管理与物业服务企业专业管理相结合的新体制形式，也是培育和规范物业管理市场的必然要求。

总之，业主委员会是广大业主实现自我管理的前提和关键，没有了业主委员会，也就缺少了物业管理的主体，也失去了物业管理赖以生存和发展的基础。

业主委员会经房地产行政主管部门核准登记成立的，具有合法地位，其具有一定的稳定性和组织性。业主委员会具有业主大会赋予的相应职责，有一定的权利和义务，在其权限范围之内具有诉讼主体资格，在法律性质上通常认定为具有一定诉讼地位的机构。

业主委员会在物业管理方面的作用主要体现在以下几个方面：

1. 监督和协助物业服务企业履行物业服务合同

业主委员会是代表业主对物业服务进行监督和建议，并监管物业资金流向的权力机构，可以代表广大业主选择、更换物业服务企业以及物业服务的方式。业主委员会的成立，将对物业服务形成一个长期有效的监督机制，有利于物业服务质量的提高、物业管理成本的降低。

业主委员会可以及时了解吸纳广大业主、物业使用人的意见和建议，对物业管理区域进行宜居建设，如增加公共文化娱乐场所、提倡社区公益活动，对公共设施使用过程中的不便利，进行建议和及时的改造。业主委员会的成立有利于促进和谐社区的建设。

2. 监督、审核各项经费的支出

业主委员会是住宅物业、住宅小区专项维修基金的管理者，受业主大会委托可以决定专项维修资金使用、续筹方案，并监督实施，防止该费用使用不合理或者被物业服务企业中饱私囊。

业主委员会也可以根据政府相关规定，对专项维修基金进行定存等保值措施，可以一定程度上减少 CPI 增长对维修基金造成贬值的程度。《民法典》第九百四十三条规定："物业服务人应当定期将服务的事项、负责人员、质量要求、收费项目、收费标准、履行情况，以及维修基金使用情况、业主共有部分的经营与收益情况等以合理方式向业主公开并向业主大会、业主委员会报告。"

3. 使住宅物业、住宅小区公共收益的分配透明化

很多住宅物业、住宅小区都有公共收益，如公用电梯广告、地面广告、地下人防车位出租的收入。公共收益有多少或用到哪里，业主委员会的成立将使该项收入的分配透明化，并决定是否进入专项维修基金或者冲抵物业费等。

《民法典》中新增的明确业主共有部分的收益应当扣除合理成本，第二百八十二条规定："建设单位、物业服务企业或者其他管理人等利用业主的共有部分产生的收入，在扣除合理成本之后，属于业主共有。"

4. 沟通的桥梁

在生活当中，业主与业主之间，业主与物业服务企业、建设单位之间都有可能发生一些纠纷。当纠纷出现时，业主委员会可以充当中间的桥梁，起到很好的沟通作用，避免问题的激化。

我们应充分肯定现阶段物业服务实践中业主委员会存在的现实合理性，也要深刻认识到其还存在的缺陷，并通过不断完善业主委员会制度，使其能最大限度地发挥好它的根本作用，维护好广大业主的切身利益，保证房地产市场和物业管理行业的健康有序发展。

8.1.3　处理业主委员会关系

由物业管理区域内业主代表组成的业主委员会代表业主的利益，向社会各方反映业主意愿和要求，并负责监督物业服务企业。正确发挥业主委员会的作用，对解决物业管理服务工作中不断增多的矛盾和投诉、提高社区生活质量、稳定社区内部秩序具有十分重要的作用。

业主委员会、物业服务企业、政府基层机构的权力制衡，能够避免腐败的滋生，能够促进信息的公开透明化，为业主带来实实在在的实惠和方便。

要充分有效地发挥业主委员会的作用，就要正确处理业主、业主委员会、物业服务企业和其他相关部门之间的关系。

1. 业主委员会要充分发挥监督与协调作用

监督是指业主委员会代表全体业主对物业服务企业的收费与服务内容实施监督，督促物业服务企业依法按约履行服务合同，而当业主或物业使用人与物业服务企业的争议无法避免时，就需要业主委员会履行协调职能。

之所以强调业主委员会的协调职能，是由业主或物业使用人置业的目的决定的。业主购买住宅，是为了"安居"，购买（或租用）写字楼，是为了"乐业"，都是为了安心地生活和工作。若他们经常性地陷入与物业服务企业之间的纠纷中，自然会影响其正常的生活与工作，从而违背了置业的初衷。如果业主委员会能充分发挥其协调功能，以和平高效的方式协调解决物业管理纠纷，就能为业主提供良好的工作、生活环境，实现业主"安居乐业"的目的。

2. 加强业主委员会委员的物业管理专业能力

确保业主委员会委员的专业素质符合物业管理需要。通过培训、学习、宣传等多种形式，促使委员了解物业管理知识，并进一步明确自身的职责、义务，使其能够更好地支持物业服务企业的工作，将业主、业主委员会、物业服务企业形成合力，从而实现物业服务合同双方的合作与共赢。

3. 业主委员会与物业服务企业在物业管理关系中是互相依存、互相补充的

物业服务企业和业主委员会是利益共同体，需要互敬互谅，和谐共处。双方工作目标一致，职责各异，地位平等。

物业服务企业要自觉地接受业主委员会的监督，诚信自律，为广大业主提供服务。业主委员会要按合同的约定，尊重物业服务企业，正确运用监督机制，不能随意干预物业服务企业的正常管理，而应配合其工作，鼓励企业把物业管理工作干好，而不是单一行使"至高无上"的否决权，避免双方互相敌视、互相设防。

4. 业主委员会要维护好业主在物业管理方面的合法权益

《物业管理条例》第十九条规定："业主大会、业主委员会应当依法履行职责，不得作出与物业管理无关的决定，不得从事与物业管理无关的活动。业主大会、业主委员会作出的决定违反法律、法规的，物业所在地的区、县人民政府房地产行政主管部门或者街道办事处、乡镇人民政府，应当责令限期改正或者撤销其决定，并通告全体业主。"

成立业主委员会的目的是维护业主权益，保证业主能在所居住环境内愉快的工作和生活。除此之外，业主大会、业主委员会没有其他权利，业主大会是物业管理活动中的权力机构，业主委员会只是业主大会的执行机构，它只有执行业主大会决议的职责。

5. 业主委员会也要接受其他相关部门的指导与监督

《物业管理条例》第二十条规定："业主大会、业主委员会应当配合公安机关，与居民委员会相互协作，共同做好维护物业管理区域内的社会治安等相关工作。在物业管理区域内，业主大会、业主委员会应当积极配合相关居民委员会依法履行自治管理职责，支持居民委员会开展工作，并接受其指导和监督。住宅小区的业主大会、业主委员会作出的决定，应当告知相关的居民委员会，并认真听取居民委员会的建议。"

此外，《指导规则》和《民法典》中也有规定业主委员会需要接受其他相关部门指导与监督的规定。

业主、业主委员会与物业服务企业之间经常出现矛盾，故这三者关系既简单又复杂。一般来说，物业管理区域内一切权利由全体业主说了算。业主推选代表，组成业主委员会，要为业主的利益负责，业主委员会招聘物业服务企业签订管理服务合同，物业服务企业是物业管理市场中的供给主体，是要服务于全体业主的。然而事实上，很多时候以上关系表现得并不十分清晰，甚至出现颠倒。

在物业管理服务过程中出现的一些细节问题，往往会影响正常的物业管理服务工作，这虽然不会影响整个物业管理服务行业的发展，但处理不好损害的却是全体业主和物业使用人的整体利益。比如：有的住宅小区业主在欠缴多年物业管理费、供暖费的情况下，仍然能顺利完成房屋买卖及相关过户手续，造成物业服务企业追缴困难，影响企业正常经营，客观上侵害了已交纳物业管理费业主的合法权益。

因此如何确保全体业主的公共利益和合法权益，如何妥善解决物业管理服务过程中的出现的各种相关问题，就需要政府相关部门能够不断地完善相关的法律、法规，规范业主委员会决策、执行、监督的各个环节，业主委员会才能够有效发挥好自己的各项职能，确保物业管理服务行业的健康发展。

8.1.4　业主委员会的组建、职能与协调

1. 业主委员会的组建

业主委员会必须依据《民法典》《物业管理条例》等相应法规规定的法定流程产生。

《物业管理条例》第十条规定："同一个物业管理区域内的业主，应当在物业所在地的区、县人民政府房地产行政主管部门或者街道办事处、乡镇人民政府的指导下成立业主大会，并选举产生业主委员会。"

业主委员会由业主大会会议选举产生，依法履行职责。地方人民政府有关部门应当

对设立业主大会和选举业主委员会给予指导和协助。

业主委员会委员应当是物业管理区域内的业主，并符合下列条件：

（1）具有完全民事行为能力；

（2）遵守国家有关法律、法规；

（3）遵守业主大会议事规则、管理规约，认真履行业主义务；

（4）热心公益事业，责任心强，公正廉洁；

（5）具有一定的组织能力；

（6）具备必要的工作时间。

业主委员会由5~11人单数组成。业主委员会委员实行任期制，每届任期不超过5年，可连选连任，业主委员会委员具有同等表决权。业主委员会应自选举之日起7日内召开首次会议，推选业主委员会主任和副主任。业主委员会应自选举产生之日起30日内，持业主大会成立和业主委员会选举的情况、管理规约、业主大会议事规则、业主大会决定的其他重大事项等文件向物业所在地的区、县房地产行政主管部门和街道办事处、乡镇人民政府办理备案手续。

业主委员会办理备案手续后，可持备案证明向公安机关申请刻制业主大会印章和业主委员会印章。业主委员会任期内，备案内容发生变更的，业主委员会应当自变更之日起30日内将变更内容书面报告备案部门。

业主委员会组建的流程如图8-1所示。

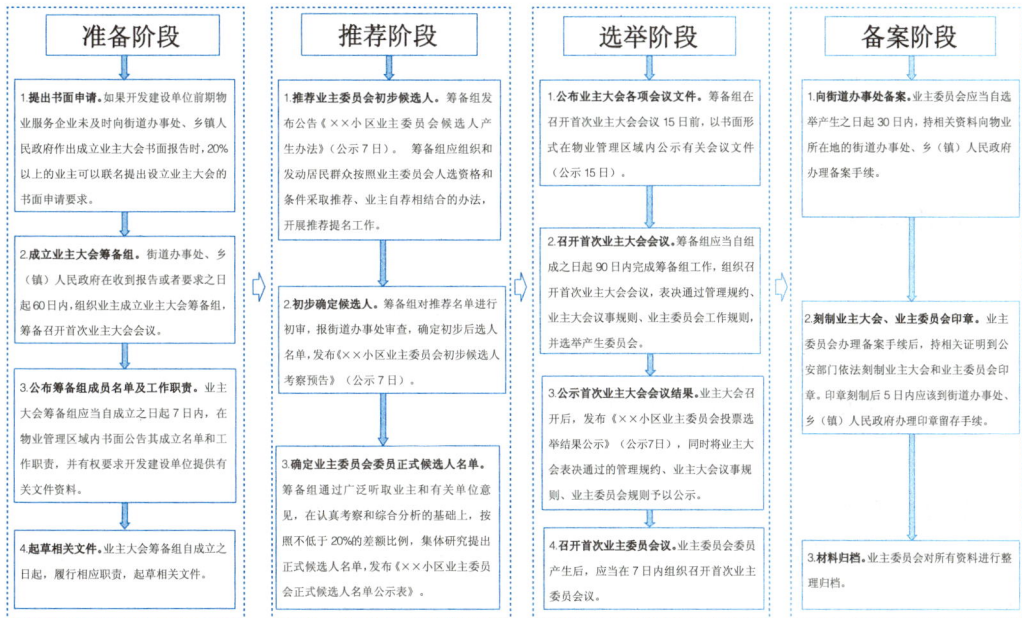

图8-1　业主委员会组建流程图

【案例8-1】成立业主大会和业主委员会公告范文

××小区成立业主大会和业主委员会的公告

××小区全体业主：

根据《物业管理条例》规定，本小区即将成立业主大会及业主委员会，欢迎本小区符合以下条件的业主报名参选筹备组业主代表，具体条件如下：

1. 本物业管理区域内的业主；

2. 遵守国家法律、法规；

3. 具有完全民事行为能力，具有必要充裕的工作时间和一定的组织能力；

4. 热心公益事业，责任心强，公正廉洁；

5. 履行行业义务、按时交纳物业管理费用；

6. 本人及其亲属未在本区域提供物业管理服务的企业中任职。

××小区业主大会筹备组办公地点：××

联系人（社区）：××

联系电话：××

报名时间：××年××月××日——××年××月××日（十日）

特此公告

（社区党组织代章）

××年××月××日

---

2. 职能与协调

业主委员会是业主大会的执行机构，是业主行使自治管理权力的组织保障和维护合法权益的重要途径。根据《物业管理条例》和《指导规则》规定业主委员会执行业主大会的决定事项，具有并履行下列职能：

（1）执行业主大会的决定和决议；

（2）召集业主大会会议，报告物业管理实施情况；

（3）代表业主与业主大会选聘的物业服务企业签订物业服务合同；

（4）及时了解业主、物业使用人的意见和建议，监督和协助物业服务企业履行物业服务合同；

（5）监督管理规约的实施；

（6）督促业主交纳物业服务费及其他相关费用；

（7）组织和监督专项维修资金的筹集和使用；

（8）调解业主之间因物业使用、维护和管理产生的纠纷；

（9）业主大会赋予的其他职责。

需要特别注意的是，在物业管理服务活动实际中，发生了不少业主委员会成员以及业主委员会作出的相关决定，侵害了大多数业主权益，遭到反对，导致矛盾产生的情况。所以要明确业主大会和业主委员会是并存的，业主委员会只能在业主大会的授权范围内对某些物业管理事项进行决定，重大管理事项只能由业主大会决定，而业主委员会是业主大会决议的执行机构。

《民法典》第二百八十条规定："业主大会或者业主委员会作出的决定侵害业主合法权益的，受侵害的业主可以请求人民法院予以撤销。"

《指导规则》第五十九条规定："业主大会、业主委员会作出的决定违反法律法规的，物业所在地的区、县房地产行政主管部门和街道办事处、乡镇人民政府应当责令限期改正或者撤销其决定，并通告全体业主。"

这些法律层面制度的颁布，有利于保障大多数业主的合法权益，为物业管理服务活动的良性运行保驾护航。

8.2　物业服务合同

物业服务合同是委托方和物业服务企业根据《物业管理条例》及其实施细则等国家、地方有关物业管理法律、法规和政策，在平等、自愿、协商一致的基础上签订的合同，是规范业主和物业服务企业关系的重要依据。

8.2.1　物业服务合同的概念

1. 物业服务合同的概念

《民法典》中这样定义物业服务合同：物业服务合同是物业服务人在物业服务区域内，为业主提供建筑物及其附属设施的维修养护、环境卫生和相关秩序的管理维护等物业服务，业主支付物业费的合同。物业服务人包括物业服务企业和其他管理人。

物业服务合同是物业服务企业与业主或者业主大会授权的业主委员会之间，就物业管理服务及相关的物业管理活动，所达成的权利义务关系的协议。

根据不同的物业管理阶段和不同的签约主体，现实存在两种物业服务合同。一种是在前期物业管理阶段，由开发建设单位选聘物业服务企业所签订的物业服务合同；一种是业主或业主大会选聘物业服务企业所签订的物业服务合同。

在《物业管理条例》中，对上述这两种合同有明确规定，将业主或业主大会与物业服务企业所签订的合同称为物业服务合同，而将建设单位与物业服务企业所签订的合同，称为前期物业服务合同。

2. 物业服务合同的特点

物业服务合同习惯上又被称为物业管理合同，是建立在平等、自愿基础上签订的，它具有经济合同的一般法律特性，又具有其自身的特征。

（1）物业服务合同是一种特殊的委托合同。物业服务合同产生的基础在于业主大会、业主委员会的委托，但其与一般的委托合同又存在差异。

《民法典》第九百一十九条规定："委托合同是委托人和受托人约定，由受托人处理委托人事务的合同。"委托合同是建立在当事人之间相互信任的基础上，委托合同的任何一方失去对方的信任，都可以随时解除委托关系。而在物业服务合同的履行过程中，无论是物业公司，还是业主、业主大会、业主委员会，均不得以不信任为由擅自解除物业服务合同，只有在符合法律规定或合同约定的解除条件时，才可依法解除物业服务合同。

此外，委托合同可以是有偿的，也可以是无偿的，可以是口头的，也可以是书面的，但物业服务合同只可能是书面、有偿合同。

（2）物业服务合同是以劳务和服务为标的的有偿合同。物业管理所提供的商品是劳务和服务，推行的是有偿服务，合理收费。物业服务企业的义务是提供合同约定的劳务服务，如房屋维修、设备保养、治安保卫、清洁卫生、园林绿化等。物业服务企业是取得工商营业执照，参与市场竞争，自主经营、自负盈亏的以盈利为目的的企业法人，物业服务企业在完成了约定义务以后，有权获得报酬，费用应当由业主承担。

（3）物业服务合同是诺成合同、双务合同。物业服务合同自业主委员会与物业服务企业就合同条款达成一致意见即告成立，无需以物业的实际交付为要件。同时，根据物业服务合同的内容，业主、业主大会、业主委员会、物业服务企业都既享有权利，又履行义务，并且双方的权利和义务又是相对而言的，一方的权利就是另一方的义务。

（4）物业服务合同是要式合同。物业服务合同因其服务综合事务具有涉及面广且利益关系相当重大、合同履行期也相对较长、为避免口头合同取证困难的弱点，《物业管理条例》明确要求物业服务合同应以书面形式订立，并且须报物业管理行政主管部门备案，因此物业服务合同又为要式合同。

（5）物业服务合同的内容必须是符合相关法律法规的，不得与现行《物业管理条例》等相关法律法规相抵触，否则合同不受法律保护。

8.2.2　物业服务合同的内容

物业服务合同在双方当事人就合同的主要条款达成一致意见且采用书面形式签订的情况下，双方当事人一经签字或者盖章后，即合同成立。通常合同成立时立即生效，如果合同附有生效条件，则在生效条件成立时合同生效。

物业服务合同的主要内容一般有：

1. 物业的基本情况

物业的基本情况通常包括物业的类型、坐落的位置、四至、占地面积和建筑面积以及物业相应的配套设施等。物业管理行为指向的对象是特定的物业，因此必须在合同中首先予以明确。

2. 物业管理服务事项

业主与服务企业在物业服务合同中约定的物业管理事项，是指在签订合同时已经约定协商一致的物业管理服务的具体内容。比如物业公共设施设备的维修、养护和管理，公共环境卫生管理服务以及管理区域车辆停放和交通秩序管理等。双方未达成一致的服务项目或者在实际履行中发生的新项目，协商一致后应当另行签订协议，作为物业服务合同的补充协议，具有同等法律效力。

3. 物业服务的质量

物业服务质量是指约定各项具体服务应当达到的标准。如果只约定了物业服务内容，服务质量不明确，可能会造成物业服务合同履行过程中产生争议。因此，约定物业服务质量必须具体、细致，可以参考中国物业管理协会的物业管理服务等级标准，结合物业管理项目的具体情况及物业的收费标准，协商确定物业服务质量的要求。

4. 物业服务的费用

物业服务费用的收取直接决定着物业服务质量的高低。因此在物业管理服务合同中要明确物业费用的收费形式、收费标准、交费时间、交费方式等。

5. 双方的权利和义务

双方的权利和义务一般是指法定义务以外的其他约定的权利和义务。可以约定的内容很多，例如：业主大会和业主委员会对物业服务企业服务质量的监督方式；物业服务企业分包专项服务事项的权利；业主遵守物业管理区域各项管理制度的义务等。

6. 专项维修资金的管理和使用

对于一个物业管理区域而言，专项维修基金总量是一个较大金额。从产权意义上讲，专项维修基金属于物业管理区域的全体业主所有。在遵守国家法律法规的基础上，合同应当约定业主对物业服务企业使用专项维修基金的申请、审议程序和监督管理方式等具体内容。

但在实践中，专项维修基金大多由物业服务企业代管。为了发挥专项维修基金的作用，根据相关法律规定，对专项维修基金的缴存、使用和管理都要有明确的约定，以保障双方的权利和义务。

《民法典》第二百八十一条规定："建筑物及其附属设施的维修资金，属于业主共有。经业主共同决定，可以用于电梯、屋顶、外墙、无障碍设施等共有部分的维修、更新和改造。建筑物及其附属设施的维修资金的筹集、使用情况应当定期公布。紧急情况下需要维修建筑物及其附属设施的，业主大会或者业主委员会可以依法申请使用建筑物及其附属设施的维修资金。"

7. 物业管理用房

必要的物业管理用房是物业服务企业开展物业服务的前提条件。物业管理服务用房的配置和用途、产权归属等，在《物业管理条例》中，已经有了明确规定。合同双方需要的时候可以在协议中就相关内容予以明确细化。

8. 合同期限

合同期限是指物业服务合同的有效期。物业服务合同属于在较长时间期限内履行的合同，因此，在合同中期限中应当明确具体服务期限或者规定计算期限的方法。

9. 违约责任

违约责任对于合同的履行非常重要。《民法典》以及其他相关法律法规对违约责任都有相应的规定。但是法律规定的比较原则，不可能面面俱到，而物业服务合同具有其特殊性，为了保证合同当事人的特殊需要，保证物业服务合同义务的切实履行，当事人应当按照法律法规的原则和自身的情况，对违约责任作出明确的具体约定。例如，约定违约损害的计算方法、赔偿范围等。

10. 合同的更改、补充和终止

合同还可以规定，当事人双方协商一致，可以就合同的条款进行更改、补充和提前终止；也可以规定，任何一方不得无故解除合同，若因解除合同给对方造成损失的，对方有权要求赔偿损失。

《民法典》第九百四十六条规定："业主依照法定程序共同决定解聘物业服务人的，可以解除物业服务合同。决定解聘的，应当提前六十日书面通知物业服务人，但是合同对通知期限另有约定的除外。"

《民法典》第九百五十条规定："物业服务合同终止后，在业主或者业主大会选聘的新物业服务人或者决定自行管理的业主接管之前，原物业服务人应当继续处理物业服务事项，并可以请求业主支付该期间的物业费。"

11. 合同履行争议的解决方式

争议的解决方式有协商、调解、调停、仲裁、诉讼等。当事人在合同中可以约定选择其中一种或几种，但在实际解决过程中，仲裁和诉讼两种解决方式只能选择其中一种。

物业服务合同除必须明确以上条款内容外，还应该包括双方当事人根据物业服务需要商定的其他条款，如约定合同生效的条件、解除合同的损失赔偿、免责条款约定、奖惩措施等。

8.2.3　前期物业服务合同

1. 前期物业服务合同的概念

前期物业服务合同是指物业建设单位与物业服务企业就前期物业管理阶段双方的权利和义务达成的协议，是物业服务企业被授权开展物业管理服务的重要依据。

《物业管理条例》第二十一条规定："在业主、业主大会选聘物业服务企业之前，建设单位选聘物业服务企业的，应当签订书面的前期物业服务合同。"在实践中，物业的销售及业主入住是持续的过程，这个阶段的物业管理服务是必需的。因此，为了避免在业主大会选聘物业服务企业之前出现物业管理的空白，明确前期物业管理服务的责任主体，规范前期物业管理活动，《物业管理条例》明确将前期物业管理服务的权利、义务和责任赋予了建设单位及建设单位通过招标投标或者协议方式选聘物业服务企业。

2. 前期物业服务合同的特点

根据《物业管理条例》对前期物业服务合同的定义，前期物业服务合同具有以下特征：

（1）合同主体是建设单位和物业服务企业

由于在前期物业管理阶段，业主大会尚未成立，还不能由业主大会统一业主意见选聘物业服务企业，只能由建设单位承担选聘物业服务企业的责任。由于建设单位根据国家相关法规购买了土地使用权，投入了巨资进行建设，在物业未销售之前，他是第一业主，是有权利选择物业服务企业的。

（2）前期物业服务合同为要式合同

由于前期物业服务合同涉及的是广大未来业主的利益，为了防止建设单位侵占或者不了解未来业主的利益需求，建设部于2004年9月在总结以前物业管理合同示范文本的基础上，重新制定、颁布《前期物业服务合同（示范文本）》，为建设单位选聘物业服务企业时所选用。

（3）前期物业服务合同具有过渡性

《物业管理条例》明确规定了前期物业服务合同的期限，仅存在于业主、业主大会选聘物业服务企业之前的过渡期间内。而这一时期，物业销售、入住则是渐进行为，受业主入住状况及房屋工程质量等多种因素的影响，可快可慢的不定性，带来了业主大会首次召开时间的不确定，因此前期物业服务合同的期限通常也是不确定的。一旦业主大会成立，并选聘了物业服务企业，业主大会与物业服务企业签订的物业服务合同发生效力，也就意味着前期物业管理阶段结束，前期物业服务合同也相应终止，这就说明前期物业服务合同是过渡性合同。

3. 前期物业服务合同的内容

前期物业服务合同的主要内容是合同当事人权利和义务的具体规定，通过合同条款反映开发建设单位与物业服务关系，一般包含以下主要内容：

（1）合同的当事人与物业的基本情况。

（2）前期物业服务内容与质量。主要包括：物业共用部位及共用设施设备的运行、维修、养护和管理；物业共用部位和相关场地环境管理；车辆停放管理；公共秩序维护、安全防范的协助管理；物业装饰装修管理服务；物业档案管理及双方约定的其他管理服务内容以及明确每项服务内容的标准与要求。

（3）物业服务费用。包括：物业服务费用的收取标准、收费约定的方式（包干制或酬金制）；物业服务费用开支项目；物业服务费用的交纳；酬金制条件下，酬金计提方式、服务资金收支情况的公布及其争议的处理等。

前期物业服务合同涉及的费用种类多，情况复杂，支付主体及责任容易混淆，易造成矛盾，必须在合同中予以列明。例如，应当由建设单位支付的费用不能转嫁给业主；对于由业主支付的费用部分，则应当注意是否符合国家法律法规的要求，并应当在物业销售前予以明示或约定。

（4）物业的经营与管理。包括：停车场和会所的收费标准、管理方式、收入分配办法，物业其他共用部位及共用设施设备的经营与管理。

（5）承接查验与使用维护。主要内容包括：执行过程中双方责任义务的约定。物业共用部位、共用设施设备的承接查验是前期物业服务活动的重要环节，前期物业服务合同应当对物业共用部位、共用设施设备的承接查验内容、标准、责任等作出明确的约定。而对业主自有物业专有部分的承接验收，则属于业主与物业建设单位之间的问题，无需在合同中约定。

（6）专项维修基金。专项维修资金的主要内容包括这部分资金的缴存、使用、续筹和管理。

（7）违约责任。合同双方一方不履行合同义务或者履行合同义务不符合约定，给对方造成损失的，应当明确予以赔偿。

（8）其他事项。主要包括合同履行期限、合同生效条件、合同争议处理、物业管理用房、物业管理相关资料归属以及双方认为需要约定的其他事项等。

4. 前期物业服务合同与物业服务合同的主要区别

前期物业服务合同中关于服务内容的条款与物业服务合同基本相同，主要差别在于：

（1）订立合同的当事人不同。前期物业服务合同的当事人是物业开发建设单位与物业服务企业；物业服务合同的当事人是业主（或业主大会）与物业服务企业。

（2）合同期限不同。前期物业服务合同的期限虽然可以约定，但是期限未满、业主委员会与物业服务企业签订的物业服务合同开始生效了，前期物业服务合同将会自动终止。物业服务合同期限则由订立合同双方约定，与前期物业服务合同相比，具有期限明确、稳定性强等特点。

（3）合同内容有所不同。前期物业服务合同除约定日常服务内容外，还应当针对物业服务企业的前期介入、物业共用部位和共用设施设备的承接查验、开发建设过程中遗留问题的处理、保修责任及入住管理服务等内容进行约定。物业服务合同则对日常服务内容（建筑本体及附属设施设备的维修、保养、管理及环境卫生、公共秩序维护等）进行约定即可。

8.3　管理规约

8.3.1　管理规约的概念

1. 管理规约的概念

管理规约（Management Stipulation）是由全体业主共同制定的，规范业主在物业管理区域内的权利、义务和责任的法律文件。

管理规约应当对有关物业的使用、维护和管理，业主的公共利益，业主应当履行的义务，违反管理规约应当承担的责任等事项依法作出约定。管理规约原来称为"业主公约"，根据《民法典》的有关规定和《国务院关于修改〈物业管理条例〉的决定》将"业主公约"修改为"管理规约"，将"业主临时公约"修改为"临时管理规约"。

管理规约属于协议、合约的性质，它是物业管理服务中的一个重要的基础性文件，一般以书面形式订立。

管理规约分成两类：一类是由业主大会制定并通过的管理规约；一类是由物业建设单位制定的临时管理规约。

《物业管理条例》中第二十二条规定："建设单位应当在销售物业之前，制定临时管理规约，对有关物业的使用、维护、管理，业主的共同利益，业主应当履行的义务，违反临时管理规约应当承担的责任等事项依法作出约定。建设单位制定的临时管理规约，不得侵害物业买受人的合法权益。"

临时管理规约的制定，实质上是在业主大会还未成为有效主体时，由国家强制制定、建设单位履行的法律义务，是一种过渡性的管理规约。当物业管理区域内成立业主大会，表决通过本物业管理区域的管理规约后，临时管理规约自动失效。

2. 制定管理规约的目的

管理规约制定的目的是在物业管理区域内，保持房屋及配套设施设备和相关场地完好，公共秩序良好，环境优美，保障物业使用方便、安全。要实现这一目标就必须依靠全体业主和受聘的物业服务企业的共同努力。

物业管理服务在体制上要建立有效模式，即业主大会决策，业主委员会执行，街道办事处和居民委员会指导监督，物业所在地的区、县人民政府房地产行政管理部门主管的运行机制。要依靠法律和行政的手段规范物业管理的运作，保证业主和物业使用人能安居乐业。

物业管理服务涉及业主和物业使用人的各方面利益，在个别业主的个人利益与公共利益发生冲突的时候，个别业主应该遵守物业管理区域内涉及公共秩序和公共利益的有关规定，个人利益应当服从公共利益。

另外，物业管理法律法规不可能涵盖物业管理中的每个具体事项，因此在业主和物业使用人的某些行为无法用法律法规来规范的情况下，只能通过业主自律、业主的合约来约束和规范。因此，实行管理规约制度有利于提高业主和物业使用人的自律意识，把对自己的管理变成一种自觉的行为，并通过加强业主和物业使用人之间的相互监督，预防和减少物业管理纠纷，保证物业管理服务目标的实现。

8.3.2 管理规约制定的原则和依据

1. 管理规约制定的原则

管理规约为业主使用、维护和管理建筑物及其附属设施的实体性约定，是业主自我管理共同财产的基础性约定。管理规约制定的原则：

（1）平等性原则

管理规约是业主共同意志的表现，在制定管理规约时，每个业主之间的法律地位是平等的。在讨论时，要让业主充分表达自己的意见和建议。业主对物业的管理权，不因业主之间经济地位、社会地位的差异而产生权利享有权的不同。讨论一经业主大会通过，全体业主都应当遵守。

（2）整体性原则

管理规约是依据国家相关法律、法规制定的，是业主应当共同遵守的行为准则，对全体业主具有普遍约束力，是业主共同意志的反映，它的制定应当在全体业主充分协商的基础上进行，代表着全体业主的共同利益，当个别意见难以统一时，应当以全体业主的整体利益为重，个人服从全体，少数服从多数。

（3）合法性原则

管理规约的内容应当符合法律法规和政策的规定。管理规约作出的违法规定不仅无效，还要承担相应的法律责任。业主对物业的使用、维修及养护等都要按照《物业管理条例》有关规定实施。

2. 管理规约制定的依据

管理规约是规定业主在物业管理区域内涉及业主共同利益的权利与义务的自律性规范，是业主对物业管理区域内一些重大事务的共同性约定，是权衡业主之间权利与义务关系的基础性文件。

（1）《民法典》第二百八十六条规定："业主应当遵守法律、法规及管理规约，相关行为应当符合节约资源、保护生态环境的要求。对于物业服务企业或者其他管理人执行政府依法实施的应急处置措施和其他管理措施，业主应当依法予以配合。业主大会和业主委员会，对任意弃置垃圾、排放污染物或者噪声、违反规定饲养动物、违章搭建、侵占通道、拒付物业费等损害他人合法权益的行为，有权依照法律、法规以及管理规约，要求行为人停止侵害、排除妨碍、消除危险、恢复原状、赔偿损失。"

（2）《民法典》第二百八十八条至二百九十六条对相邻关系进行了一系列的规定，如"不动产的相邻权利人应当按照有利于生产、方便生活、团结互助、公平合理的原则，正确处理相邻关系"等。

（3）《物业管理条例》第十七条规定："管理规约应当对有关物业的使用、维护、管理，业主的共同利益，业主应当履行的义务，违反管理规约应当承担的责任等事项依法作出约定。管理规约应当尊重社会公德，不得违反法律、法规或者损害社会公共利益。管理规约对全体业主具有约束力。"第四十七条规定："物业使用人在物业管理活动中的权利义务由业主和物业使用人约定，但不得违反法律、法规和管理规约的有关规定。物业使用人违反本条例和管理规约的规定，有关业主应当承担连带责任。"

（4）《中华人民共和国消防法》《最高人民法院关于审理物业服务纠纷案件具体应用法律若干问题的解释》《最高人民法院关于审理建筑物区分所有权纠纷案件具体应用法律若干问题的解释》等其他法律法规都有相关规定。

8.3.3　管理规约制定程序

（1）管理规约的起草。起草管理规约可由首次业主大会讨论，参照有关物业管理规约示范文本拟定，或者直接采用示范文本，对示范文本的空格部分进行讨论后填写适当的内容，形成管理规约的初稿。

（2）管理规约的通过。根据《物业管理条例》第十一条规定，制定和修改物业管理规约是业主大会的职责，业主大会作出制定和修改管理规约的决定，必须要经过物业管理区域内专有部分占建筑物总面积过半数的业主且总人数过半数的业主投票通过。

（3）公示、分发管理规约。管理规约一经通过，可在物业管理区域内的公告栏中予以公告，并分发给各个业主对照执行。

（4）管理规约的生效与效力。管理规约自业主大会或业主代表大会审议通过之日起生效。

业主委员会应当自管理规约生效之日起 15 日备案。

《临时管理规约》有效期应在小区成立业主大会时为止。业主大会成立之后，有权对《临时管理规约》中不合理的条款进行修改。业主大会还有权利决定聘请新的物业服务企业，也可以制定新的管理规约。

管理规约的内容一般包括：物业的使用、维护、管理；专项维修资金的筹集、管理和使用；物业共有部分的经营与收益分配；业主共同利益的维护；业主共同管理权的行使；业主应尽的义务；违反管理规约应当承担的责任等。

【案例 8-2】上海市某住宅小区管理规约

◈ **【本章小结】**

业主是指物业的所有权人。业主大会是业主自治管理的最高权力机构，由物业管理区域内全体业主组成的，代表和维护物业管理区域内全体业主在物业管理服务活动中的合法权益、履行相应义务的组织。

业主委员会是业主大会的执行机构，是在物业管理服务活动中代表和维护全体业主合法权益的组织。业主委员会由业主大会依法选举产生，履行业主大会赋予的职责，执行业主大会决定事项，接受业主监督的执行机构。小区业主委员会的建立是必须依据《物业管理条例》等相应法规规定的法定流程产生的。

物业服务合同是物业服务企业与业主或者业主大会授权的业主委员会之间，就物业管理服务及相关的物业管理活动，所达成的权利义务关系的协议。它是依照国家、地方有关物业管理法律、法规和政策，在平等、自愿、协商一致的基础上签订的合同，是规范业主和物业服务企业关系的重要依据。

　　前期物业管理服务合同是指物业建设单位与物业服务企业就前期物业管理阶段双方的权利和义务达成的协议，是物业服务企业被授权开展物业管理服务的重要依据。

　　管理规约是由全体业主共同制定的，规范业主在物业管理区域内的权利、义务和责任的法律文件，应当对有关物业的使用、维护和管理，业主的公共利益，业主应当履行的义务，违反管理规约应当承担的责任等事项依法作出约定。

【课后练习题】

一、复习思考题

1. 物业服务合同有何特点？主要内容有哪些？

2. 前期物业服务合同有何特点？主要内容有哪些？

3. 前期物业服务合同与物业服务合同有何不同？

4. 如何理解前期物业服务合同的时效性？

5. 什么是管理规约？管理规约制定的原则有哪些？

二、自测题

扫码答题

参考文献

[1] 中华人民共和国招标投标法 [Z]. 2017.

[2] 黄亮. 物业管理综合实训 [M]. 2 版. 北京：中国建筑工业出版社，2015.

[3] 王林生. 物业管理招投标 [M]. 2 版. 重庆：重庆大学出版社，2011.

[4] 物业管理条例 [Z]. 2018.

[5] 滕永健. 物业管理实务 [M]. 上海：华东师范大学出版社，2009.

[6] 柴强. 房地产估价 [M]. 北京：中国建筑工业出版社，2022.

[7] 郭淑芬，王秀燕. 物业管理招投标实务 [M]. 2 版. 北京：清华大学出版社，2010.

[8] 白如银. 招投标典型案例评析 [M]. 北京：中国电力出版社，2017.

[9] 中华人民共和国民法典 [Z]. 2020.

[10] 苏雪峰，李佳明. 物业企业财务管理 [M]. 哈尔滨：哈尔滨工业大学出版社，2016.

[11] 中华人民共和国财政部. 企业会计准则应用指南（含企业会计准则及会计科目）[M]. 上海：立信会计
    出版社，2019.

[12] 康亮. 物业绿化管理 [M]. 上海：华东师范大学出版社，2015.

[13] 芦原义信. 外部空间设计 [M]. 南京：江苏凤凰文艺出版社，2017.

[14] 詹姆斯 A. 菲茨西蒙斯，莫娜 J. 菲茨西蒙斯. 服务管理 – 运作、战略与信息技术 [M]. 北京：机械工业
    出版社，2013.

[15] 艾斌发. 物业管理实务 [M]. 北京：国家行政学院出版社，2017.

[16] 曹吉鸣，缪莉莉. 综合设施管理理论与方法 [M]. 上海：同济大学出版社，2018.

[17] 张合振. 物业设备设施管理（含实训）[M]. 北京：机械工业出版社，2021.

[18] 福田物业项目组. 物业工程设施设备管理全案 [M]. 北京：化学工业出版社，2020.

[19] 福田物业项目组. 物业岗位设置与管理制度全案 [M]. 北京：化学工业出版社，2020.

[20] 王怡红. 物业管理法律法规 [M]. 2 版. 北京：清华大学出版社，2013.

[21] 戴玉林. 商业物业的物业服务与经营 [M]. 北京：化学工业出版社，2012.

[22] 赵文明. 物业管理工具箱 [M]. 2 版. 北京：中国铁道出版社，2017.

[23] 张勇，柴邦衡. ISO9000 质量管理体系 [M]. 3 版. 北京：机械工业出版社，2022.

[24] 鲁杰，于军峰. 物业管理实务 [M]. 2 版. 北京：机械工业出版社，2021.